Ulrich Kanngießer

Steuerung und Regelung mit easyE4

Ulrich Kanngießer

Steuerung und Regelung mit easyE4

Programmierung mit ST (Strukturierter Text), FUP (Funktionsplan), KOP (Kontaktplan) und EDP (easy Geräteprogrammierung)

VDE VERLAG GMBH

ICS: 25.040.01; 35.060

Bibliografische Information der Deutschen Nationalbibliothek
Die Deutsche Nationalbibliothek verzeichnet diese Publikation in der Deutschen Nationalbibliografie; detaillierte bibliografische Daten sind im Internet über http://dnb.dnb.de abrufbar.

ISBN 978-3-8007-4880-8 (Print)
ISBN 978-3-8007-4881-5 (E-Book)

Titelmotiv: © Siarhei – stock.adobe.com (Hintergrundmotiv);
Eaton Electric GmbH – eaton.com (Gerät)

Satz: III-satz, Husby
Druck: medienhaus Plump GmbH, Rheinbreitbach
Printed in Germany 2019-04

Einleitung

Das Ziel dieses Buchs

Dieses Buch gibt anhand einer modernen Kleinsteuerung eine Einführung in den Strukturierten Text und die entsprechende Entwurfs- bzw. grafische Beschreibungssprache, die Nassi-Shneiderman-Diagramme bzw. Struktogramme. Dazu wird kein theoretischer Ansatz gewählt, sondern die Basis ist eine aktuelle Kleinsteuerung, wie sie im Handwerk oder dem Maschinenbau Anwendung findet.

Anwendung dieses Buchs

Dieses Buch kann als schnelles Nachschlagewerk verwendet werden, es eignet sich aber auch als Hilfe zum Einstieg bzw. Umstieg von der AWL in den ST.

Gleichzeitig unterstützt es den erfahrenen easy-Anwender, sich die neuen Möglichkeiten mit der easyE4 für die tägliche Arbeit zu erschließen – je nach Aufgabe, um mehr Ein-/Ausgänge zu verwenden, oder über den moderneren Kontaktplan eigene Anwender-Bausteine zu erarbeiten bzw. erarbeiten zu lassen und dazu die zahlreichen Möglichkeiten einer textbasierten Programmiersprache zu nutzen.

Das Buch versucht nicht, dass über 600 Seiten umfassende Handbuch des Herstellers zu ersetzen, das kostenlos in die Entwicklungsumgebung integriert ist, sondern es ist darauf ausgerichtet, den Einstieg zu erleichtern und eine Brücke zur Anwendung zu bauen. Gleichzeitig werden Lösungsansätze beschrieben.

Nutzung durch den Einsteiger

Der Einsteiger hat die Möglichkeit, mit diesem Buch und einer Demo-Version der easySoft 7 die Einarbeitung in die moderne Welt der Automatisierung zu beginnen. Die entsprechende Demo-Version kann vom Internet-Auftritt des Unternehmens Eaton unter der Adresse http://applications.eaton.eu/sdlc/?LX=7 heruntergeladen werden. Diese Version hat alle Möglichkeiten, insbesondere der Simulation, jedoch ohne die entsprechende Online-Funktion zur Steuerung. Eine Vollversion kann getrennt erworben werben. Dann können die erstellten Beispiele und Anwendungen auch mit echter Hardware getestet werden.

Nutzung durch den easy-Umsteiger

Der traditionelle easy-Anwender findet in diesem Buch die notwendigen Beschreibungen und Hinweise, um seine bestehenden Projekte zu übertragen und die neuen Möglichkeiten der easyE4 zu verstehen und anzuwenden.

Das Buch beschreibt das Hintergrundwissen zum Import von xxx.e60-Projekten. Um mehr über ältere easy-Produkte zu erfahren, sei auf das Buch „Kleinsteuerung in Praxis und Anwendung“ (ISBN-978-3-8007-3287-6) des Autors verwiesen.

Nutzung in der praktischen Arbeit

Dieses Buch versucht nicht das ausführliche Handbuch zu ersetzen, sondern stellt Zusammenhänge her und bietet am Schluss eine ausführliche Tabelle der Hersteller-Bausteine. Damit unterstützt es die praktische Arbeit. Ziel ist auf einen 2. Bildschirm beim Programmieren verzichten zu können und dennoch die Belegung der Parameter und deren Variablentyp nachlesen zu können.

Ausbildung

Das Ziel des Buchs in der Ausbildung ist ein verstärktes Training des „Strukturierten Texts“ und die Umsetzung der Beispiele in dieser Programmiersprache. Da die easySoft 7 eine leistungsfähige Simulation besitzt, wird zum Einstieg in das Thema nicht unbedingt eine reale Hardware easyE4 benötigt.

Inhaltsverzeichnis

1 Hardwarebeschreibung

Im Kapitel 1 werden die notwendigen Erläuterungen zur Zusammenstellung der Hardware bzw. eines Projekts gegeben mit den entsprechenden Einstellungen der CPU, der Ein-/Ausgangsebene, Kommunikation, sowie den Internetmöglichkeiten.

Die folgenden Aussagen zu technischen Daten sind ein erster Überblick und unverbindlich. Die Aussagen des Herstellers sind sehr detailliert und kostenlos im Internet erhältlich unter:

https://ecat.eaton.com/search und dann „easyE4“

https://datasheet.eaton.com/datasheet.php?model=197219&locale=de_DE&_lt=

1.1 CPUs

Die folgenden Beschreibungen der Hardware beziehen sich auf die lieferbaren Geräte bei der Erstellung dieses Buchs. Neue Geräte und Erweiterungen sind zu erwarten und können beim Hersteller auf der Internet-Seite eingesehen werden. Nach Auskunft des Herstellers sind weitere Ein-/Ausgangsmodule vorgesehen, insbesondere für die Gebäudetechnik.

Gerät	Kommentar	
EASY-E4-UC-12RC1		UC – Universalspannung R – Relais-Ausgang C – Uhr
EASY-E4-UC-12RCX1	entspricht EASY-E4-UC-R12C1 ohne Display	UC – Universalspannung R – Relais-Ausgang C – Uhr
EASY-E4-DC-12TC1		T – Transistor-Ausgang C – Uhr
EASY-E4-DC-12TCX1	entspricht EASY-E4-UC-T12C1 ohne Display	X – ohne Display T – Transistor-Ausgang C – Uhr

Hinweis zu den Geräten ohne Display und Tasten:

Diese Geräte gehen sofort in den „RUN-Betrieb", wenn die Versorgungsspannung angelegt wird und ein ausführbares Programm im Speicher vorhanden ist.

1.2 Ein-/Ausgangsebene

Als Ein-/Ausgangsebene stehen zunächst 12-V-DC- bzw. 24-V-DC und/oder -AC-Geräte zur Verfügung.

1.2.1 Diagnose-Variable

Mit den Diagnose-Variablen können die Zustände des Netzwerks und die fehlerfreie Funktion der Ein-/Ausgangs-Ebene abgefragt und verarbeitet werden.

1.2.2 Digitale Ein-/Ausgänge

Es waren bei der Erstellung dieses Buchs Geräte mit 12 V DC bis 24 V DC und UC-Geräte lieferbar (UC = Universal Current).

EASY-E4-UC-12RC1 – Relais-Ausgänge

Basisgerät mit Display, 8 Eingängen und 4 Relais-Ausgängen. Die Eingänge I5... I8 können auch als Analog-Eingänge verwendet werden. Diese Eingänge haben dann eine Auflösung von 12 Bit.

- Die Relaiskontakte sind mit 8 A angegeben, wobei die üblichen Kurven für die Lastart und mögliche Schaltspiele gelten. Eine Parallelschaltung der Ausgänge ist nicht zulässig.

EASY-E4-DC-12TC1 – Transistor-Ausgänge

Basisgerät mit Display, 8 Eingängen und 4 Transistor-Ausgängen.

- Die Eingänge I5...I8 können auch als Analog-Eingänge verwendet werden. Diese Eingänge haben dann eine Auflösung von 12 Bit.
- Die Transistor-Ausgänge sind mit max. 0,5 A belastbar und können parallelgeschaltet werden. Sie werden auf Kurzschluss und Überlast überwacht.

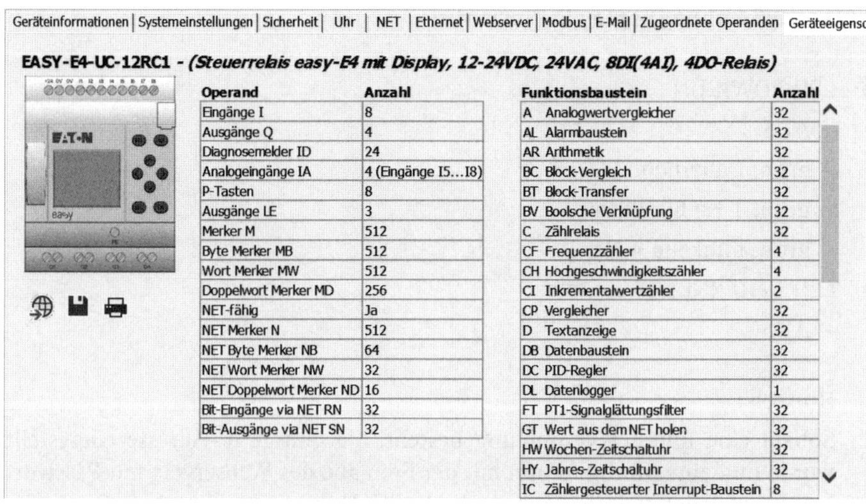

Geräteinformationen | Systemeinstellungen | Sicherheit | Uhr | NET | Ethernet | Webserver | Modbus | E-Mail | Zugeordnete Operanden | Geräteeigensch

EASY-E4-UC-12RC1 - *(Steuerrelais easy-E4 mit Display, 12-24VDC, 24VAC, 8DI(4AI), 4DO-Relais)*

Operand	Anzahl
Eingänge I	8
Ausgänge Q	4
Diagnosemelder ID	24
Analogeingänge IA	4 (Eingänge I5...I8)
P-Tasten	8
Ausgänge LE	3
Merker M	512
Byte Merker MB	512
Wort Merker MW	512
Doppelwort Merker MD	256
NET-fähig	Ja
NET Merker N	512
NET Byte Merker NB	64
NET Wort Merker NW	32
NET Doppelwort Merker ND	16
Bit-Eingänge via NET RN	32
Bit-Ausgänge via NET SN	32

Funktionsbaustein	Anzahl
A Analogwertvergleicher	32
AL Alarmbaustein	32
AR Arithmetik	32
BC Block-Vergleich	32
BT Block-Transfer	32
BV Boolsche Verknüpfung	32
C Zählrelais	32
CF Frequenzzähler	4
CH Hochgeschwindigkeitszähler	4
CI Inkrementalwertzähler	2
CP Vergleicher	32
D Textanzeige	32
DB Datenbaustein	32
DC PID-Regler	32
DL Datenlogger	1
FT PT1-Signalglättungsfilter	32
GT Wert aus dem NET holen	32
HW Wochen-Zeitschaltuhr	32
HY Jahres-Zeitschaltuhr	32
IC Zählergesteuerter Interrupt-Baustein	8

Abb. 1.1: CPU mit Display – Universal-Spannung 12...24V, 8 Eingänge, 4 Relais-Ausgänge

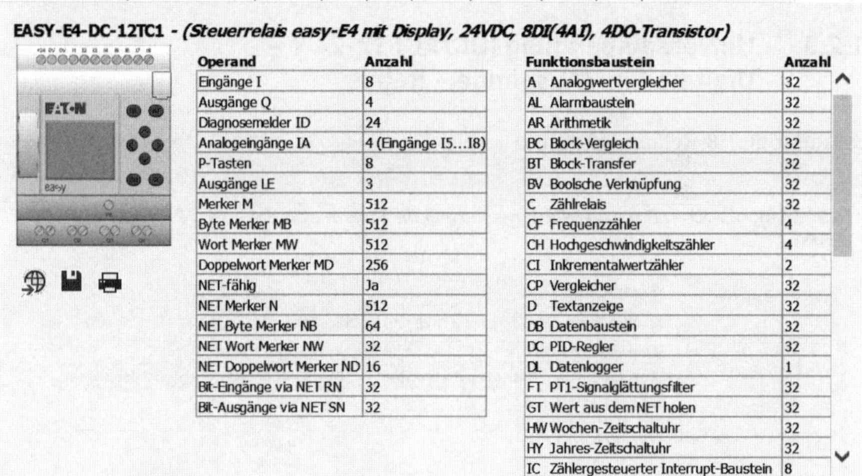

Geräteinformationen | Systemeinstellungen | Sicherheit | Uhr | NET | Ethernet | Webserver | Modbus | E-Mail | Zugeordnete Operanden | Geräteeigen

EASY-E4-DC-12TC1 - *(Steuerrelais easy-E4 mit Display, 24VDC, 8DI(4AI), 4DO-Transistor)*

Operand	Anzahl
Eingänge I	8
Ausgänge Q	4
Diagnosemelder ID	24
Analogeingänge IA	4 (Eingänge I5...I8)
P-Tasten	8
Ausgänge LE	3
Merker M	512
Byte Merker MB	512
Wort Merker MW	512
Doppelwort Merker MD	256
NET-fähig	Ja
NET Merker N	512
NET Byte Merker NB	64
NET Wort Merker NW	32
NET Doppelwort Merker ND	16
Bit-Eingänge via NET RN	32
Bit-Ausgänge via NET SN	32

Funktionsbaustein	Anzahl
A Analogwertvergleicher	32
AL Alarmbaustein	32
AR Arithmetik	32
BC Block-Vergleich	32
BT Block-Transfer	32
BV Boolsche Verknüpfung	32
C Zählrelais	32
CF Frequenzzähler	4
CH Hochgeschwindigkeitszähler	4
CI Inkrementalwertzähler	2
CP Vergleicher	32
D Textanzeige	32
DB Datenbaustein	32
DC PID-Regler	32
DL Datenlogger	1
FT PT1-Signalglättungsfilter	32
GT Wert aus dem NET holen	32
HW Wochen-Zeitschaltuhr	32
HY Jahres-Zeitschaltuhr	32
IC Zählergesteuerter Interrupt-Baustein	8

Abb. 1.2: CPU mit Display – Universal-Spannung 12...24V, 8 Eingänge, 4 Transistor-Ausgänge

LED esayE4 ohne Display (X-Variante)

- LED POW/RUN
  - AUS
  - grün, Dauerlicht
  - grün, 1 Hz blinkend
  - grün, blinkend 4 Hz
- LED ETHERNET/NET-Status
  - AUS

> Hinweis:
>
> Sobald eine Internet-Verbindung besteht, die gültige IP-Adresse eingestellt wurde und eine Konfiguration mit der Freigabe des Webservers mit Passwort heruntergeladen wurde, kann auch ein PC, Handy oder Tablet als Ersatz für das Display und die Tasten verwendet werden (siehe Kapitel 2).

Siehe auch: easyE4 11/18 MN050009 DE (*www.eaton.com)*, Seite 76

1.2.3 Universalspannung (DC/AC) 12-24 V – Digitale Ein-/Ausgänge – Relais

8 Eingänge / 8 Relais-Ausgänge

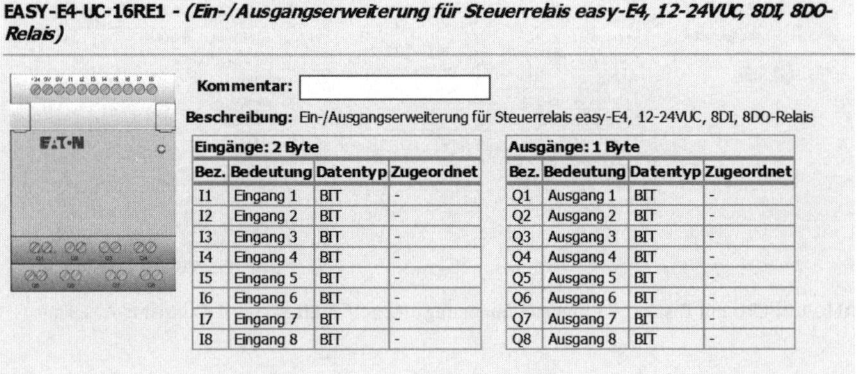

EASY-E4-UC-16RE1 - ***(Ein-/Ausgangserweiterung für Steuerrelais easy-E4, 12-24VUC, 8DI, 8DO-Relais)***

Kommentar:

Beschreibung: Ein-/Ausgangserweiterung für Steuerrelais easy-E4, 12-24VUC, 8DI, 8DO-Relais

Eingänge: 2 Byte

Bez.	Bedeutung	Datentyp	Zugeordnet
I1	Eingang 1	BIT	-
I2	Eingang 2	BIT	-
I3	Eingang 3	BIT	-
I4	Eingang 4	BIT	-
I5	Eingang 5	BIT	-
I6	Eingang 6	BIT	-
I7	Eingang 7	BIT	-
I8	Eingang 8	BIT	-

Ausgänge: 1 Byte

Bez.	Bedeutung	Datentyp	Zugeordnet
Q1	Ausgang 1	BIT	-
Q2	Ausgang 2	BIT	-
Q3	Ausgang 3	BIT	-
Q4	Ausgang 4	BIT	-
Q5	Ausgang 5	BIT	-
Q6	Ausgang 6	BIT	-
Q7	Ausgang 7	BIT	-
Q8	Ausgang 8	BIT	-

1.2.4 Gleichspannung 24 V DC – Digitale Ein-/Ausgänge – Relais

8 Eingänge / 8 Transistor-Ausgänge

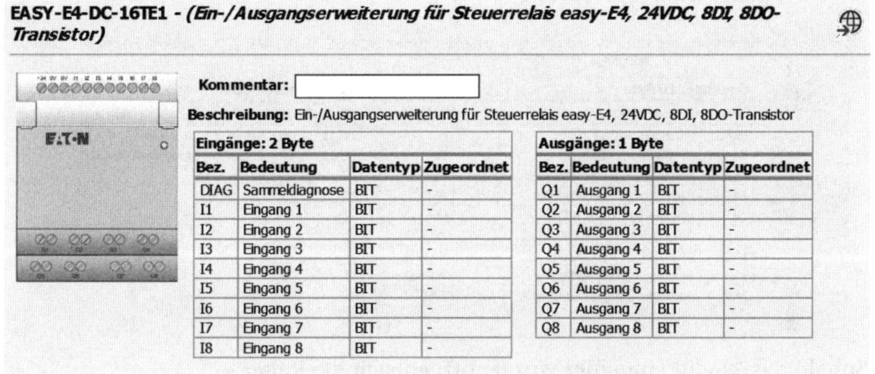

EASY-E4-DC-16TE1 - ***(Ein-/Ausgangserweiterung für Steuerrelais easy-E4, 24VDC, 8DI, 8DO-Transistor)***

Kommentar:

Beschreibung: Ein-/Ausgangserweiterung für Steuerrelais easy-E4, 24VDC, 8DI, 8DO-Transistor

Eingänge: 2 Byte			
Bez.	**Bedeutung**	**Datentyp**	**Zugeordnet**
DIAG	Sammeldiagnose	BIT	-
I1	Eingang 1	BIT	-
I2	Eingang 2	BIT	-
I3	Eingang 3	BIT	-
I4	Eingang 4	BIT	-
I5	Eingang 5	BIT	-
I6	Eingang 6	BIT	-
I7	Eingang 7	BIT	-
I8	Eingang 8	BIT	-

Ausgänge: 1 Byte			
Bez.	**Bedeutung**	**Datentyp**	**Zugeordnet**
Q1	Ausgang 1	BIT	-
Q2	Ausgang 2	BIT	-
Q3	Ausgang 3	BIT	-
Q4	Ausgang 4	BIT	-
Q5	Ausgang 5	BIT	-
Q6	Ausgang 6	BIT	-
Q7	Ausgang 7	BIT	-
Q8	Ausgang 8	BIT	-

Ein-/Ausgangsmodul – 4 Ein- und 4 Ausgangsrelais

4 Eingänge / 4 Relais-Ausgänge

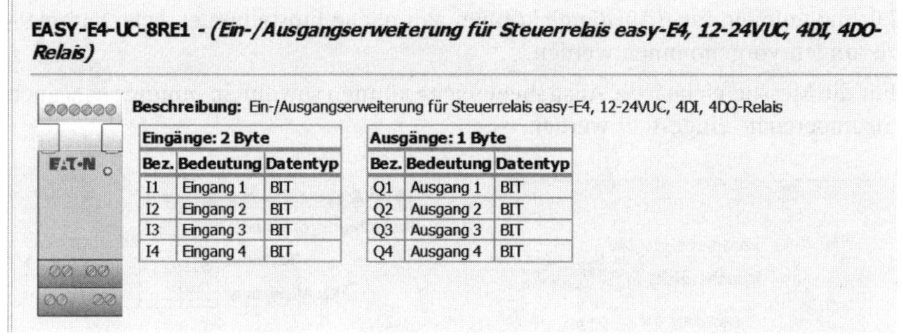

EASY-E4-UC-8RE1 - ***(Ein-/Ausgangserweiterung für Steuerrelais easy-E4, 12-24VUC, 4DI, 4DO-Relais)***

Beschreibung: Ein-/Ausgangserweiterung für Steuerrelais easy-E4, 12-24VUC, 4DI, 4DO-Relais

Eingänge: 2 Byte		
Bez.	**Bedeutung**	**Datentyp**
I1	Eingang 1	BIT
I2	Eingang 2	BIT
I3	Eingang 3	BIT
I4	Eingang 4	BIT

Ausgänge: 1 Byte		
Bez.	**Bedeutung**	**Datentyp**
Q1	Ausgang 1	BIT
Q2	Ausgang 2	BIT
Q3	Ausgang 3	BIT
Q4	Ausgang 4	BIT

1.2.5 Analoge Ein-/Ausgänge

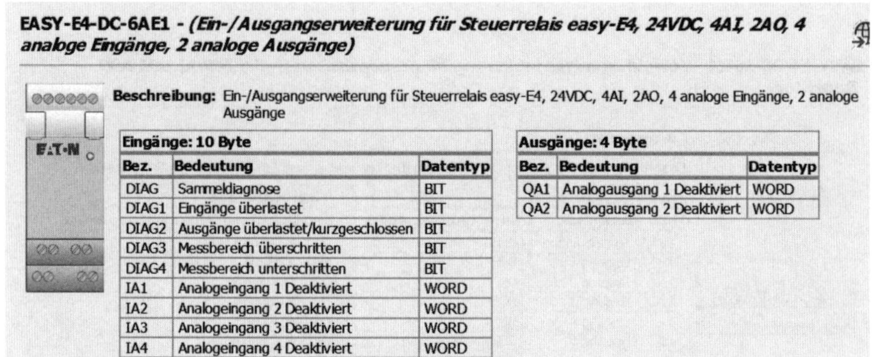

EASY-E4-DC-6AE1 - ***(Ein-/Ausgangserweiterung für Steuerrelais easy-E4, 24VDC, 4AI, 2AO, 4 analoge Eingänge, 2 analoge Ausgänge)***

Beschreibung: Ein-/Ausgangserweiterung für Steuerrelais easy-E4, 24VDC, 4AI, 2AO, 4 analoge Eingänge, 2 analoge Ausgänge

Eingänge: 10 Byte

Bez.	Bedeutung	Datentyp
DIAG	Sammeldiagnose	BIT
DIAG1	Eingänge überlastet	BIT
DIAG2	Ausgänge überlastet/kurzgeschlossen	BIT
DIAG3	Messbereich überschritten	BIT
DIAG4	Messbereich unterschritten	BIT
IA1	Analogeingang 1 Deaktiviert	WORD
IA2	Analogeingang 2 Deaktiviert	WORD
IA3	Analogeingang 3 Deaktiviert	WORD
IA4	Analogeingang 4 Deaktiviert	WORD

Ausgänge: 4 Byte

Bez.	Bedeutung	Datentyp
QA1	Analogausgang 1 Deaktiviert	WORD
QA2	Analogausgang 2 Deaktiviert	WORD

Sobald das Modul eingefügt wurde, öffnen sich die Reiter:

- Geräteparameter
- Zugeordnete Operanden

Geräteparameter – Analog

Für die anlogen Ein-/Ausgänge können zahlreiche Einstellungen bzw. Parametrierungen vorgenommen werden.

Für die Messbereiche bzw. Ausgabebereiche können sowohl Spannungs- als auch Strombereiche eingestellt werden.

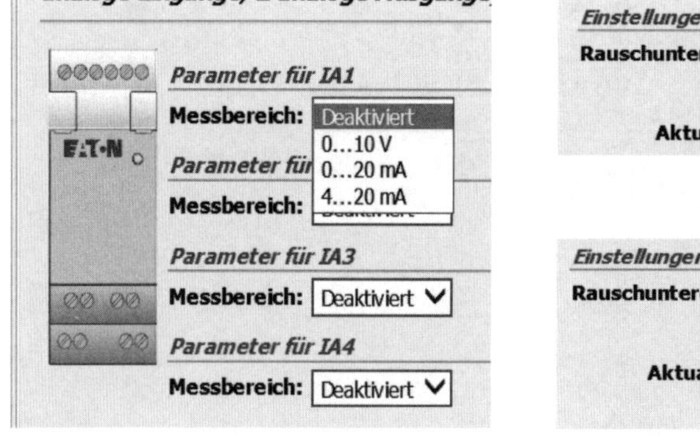

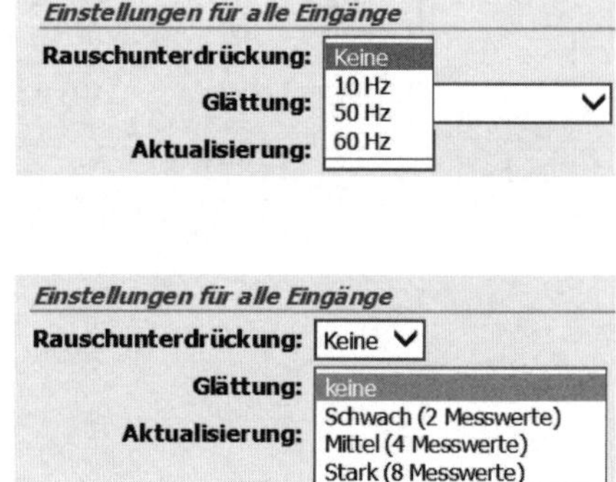

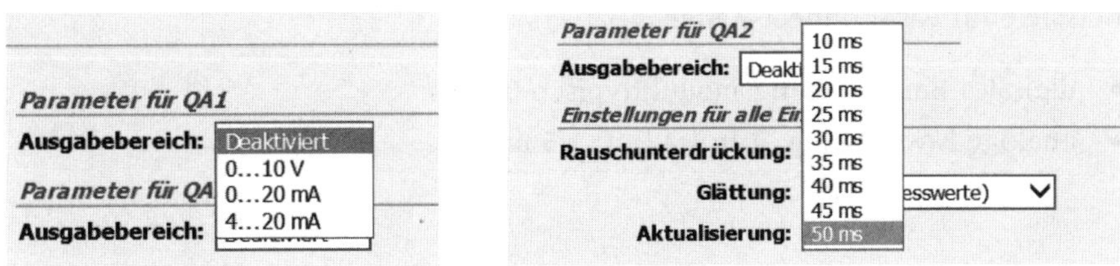

Zugeordnete Operanden – Analog

Ebenso wie für die digitalen Ein-/Ausgänge können auch die analogen Operanden frei zugeordnet werden.

1.2.6 Sonstige NET-Geräte

Dieser Punkt ist für weitere Geräte vorgesehen, die NET-fähig sein werden. Damit können beliebige Geräte (denkbar: Frequenzumformer usw.) in der Sprache der NET-Teilnehmer gesteuert und abgefragt werden.

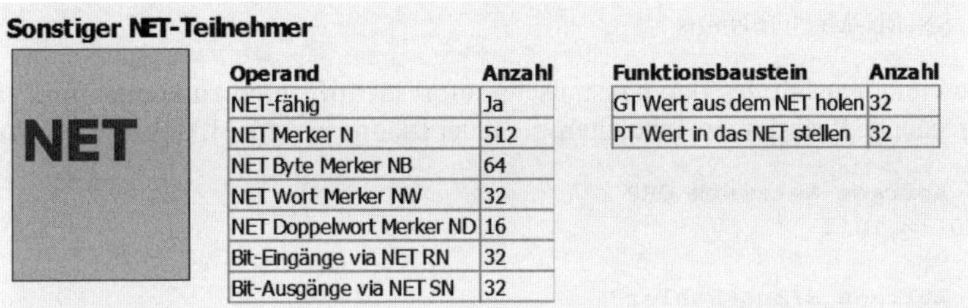

Operand	Anzahl
NET-fähig	Ja
NET Merker N	512
NET Byte Merker NB	64
NET Wort Merker NW	32
NET Doppelwort Merker ND	16
Bit-Eingänge via NET RN	32
Bit-Ausgänge via NET SN	32

Funktionsbaustein	Anzahl
GT Wert aus dem NET holen	32
PT Wert in das NET stellen	32

1.2.7 easyConnect

Das easyConnect ist der Kommunikationsmechanismus zwischen dem Grundgerät und den angeschlossenen Erweiterungsgeräten. Dieser Datenaustausch geschieht asynchron zum Programmzyklus, der Datenaustausch kann während eines Zyklus mehrfach geschehen. Bei einer sehr kurzen Zykluszeit des Programms und sehr vielen Erweiterungsgeräten kann es auch mehrere Programmzyklen dauern, bis eine Zustandsänderung vom Erweiterungsgerät zum Grundgerät erfolgt ist.

Beispiele für easyConnect-Zeiten:

- digitales Ein-/Ausgangsmodul: typisch 0,6 ms
- analoge Erweiterung, 4 In / 2 Out: 1,5 ms

Abb. 1.3: Unter Geräteinformation finden Sie die easyConnect-Zykluszeit.

1.3 Variablen der Steuerung

easyE4 besitzt zahlreiche Möglichkeiten, Daten zu speichern oder Informationen an andere NET-Teilnehmer weiterzugeben:

- NET-Variablen
- SN-RN-Mechanismus

Um einen Ausfall des Datenaustauschs sofort identifizieren zu können und entsprechende Reaktionen einzuleiten, steht der Diagnosemelder ID11 zur Verfügung.

```
// Abfrage Netzwerk OK?
M20 := ID11 ;

// Abfrage E/Bus-Fehler?
M21 := ID13 ;
```
Übersicht:

- ID01 – ID08 → easyNET
- ID11 Ethernet
- ID12 Division durch 0
- ID13 Fehler im easyConnect fehlendes Erweiterungsgerät?
- ID14 Transistorausgänge Kurzschluss oder Überlast

Diagnosemelder ID	24

Merker M	512
Byte Merker MB	512
Wort Merker MW	512
Doppelwort Merker MD	256
NET-fähig	Ja
NET Merker N	512
NET Byte Merker NB	64
NET Wort Merker NW	32
NET Doppelwort Merker ND	16
Bit-Eingänge via NET RN	32
Bit-Ausgänge via NET SN	32

Abb. 1.4: Wichtige Informationen, Informationsspeicher und Informationsüberträger

1.3.1 Merker, Merker-Byte, Merker-Worte, Merker-Doppelworte

Um die umfangreichen Möglichkeiten der easyE4-Geräte optimal nutzen zu können, sollte der Anwender sich mit dem Speicher-Modell der easy-Welt vertraut machen.

Speicher-Variablen der easy-Welt:

- 512 Merker
- 512 Merker-Byte
- 512 Merker-Worte
- 256 Merker-Doppelworte

Diese Variablen sind „überdeckend“, d. h. die Merker liegen ebenso in den Merker-Byte (MB1...64, MW1...32, MD1...16 usw.). Während zwischen Bit, Byte und WORD Bereiche liegen, die sich nicht überdecken, sind MW und MD vollständig überdeckend. Der Anwender sollte zu Beginn eines Projekts einen genauen Speicherverteilungsplan erstellen und diese Zusammenhänge berücksichtigen.

Übersicht zu den Variablen (M, MB, MW, MD) – Überschneidungen

Sehr gut lassen sich die Überschneidungen der Speicher-Variablen in der „WEB-Darstellung“ nachvollziehen.

M1 ... M32

MB1	MB2	MB3	MB4
M001	M009	M017	M025
M002	M010	M018	M026
M003	M011	M019	M027
M004	M012	M020	M028
M005	M013	M021	M029
M006	M014	M022	M030
M007	M015	M023	M031
M008	M016	M024	M032
MB1: 0	MB2: 0	MB3: 0	MB4: 0
MW1: 0		MW2: 0	
MD1: 0			

Abb. 1.5: Die Darstellung zeigt die Überlappung im „Online-Mode“

Keine Überschneidung gibt es zwischen den Merkern, Merker-Byte, Merker-Worten, Merker-Doppelworten des Hauptprogramms und einer Anwenderfunktion. Innerhalb einer Anwenderfunktion gelten wiederum die beschriebenen Überscheidungen.

1.3.2 Ein-/Ausgänge

Bei den Bezeichnungen ist sehr genau zu unterscheiden, ob es sich um die Ein-/Ausgänge der Steuerung im Hauptprogramm oder um die Ein-/Ausgänge der Anwender-Funktionsbausteine handelt.

Beispiele:

- Hauptprogramm

```
(* Im Hauptprogramm wird der Ausgang einer UF02 abgefragt und
der Status dem M1 des Hauptprogramms zugewiesen. *)
M1 := UF02Q3 ;
```

- UF: Programm innerhalb einer UF

```
// Achtung! Hier wird Q3 der UF zugewiesen!
Q3 := I1 OR M1 ;
// I1 und M1 sind Teil der UF!
```

Sonderfall Interrupt-Routine (IP bzw. QP)

Die Interrupt-Funktion ist die einzige Möglichkeit eines Unterprogramms bzw. einer Sub-Routine direkt Zugriff auf die physikalischen Eingänge des Grundgeräts zu nehmen.

Darstellung im FUP:

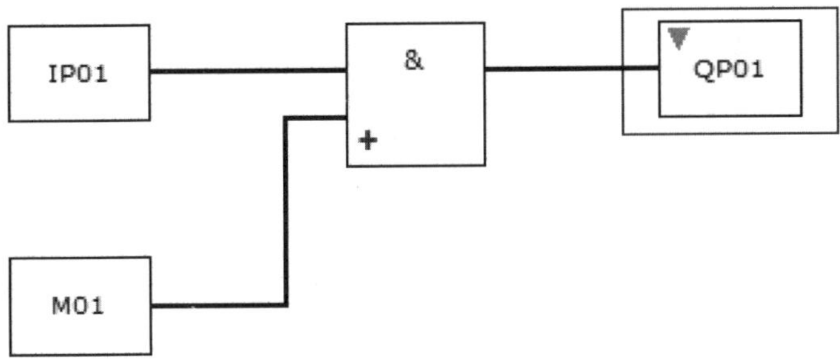

Abb. 1.6: Programm innerhalb einer Interrupt-Routine [FUP]

Zuweisung im ST:

Programm innerhalb einer Interrupt-Routine im „ST“

```
// Zuweisung des physikalischen Ausgangs in der Interrupt-
Routine
QP01 := IP01 OR M1
```

> Hinweis:
>
> M1 ist ein Merker der Interrupt-Routine. Jede Interrupt-Routine besitzt 32 eigene Bit-Merker.

1.3.3 LE – Die LED und die P-Tasten

Die LEs und die P-Tasten lassen sich im Programm steuern bzw. abfragen. Bei den P-Tasten ist darauf zu achten, dass diese unter Projekt → Systemeinstellungen freigeben werden.

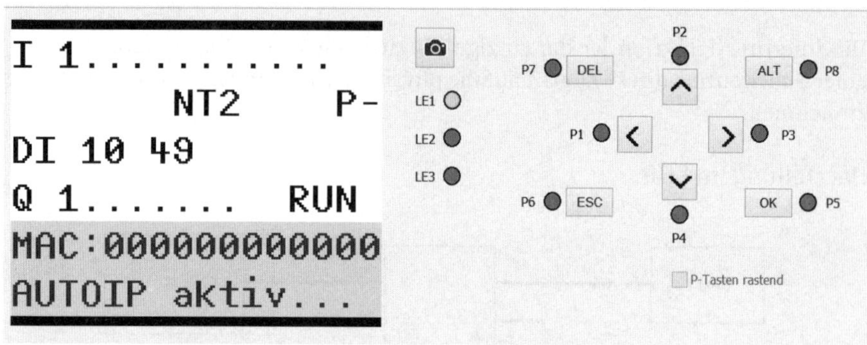

Abb. 1.7: Die Operanden LEx, Px mit dem Display in der Simulation

LE – LED – Steuerung der Hintergrundbeleuchtung

In der Simulation und der Zustandsanzeige auf dem PC erscheinen die Helligkeitssteuerungen „LE" als LED. Auf dem Gerät sind keine LEDs vorhanden, ebenso wie in der WEB-Darstellung.

- LE1 = TRUE → hell
- LE2 = TRUE → halb hell
- LE3 = TRUE → dunkel

> Hinweis:
>
> Ein gesteuertes Abdunkeln des Displays verbessert die Lebensdauer des Displays.

```
// Steuerung der Hintergrundbeleuchtung
LE1 := M1 ;  //  LE1 übernimmt den Status von M1
```

Ein „gezeigerter" Zugriff auf die „LE-Funktion" ist nicht möglich.

P-Tasten

Die Abfrage der P-Tasten:

```
// Abfrage der P-Tasten
LE2 := P1 ;  //  LE2 wird durch P1 gesteuert (halbhell)
```

Ein „gezeigerter“ Zugriff auf die P-Tasten ist nicht möglich.

> Wichtig:
> Die P-Tasten müssen unter Projekt → Systemeinstellungen freigegeben werden.

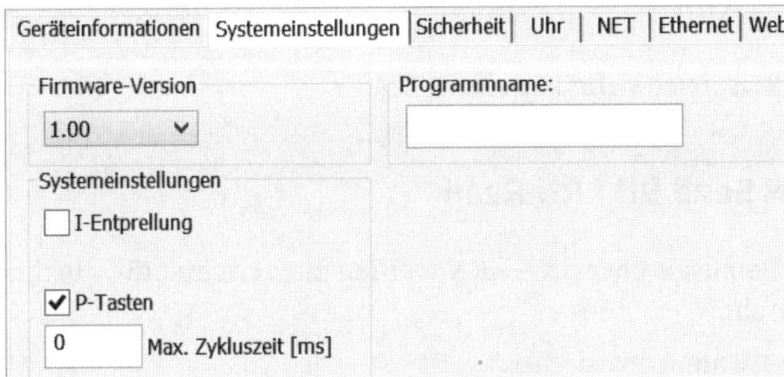

Abb. 1.8: Durch den Haken im Kontroll-Kästchen wurden die P-Tasten aktiviert.

Diese Tasten können nochmals in den einzelnen Textrelais (Masken) freigegeben bzw. in ihrer Funktion zugewiesen werden.

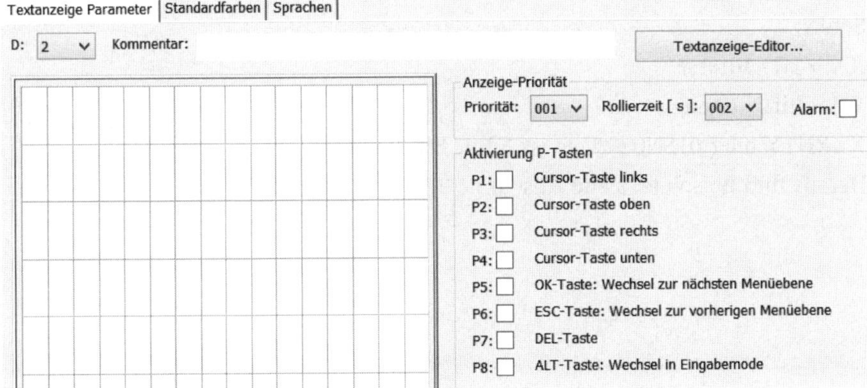

Abb. 1.9: Freigabe der P-Tasten in einem Textrelais

1.3.4 NET-Merker – NET-Byte-Merker – NET-Doppelword-Merker

Jede Steuerung besitzt einen zusätzlichen Merker-Bereich, der automatisch über das Netzwerk ausgetauscht wird. Dieser zusätzliche Merker-Bereich überschneidet sich nicht mit den Merker-Bereichen der Steuerung oder der UF-Bausteine.

> **Beispiele:**
>
> - 1N01 := TRUE ;
> - 2NB05 := 18 ;
> - 1NW12 := MW[MB4] ;
> - ND4 := MD5 ;

Details und Beispiele: siehe Abschnitt 9.7.

1.3.5 SN Send Bit / RN Read

Durch den Austausch über SN → RN werden zielgerichtet die Zustände einzelner Bit ausgetauscht.

Zu beachten ist die Adressierung:

Quelle:

XX = NT-Adresse,

YY = Bit-Nummer

XXSNYY oder 02SN02 : Ziel ist NT 2, Bit-Nummer 02

Senke:

XX = NT-Adresse,

YY = Bit-Nummer

XXRNYY oder 01SN02 : Ziel ist NT 1, Bit-Nummer 02

Details und Beispiele: siehe Abschnitt 9.5.

1.4 microSD-Karte

easyE4 bietet die Möglichkeit zur Programmübertragung, Programmspeicherung und Sicherung, sowie zum Erstellen eines dynamischen Datenlogging, eine microSD-Karte zu verwenden.

- An dieser Stelle wird der Umgang und Einbau der Karte beschrieben.
- Das Datenlogging, der zugehörige Baustein und das Handling der ausgewerteten Daten wird unter „Anwenderbaustein – Kapitel 7“ beschrieben.
- In der Tabelle am Ende des Buchs ist eine Baustein-Belegung zu finden.
- Das Einrichten (Formatierung, Übertragung, Freigabe) wird ebenfalls dargestellt.

Die SD-Karte wird gleichzeitig als Programmspeicher verwendet, auf dem sich mehrere Programme befinden können, die unter „Parametrierung“ selektiert, geladen und aktiviert/deaktiviert werden können.

1.5 Verwendeter Projektaufbau

Zu den Beschreibungen dieses Buchs wurde folgender Projektaufbau gewählt:

- NT 1 EASY-E4-DC-12TC1 (Steuerrelais mit Display, 24 V DC, 8DI(4AI), 4DO-Transistor)
- 192.168.2.50
- NT 2 EASY-E4-DC-12TC1 (Steuerrelais ohne Display, 24 V DC, 8DI(4AI), 4DO-Transistor)
- 192.168.2.51
- NT 3 EASY-E4-UC-12RC1 (Steuerrelais mit Display, 12-24 V DC oder 24 V AC, 8DI(4AI), 4DO-Transistor)
  - (1) EASY-E4-UC-8RE1 – (Ein-/Ausgangserweiterung, 12-24 V UC, 4DI, 4DO-Relais)
  - (2)EASY-E4-DC-6AE1 – (Ein-/Ausgangserweiterung, 24 V DC, 4AI, 2AO, 4 analoge Eingänge, 2 analoge Ausgänge)
- 192.168.2.52

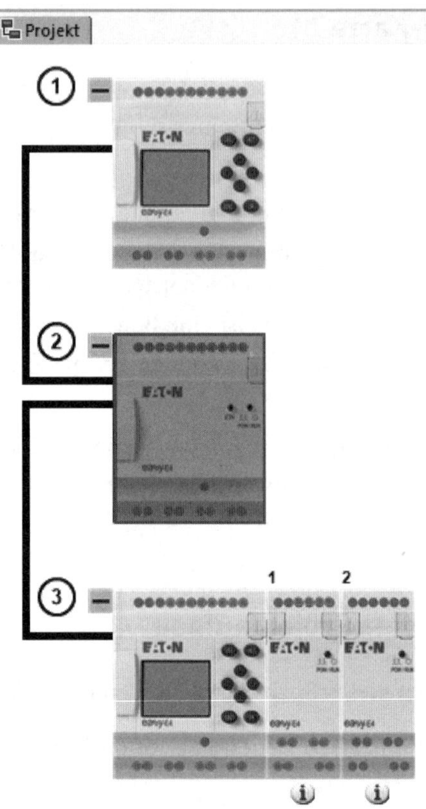

Abb. 1.10: Projektaufbau zu den Beispielen des Buchs

1.5.1 Zuordnung der Operanden

Während im Test die NET-Teilnehmer 1 und 2 mit ihren Operanden-Bezeichnungen einfach übernommen werden konnten, ist NET 3 mit zwei unterschiedlichen Erweiterungsmodulen interessanter, da mit diesen Geräten die Funktion der Operanden-Zuordnung beschrieben werden kann.

Im Beispiel reserviert das System die Adressen Q5...Q16 für andere Anwendungen. Die erste frei verfügbare Adresse ist also Q17. Diese Adresse wird dem Ausgang Q1 des Erweiterungsmoduls zugeordnet. Eine Einschränkung bedeutet die Reservierung von Q5...Q16 nicht, da der max. Adressraum bis Q128 frei verwendbar ist.

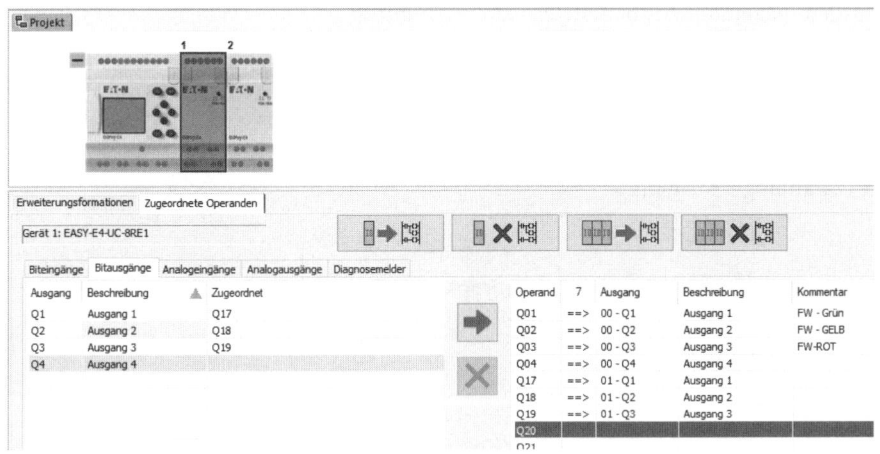

Abb. 1.11: Dem Erweiterungsmodul 1 werden die Ausgangsadressen Q17... zugeordnet.

1.5.2 easyE4-Minitrainer

Als Netzwerkteilnehmer 3 (NT3) diente bei den Tests ein weiterentwickelter Minitrainer, wie er von dem Unternehmen Feltron-Zeissler/Troisdorf seit vielen Jahren angeboten wird.

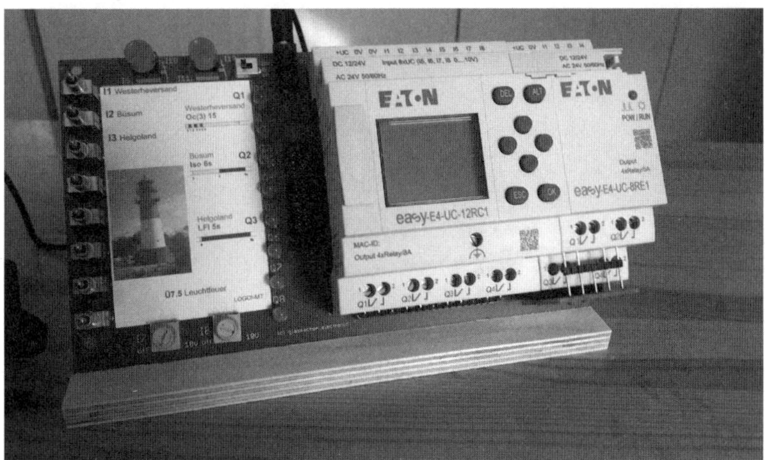

Abb. 1.12: Der „minitrainer“ von Feltron-Zeissler/Troisdorf

In dem gezeigten Aufbau stehen zur Verfügung:

- 12 digitale Eingänge (davon 4 auch analog anwendbar)
- 8 Relaisausgänge
- 4 analoge Eingänge
- 4 analoge Ausgänge

2 Softwarekonzept – easySoft 7

Mit der easySoft 7 wird ein umfangreiches Entwicklungswerkzeug zur Definition des Projektaufbaus, der Parametrierung, der Programmierung, der Simulation und der Kommunikation mit dem Gerät bzw. den Geräten angeboten.

2.1 Projekt

Im Reiter „Projekt" befinden sich die Reiter:

- Geräteinformationen
- Systemeinstellungen
- Sicherheit
- Uhr
- NET
- Ethernet
- Webserver
- Modbus
- E-Mail
- Zugeordnete Operanden
- Geräteeigenschaften

Die Definition des Hardwareaufbaus unter [Projekt] geschieht grafisch, wie es der erfahrene easy-Anwender bereits kennt. Sobald ein installiertes Modul angewählt wird, erscheint es mit allen Eigenschaften und kann entsprechend parametriert und eingestellt werden.

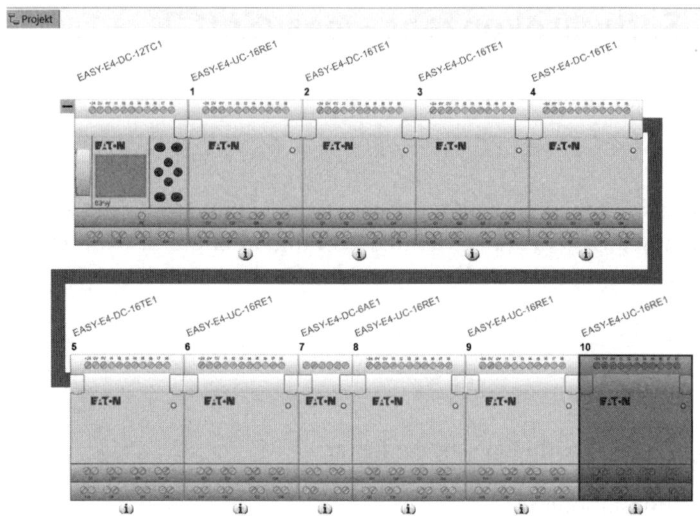

Abb. 2.1: easyE4 kann in der Ein-/Ausgangsebene stark erweitert werden

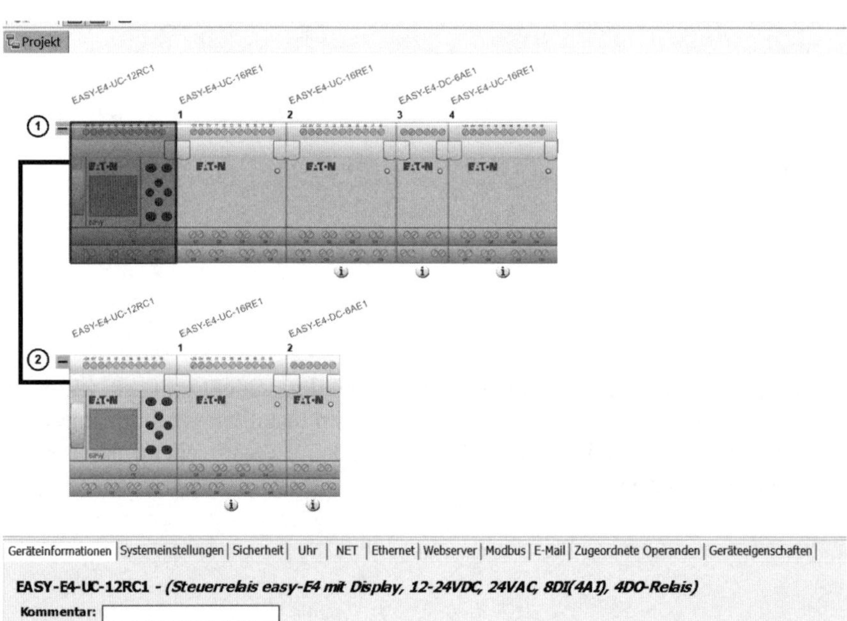

Abb. 2.2: Zwei easyE4 erweitern die Ein-/Ausgangsebene und sorgen für kürzere Reaktionszeiten und erhöhen die gesamte Performance.

2.1.1 Anwahl einer easyE4-CPU

Wenn der Fokus auf die CPU gesetzt wird, können deren Eigenschaften festgelegt werden.

Geräteinformationen

Unter Geräteinformationen werden die Ressourcen der CPU aufgeführt, können gespeichert und ausgedruckt werden.

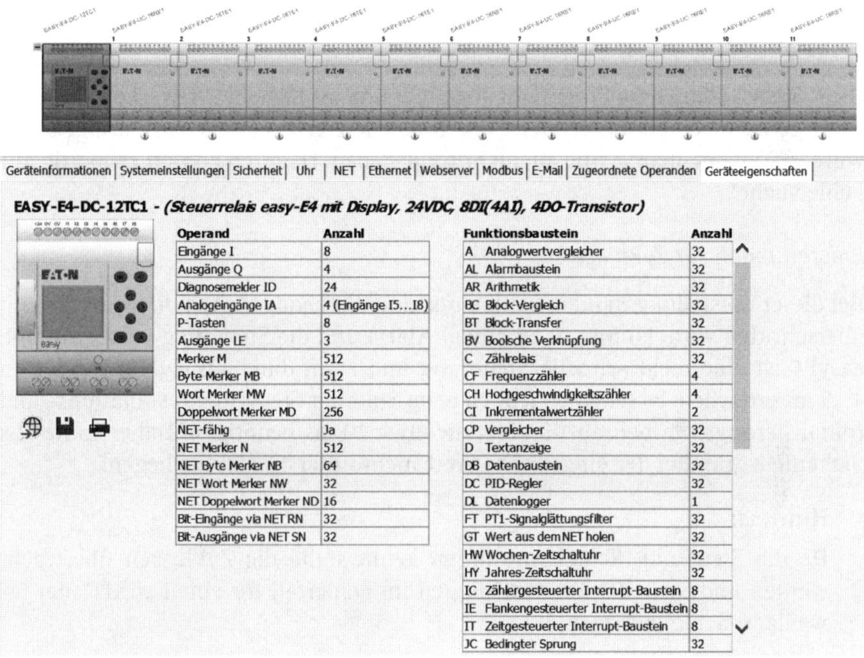

Operand	Anzahl
Eingänge I	8
Ausgänge Q	4
Diagnosemelder ID	24
Analogeingänge IA	4 (Eingänge I5...I8)
P-Tasten	8
Ausgänge LE	3
Merker M	512
Byte Merker MB	512
Wort Merker MW	512
Doppelwort Merker MD	256
NET-fähig	Ja
NET Merker N	512
NET Byte Merker NB	64
NET Wort Merker NW	32
NET Doppelwort Merker ND	16
Bit-Eingänge via NET RN	32
Bit-Ausgänge via NET SN	32

Funktionsbaustein	Anzahl
A Analogwertvergleicher	32
AL Alarmbaustein	32
AR Arithmetik	32
BC Block-Vergleich	32
BT Block-Transfer	32
BV Boolsche Verknüpfung	32
C Zählrelais	32
CF Frequenzzähler	4
CH Hochgeschwindigkeitszähler	4
CI Inkrementalwertzähler	2
CP Vergleicher	32
D Textanzeige	32
DB Datenbaustein	32
DC PID-Regler	32
DL Datenlogger	1
FT PT1-Signalglättungsfilter	32
GT Wert aus dem NET holen	32
HW Wochen-Zeitschaltuhr	32
HY Jahres-Zeitschaltuhr	32
IC Zählergesteuerter Interrupt-Baustein	8
IE Flankengesteuerter Interrupt-Baustein	8
IT Zeitgesteuerter Interrupt-Baustein	8
JC Bedingter Sprung	32

Abb. 2.3: Eigenschaften der CPU

Systemeinstellungen

Unter Systemeinstellungen werden Eigenschaften der Eingänge, die P-Tasten, Programmname, Remanenzen, eine Programm-ID und die Einstellung welcher Programmumfang (Mit oder ohne Kommentare) auf die CPU geladen werden sollen, dargestellt.

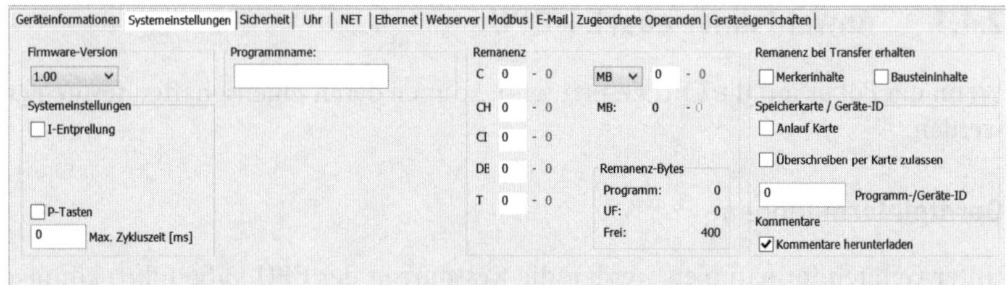

Abb. 2.4: Systemeinstellungen einer installierten und angewählten CPU

P-Tasten

Die P-Tasten können im Programm abgefragt und für Steuerungszwecke verwendet werden, wenn sie an dieser Stelle durch das Setzen des „Häkchens“ freigegeben wurden. Default-mäßig sind sie nicht freigegeben. Dadurch kommt es häufig zur Fehlersuche!

Einstellungen zur Zykluszeit

Bei dieser Einstellung handelt es sich um eine Watchdog-Zeit, d. h. wenn die Zeit überschritten wird, kommt es zu einem Alarm und die Steuerung wird gestoppt. easyE4 ist eine recht schnelle Steuerung und kann durchaus Zykluszeiten von 4...5 ms erreichen. Es scheinen jedoch beim Start der Steuerung Installations- und Initialisierungsroutinen abzulaufen, die etwa 10 ms benötigen. Daher sollte aus Sicherheitsgründen der eingestellte Wert nicht unter 15...20 ms liegen.

> **Hinweis:**
>
> Da die Steuerung Schleifenroutinen kennt sollte die Zykluszeit überwacht werden und Schleifenüberwachungen im Fehlerfall für einen „EXIT“ der jeweiligen Schleife sorgen.

Einstellungen zur Remanenz

Insgesamt stellt jede easyE4 400 remanente Merker-Byte zur Verfügung. Diese „remanenten Variablen“ sind zwischen den Bausteinen, Merker-Variablen und den Variablen der UFs der Aufgabenstellung entsprechend sinnvoll zu verteilen.

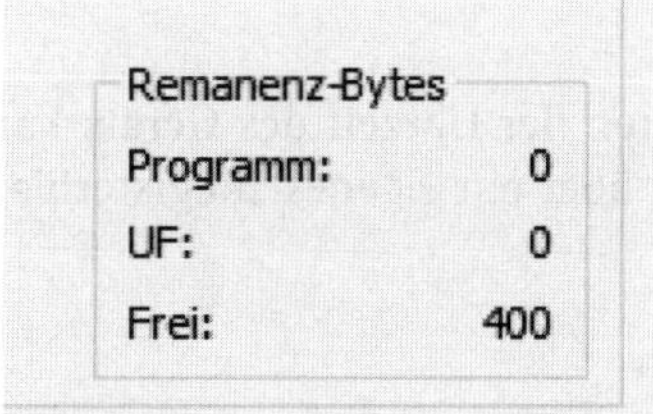

Abb. 2.5: Unter „Systemeinstellungen“ ist der Ressourcen-Verbrauch nachlesbar.

Sicherheit

Eine sehr umfangreiche Passwortverwaltung sorgt für den notwendigen Schutz des Geräts vor unberechtigten Eingriffen und dem notwendigen Schutz des Know-hows des Herstellers einer Software-Lösung zu einer Maschine bzw. Anlage.

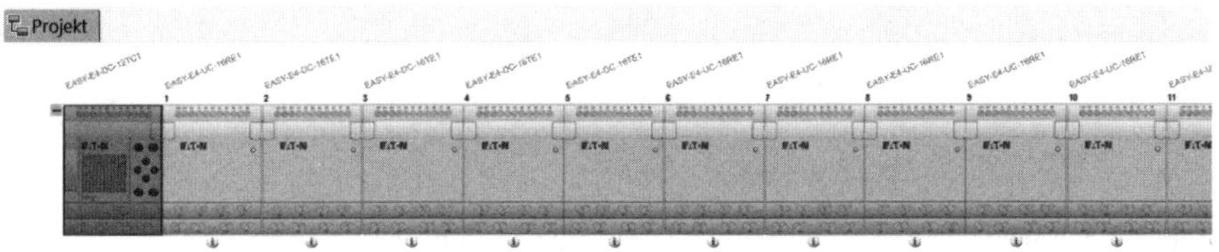

Geräteinformationen | Systemeinstellungen | Sicherheit | Uhr | NET | Ethernet | Webserver | Modbus | E-Mail | Zugeordnete Operanden | Geräteeigenschaften

Passworteingabe

- [x] Programm
- [ ] Parameter
- [ ] Uhr
- [ ] Betriebsart
- [ ] Speicherkarte
- [ ] Schnittstelle
- [ ] Programm nicht löschbar

Passwort (6-stellig, Großbuchstaben A-Z und Ziffern 0-9)

Passwortwiederholung

- [ ] Passwort anzeigen

Passwort löschen

Abb. 2.6: Sicherheit in der Projekt-Einstellung

Uhr

Das Stellen und Nachführen der Uhrzeit des Geräts kann auf unterschiedlichen Wegen erfolgen und wird über ein eigenes „Registerblatt“ realisiert.

Einstellmöglichkeiten:

- SNTP-Synchronisation
- DCF77-Verfahren
- Sommer-/Winterzeit
- Einstellung der Zeitzone
- Hinzu kommen die Möglichkeiten des Hersteller-Bausteins SC1 „Uhr über NET synchronisieren“.

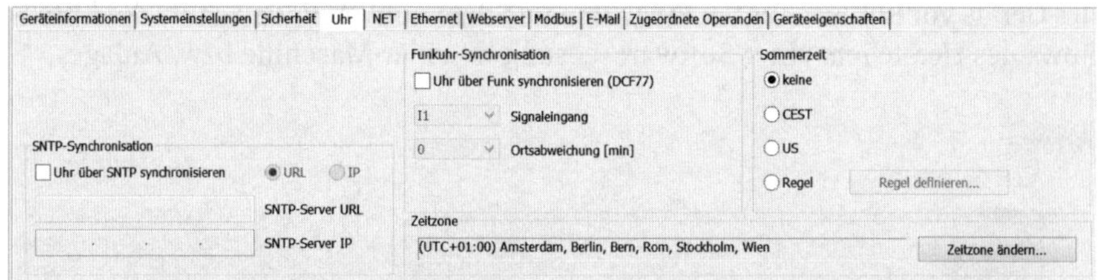

Abb. 2.7: Einstellung zur Verwaltung und Nachführung der „Uhr“ bzw. Uhrzeit

NET

Über das Ethernet wird auch die easyNET-Kommunikation realisiert, die in den bewährten easy800 und MFD über eine CAN-Anwendung realisiert wurde.

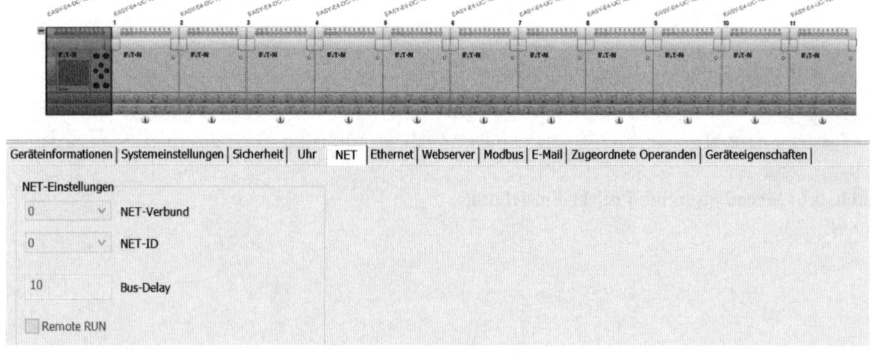

Abb. 2.8: Einstellung und Verwaltung des easyNET

Das Medium zum Transport hat sich verändert, die Möglichkeiten (8 Teilnehmer usw.) sind geblieben und wurden ausgebaut. So kamen die NET-Variablen hinzu und die einzelnen easy-Netzwerke (max. 8 Teilnehmer) können in „Verbünden" organisiert werden (max. 10), so dass bis zu 80 easy-Grundgeräte mit je max. 11 Erweiterungen Daten untereinander austauschen können.

Ethernet

Einstellungen für das Ethernet:

- IP-Modus
- IP-Adresse
- Subnetzmaske
- Gateway
- Mögliche Zugriffe

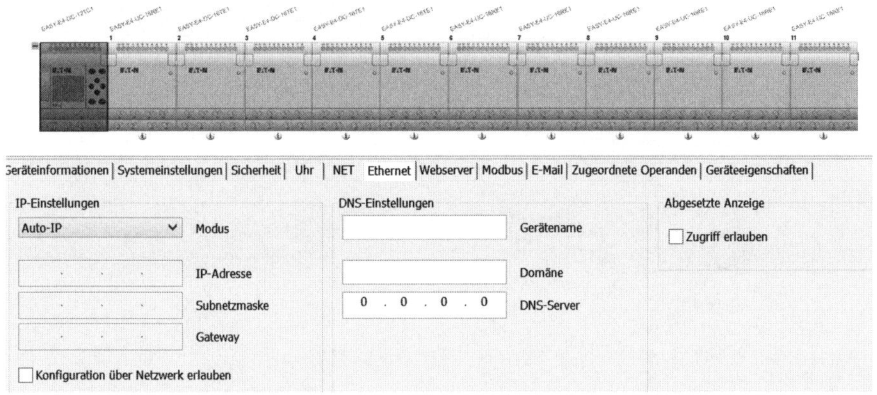

Abb. 2.9: Ethernet-Einstellungen

Webserver

Der Webserver muss aktiviert sein, um ihn später verwenden zu können. Dazu ist zwingend die Vergabe eines Passworts nötig (einer der häufigsten Fehler beim 1. Aufruf eines neuen Geräts während der Inbetriebnahme).

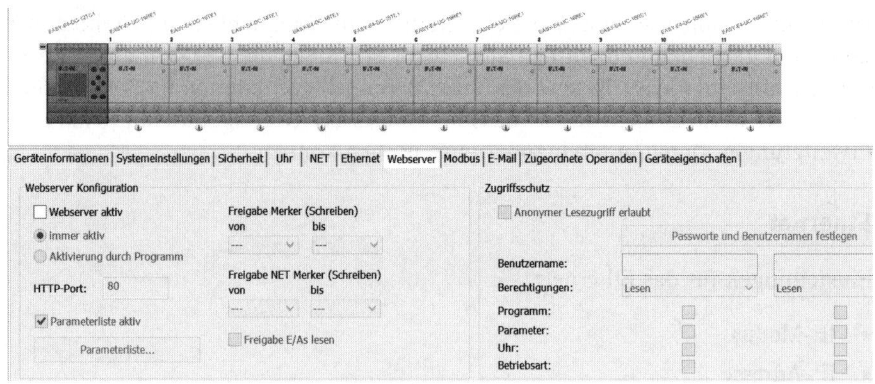

Abb. 2.10: Freigabe und die notwendigen Parametrierung des Webservers

Sobald das Kontroll-Kästchen „Webserver aktiv" angewählt wurde, erscheint ein Formularblatt zur Eingabe der Passwörter und des Benutzernamens des Webservers.

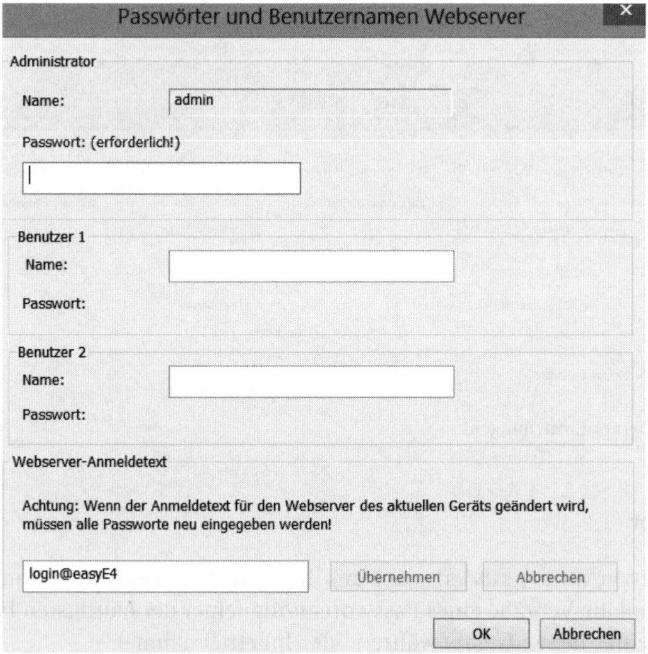

Passwörter und Benutzernamen Webserver

Administrator

Name: admin

Passwort: (erforderlich!)

Benutzer 1

Name:

Passwort:

Benutzer 2

Name:

Passwort:

Webserver-Anmeldetext

Achtung: Wenn der Anmeldetext für den Webserver des aktuellen Geräts geändert wird, müssen alle Passworte neu eingegeben werden!

login@easyE4 Übernehmen Abbrechen

OK Abbrechen

Abb. 2.11: Ohne Aktivierung und Zugangsdaten kann der Webserver nicht verwendet werden.

Modbus

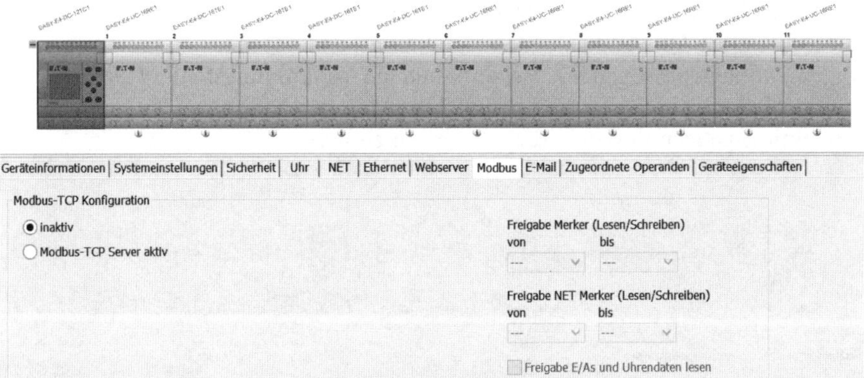

Abb. 2.12: Der Modbus – ein zusätzliches Kommunikationsmedium zum easyNET

E-Mail

Um die E-Mail-Funktion anwenden zu können, müssen die üblichen Daten für den E-Mail-Versand eingegeben werden. Diese können aus dem entsprechenden Outlook-Programm oder ähnlichen Daten eines PC übernommen werden. (Siehe auch Hersteller-Baustein ALxx (01...32).)

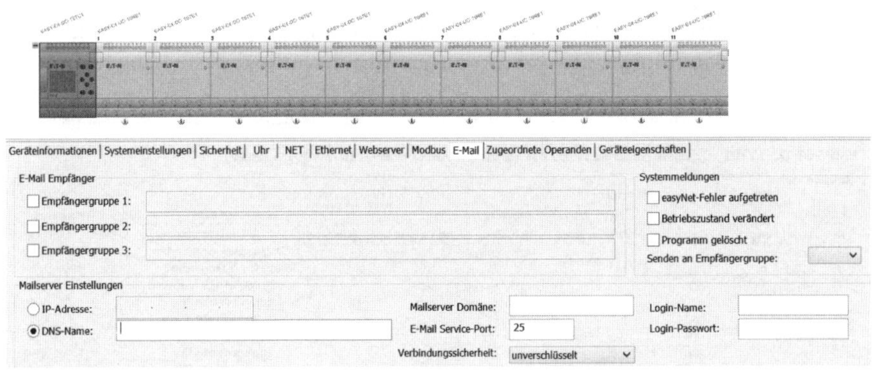

Abb. 2.13: E-Mail-Funktion zum ereignisgesteuerten Übertragen von Meldungen

Zugeordnete Operanten

Die Adressen der Operanden der E/A-Module können sowohl automatisch als auch vom Anwender frei zugeordnet werden. Damit können bestehende Projekte mit reduziertem Aufwand an neue Verdrahtungskonzepte in neuen Projekten übertragen und angepasst werden. Bei auftretenden Verdrahtungsfehlern während der Inbetriebnahme können so kurzfristige Lösungen geschaffen werden, um dann in Produktionspausen das eigentliche Problem zu lösen.

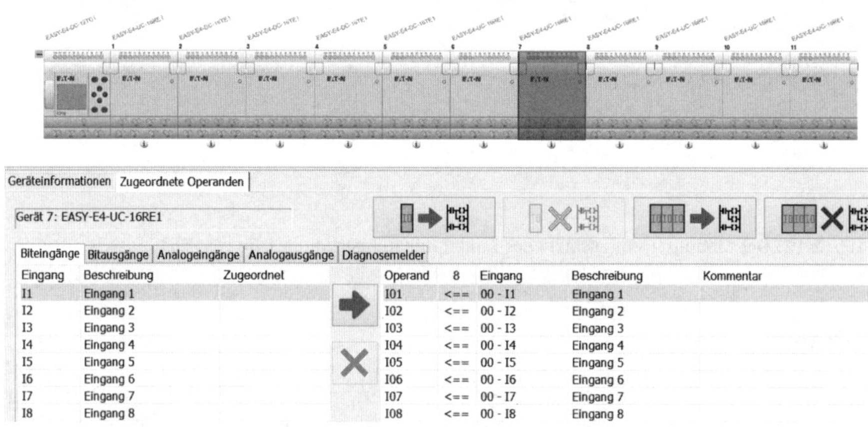

Abb. 2.14: Hohe Anpassungsfähigkeit an die Verdrahtung der Projekte

Geräteeigenschaften

Die Geräteeigenschaften für jedes Modul werden angezeigt, wenn der Fokus auf das jeweilige Modul gesetzt wird. Im unteren Bild wurde die CPU angewählt.

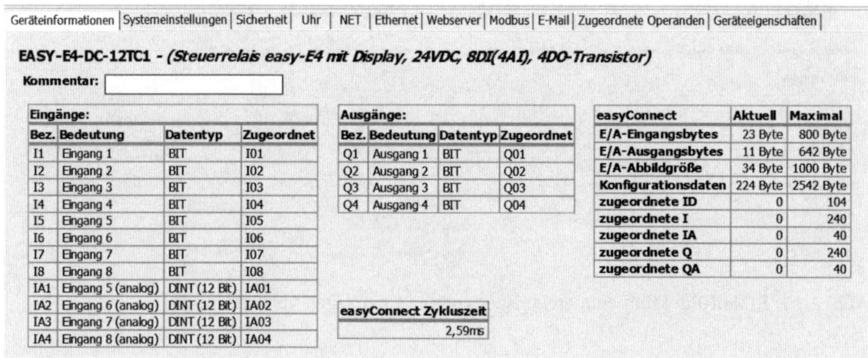

Geräteinformationen | Systemeinstellungen | Sicherheit | Uhr | NET | Ethernet | Webserver | Modbus | E-Mail | Zugeordnete Operanden | Geräteeigenschaften

EASY-E4-DC-12TC1 - *(Steuerrelais easy-E4 mit Display, 24VDC, 8DI(4AI), 4DO-Transistor)*

Kommentar:

Eingänge:			
Bez.	**Bedeutung**	**Datentyp**	**Zugeordnet**
I1	Eingang 1	BIT	I01
I2	Eingang 2	BIT	I02
I3	Eingang 3	BIT	I03
I4	Eingang 4	BIT	I04
I5	Eingang 5	BIT	I05
I6	Eingang 6	BIT	I06
I7	Eingang 7	BIT	I07
I8	Eingang 8	BIT	I08
IA1	Eingang 5 (analog)	DINT (12 Bit)	IA01
IA2	Eingang 6 (analog)	DINT (12 Bit)	IA02
IA3	Eingang 7 (analog)	DINT (12 Bit)	IA03
IA4	Eingang 8 (analog)	DINT (12 Bit)	IA04

Ausgänge:			
Bez.	**Bedeutung**	**Datentyp**	**Zugeordnet**
Q1	Ausgang 1	BIT	Q01
Q2	Ausgang 2	BIT	Q02
Q3	Ausgang 3	BIT	Q03
Q4	Ausgang 4	BIT	Q04

easyConnect	Aktuell	Maximal
E/A-Eingangsbytes	23 Byte	800 Byte
E/A-Ausgangsbytes	11 Byte	642 Byte
E/A-Abbildgröße	34 Byte	1000 Byte
Konfigurationsdaten	224 Byte	2542 Byte
zugeordnete ID	0	104
zugeordnete I	0	240
zugeordnete IA	0	40
zugeordnete Q	0	240
zugeordnete QA	0	40

easyConnect Zykluszeit
2,59ms

Abb. 2.15: Geräteeigenschaften einer CPU

2.2 Einstellungen – Konfiguration eines Geräts ohne Display

Der schwierigste Punkt bei der Konfiguration eines neuen Geräts ohne Display kann die Einstellung der IP-Adresse sein. Während bei einer easyE4 mit Display die IP-Adresse im Display angezeigt wird und über die integrierten Tasten veränderbar ist, sind diese Möglichkeiten z. B. bei einer „EASY-E4-DC-12TCX1" nicht vorhanden. Daher soll dieser Weg hier beschrieben werden. Dazu wird der Menü-Punkt [Kommunikation] angewählt, dort [Verbindung] geöffnet.

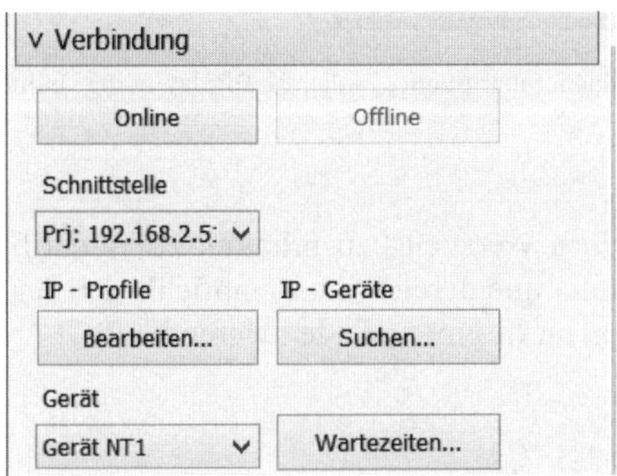

Abb. 2.16: Suchen einer unbekannten easyE4 und Bearbeiten der IP-Adresse

Nachdem die vorgesehene IP-Adresse eingestellt wurde, kann der PC Online-Zugriff nehmen, die Konfiguration kann geladen werden – in der der Webserver aktiviert wurde – anschließend kann auch über einen Browser zugegriffen werden. Damit besteht die Möglichkeit, auf unterschiedlichem Wege einen Ersatz für das fehlende Display und die P-Tasten zu schaffen.

Abb. 2.17: Eine easyE4 ohne Display hat ein Display erhalten.

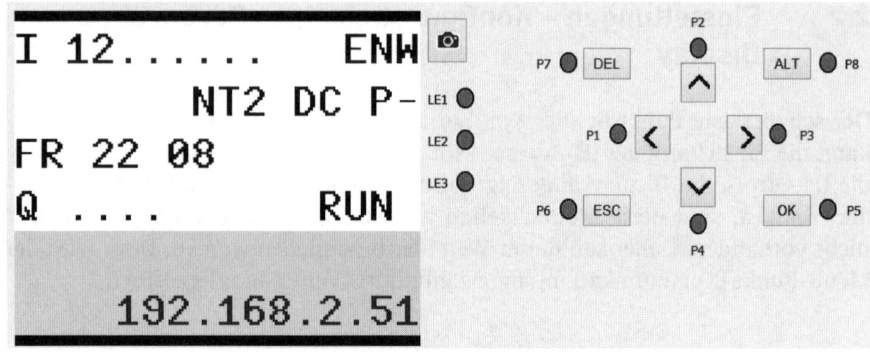

Abb. 2.18: Display auf einem Smartphone, Tablet, PC Display in der Online-Anzeige

> Hinweis:
>
> Um ein allgemeines Werkzeug zu erhalten zur Identifikation vorhandener Ethernet-Teilnehmer und deren Status, empfiehlt sich der „Advanced IP Scanner“ der kostenlos im Internet geladen werden kann.

2.3 Kommunikation

2.3.1 Handling microSD-Karte

Sobald eine Karte (wie in Kapitel 1 beschrieben) eingesetzt wurde, kann diese zur Verwendung vorbereitet werden.

Abb. 2.19: Der Schalter [Karte] ist nun aktiviert und sie kann konfiguriert werden.

Die Karte kann/muss nun formatiert werden:

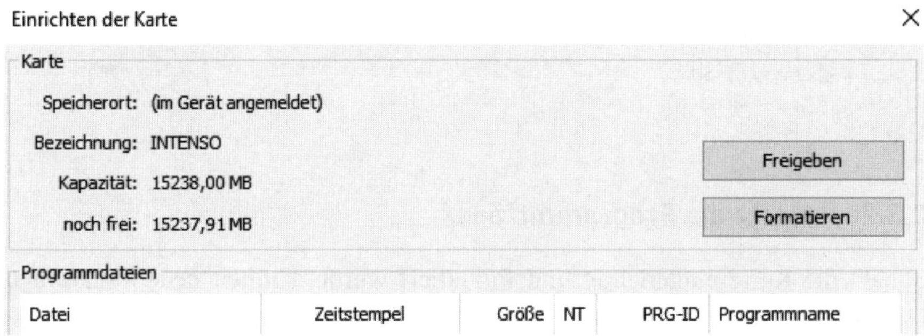

Sicherheitsabfrage – Es kann eine Kartenbezeichnung eingegeben werden:

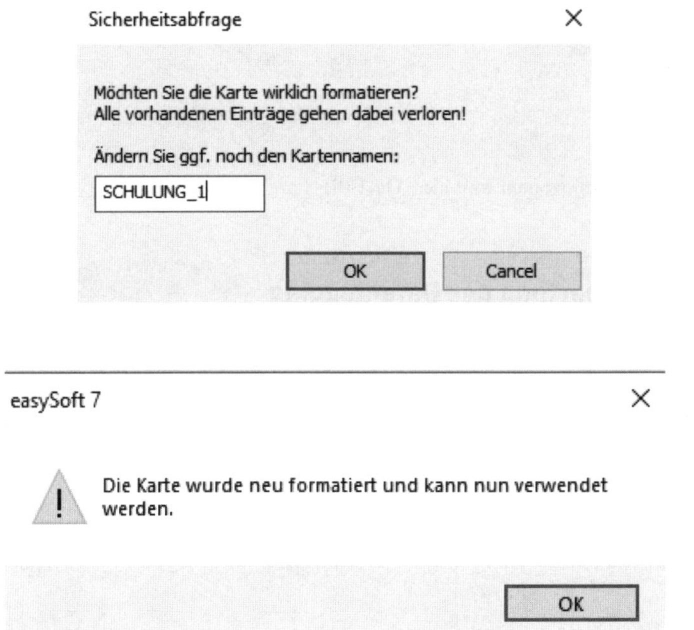

Wenn die Karte entnommen werden soll, wird der Schalter [Freigeben] angewählt.

Speicherort: (im Gerät angemeldet)
Bezeichnung: SCHULUNG_1
Kapazität: 15227,09 MB
noch frei: 15227,07 MB
Freigeben
Formatieren

2.3.2 Karte als Programmträger

Sobald die Karte eingerichtet und formatiert wurde, können neue Funktionen durchgeführt werden:

Startprogramm

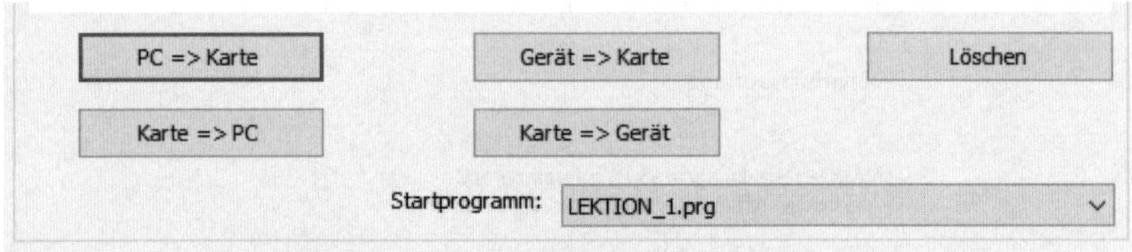

Abb. 2.20: Als Startprogramm wird hier „LEKTION_1.prg" festgelegt.

2.3.3 Auswertung des Datenlogging

Das Datenlogging wird im Kapitel 7 „Datenlogging" beschrieben. Hier soll das entsprechende Handling zum Auslesen und Auswerten der „geloggten Daten" beschrieben werden. Der Dateiname, unter dem die Daten „geloggt" werden, wird in der Registerkarte des Herstellerbausteins „DL01" festgelegt.

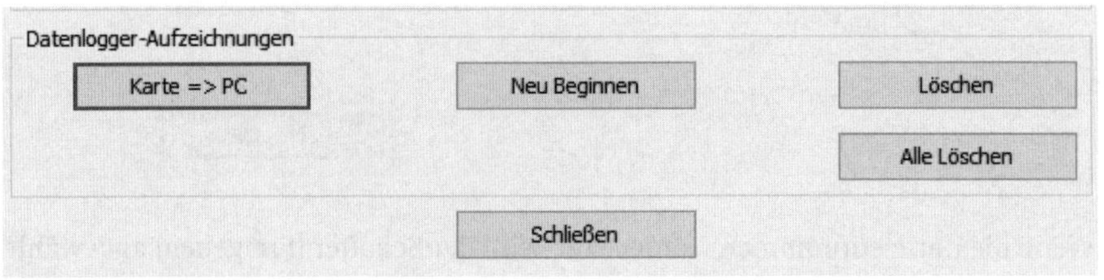

Abb. 2.21: Unter „Kommunikation" wird die Aufzeichnungsfunktion zugänglich.

Mit der Anwahl des Schalters [Karte => PC] erscheint ein neues Formular:

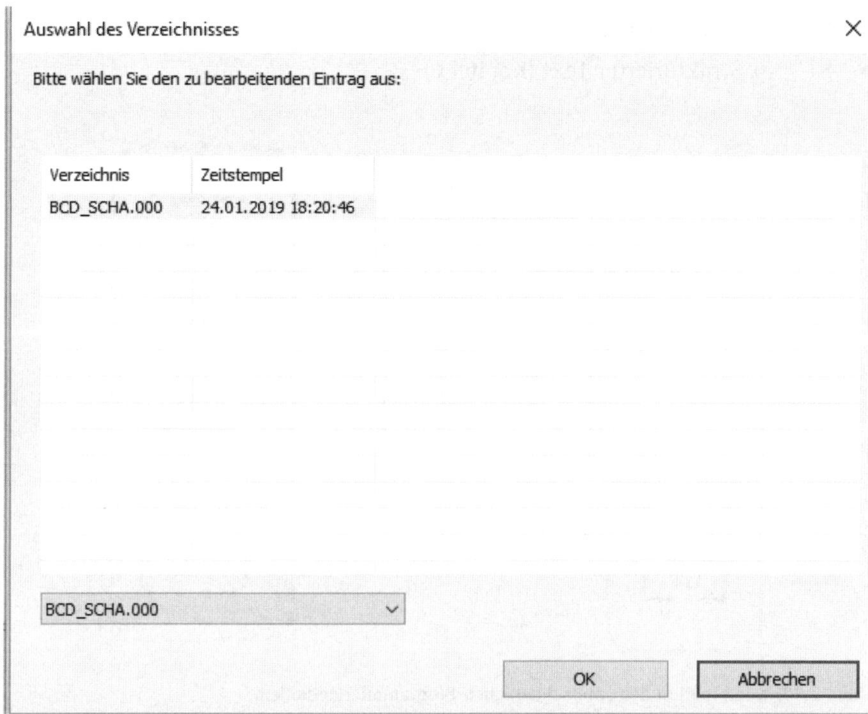

Abb. 2.22: Auswahl der auf dem PC zu speichernden Datei

Nach Anwahl von [OK] öffnet sich die Anwahl des Speicherorts. Damit kann die Datei mit den gespeicherten Daten auf dem PC im csv-Format gesichert und weiter verarbeitet werden.

2.4 Programmierung

Sobald eine easyE4 in der Projektierung festgelegt wurde, kann mit der Programmierung begonnen werden. Zur Programmierung gelangt man durch einen „Doppelklick" auf das Gerät, oder durch die Anwahl der Programmierung.

Zur Programmierung stehen vier verschiedene Programmiermethoden zur Verfügung:

- EDP → easy Device Programmierung (Kapitel 3)
- KOP → Kontaktplan (Kapitel 4)
- FUP → Funktionsplan (Kapitel 5)
- ST → Strukturierter Text (Kapitel 6)

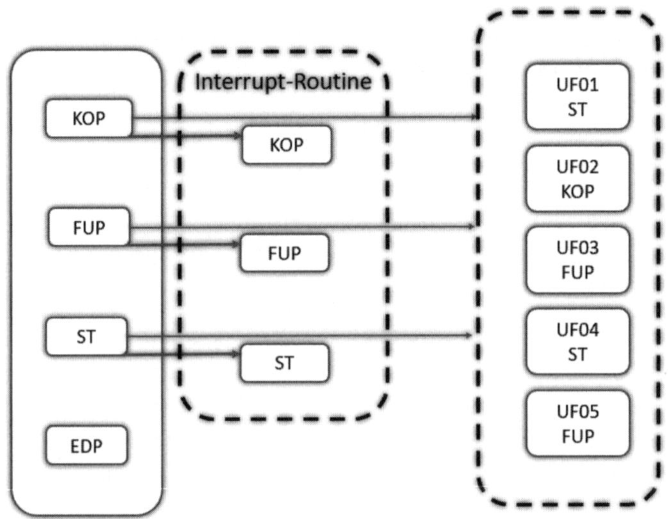

Abb. 2.23: Kombination der unterschiedlichen Programmiermethoden

In der „Programmierung" werden

- das Hauptprogramm,
- Unterprogramme (nicht im EDP), sowie
- Interrupt-Routinen (nicht im EDP)

programmiert.

2.4.1 Software-Struktur

Das easyE4 bietet die Möglichkeit, im Hauptprogramm und in den UFs (User Funktionsbaustein) jeweils die Programmiersprache unterschiedlich festzulegen.

Bei der Gestaltung des Hauptprogramms und der Planung der Anwenderbausteine ist zu berücksichtigen, dass einige Herstellerbausteine nur im Hauptprogramm anwendbar sind. Einige Herstellerbausteine, die ausschließlich im Hauptprogramm angewendet werden können:

- ST - Sollzyklus-Zeit
- D - Text-Relais
- AL - Alarmbaustein
- TC - Dreipunktregler
- DL - Logging

Mit der Festlegung der Programmiersprache für das Hautprogramm, wird die Sprache für die Interrupt-Routine ebenfalls festgelegt.

2.5 Simulation

Die Simulation ist ein wichtiges Werkzeug, um frühzeitig Software-Fehler zu erkennen und Risiken zu überprüfen. Haltepunkte und eine schrittweise Programmabarbeitung unterstützen die Entwicklung der Software und Eingrenzung von Fehlern. Mit diesen Möglichkeiten kann die Robustheit und Sicherheit einer Lösung überprüft werden, ohne Maschinen- bzw. Anlagenteile zu gefährden oder zu beschädigen.

2.6 Übernahme älterer xxx.e60-Projekte

Bestehende Projekte der easy500, easy700, easy800 können direkt übernommen werden. Dabei ist zu berücksichtigen, dass die Abarbeitung im EDP (spaltenweise) und im modernen Kontaktplan (netzwerkweise) unterschiedlich ist. Das Ergebnis der Funktionalität des Programms sollte jedoch gleich sein. Daher muss das Programm aufwendiger umgesetzt werden als man es zunächst erwartet. Dazu werden an dieser Stelle einige Beispiele eingefügt.

2.6.1 Versionshinweise zu easySoft V7.00

Neue Funktionsbausteine: Folgende Funktionsbausteine sind zu den aus easySoft 6 bekannten FBs neu hinzugekommen:

- RC - Realtime Clock
- MM - Min-/Maxfunktion
- WT - Wochen-Zeitschaltuhr (neu)
- YT - Jahres-Zeitschaltuhr (neu)
- DL - Datenlogger
- D - Textanzeige (neu)
- AL - Alarmbaustein (für E-Mail-Versand)
- TC - Dreipunktregler
- IC - zählergesteuerter Interrupt
- IE - flankengesteuerter Interrupt
- IT - zeitgesteuerter Interrupt

Änderungen bestehender Funktionsbausteine:

- Alle FBs, die bisher noch keinen EN hatten, haben, bis auf das „T - Zeitrelais", einen zusätzlichen Enable-Eingang (EN) erhalten.
- Alle FBs, bis auf das „T - Zeitrelais", werden mit einem Parameter zur EN-Auswertung (ENC) erweitert.
- Die FBs „BT - Block-Transfer", „CF - Frequenzzähler", „DB - Datenbaustein", „PT-Wert in das NET stellen" haben einen oder zwei weitere zusätzliche Parameter erhalten.
- Der FB „OT - Betriebsstundenzähler" hat zusätzliche Ein- und Ausgänge erhalten.
- Die FBs „DC - PID-Regler", „FT - PT1-Signalglättungsfilter" haben zusätzliche Ausgänge erhalten.

2.6.2 Geändertes Dateiformat (*.e70)

- easySoft 7 unterstützt nur Geräte der **easyE4**-Familie. Geräte der Familien easy400/500/600/700/800 und MFD-Titan werden von easySoft 7 nicht mehr unterstützt.
- easy500/700/800-Projekte mit der Endung *.e60, die mit älteren easySoft-Versionen erstellt wurden, können mit Version 7 geöffnet werden. Der easy-Schaltplan wird wahlweise in EDP oder KOP konvertiert und kann anschließend weiter bearbeitet werden.
- *.e60-Projekte mit Schaltplänen für easy400/600 und MFD-Titan, sowie *.eas- und *.e40-Projekte werden nicht geöffnet.
- Konvertierte Projekte, die mit Version 7 gespeichert wurden, können nicht mehr mit älteren easySoft-Versionen geöffnet werden!

- (*Quelle:* Eaton - easySoft 7)

2.6.3 Verlauf der Übernahme

Das Original-Projekt einer easy 822-DC-TC mit einem Erweiterungsmodul.

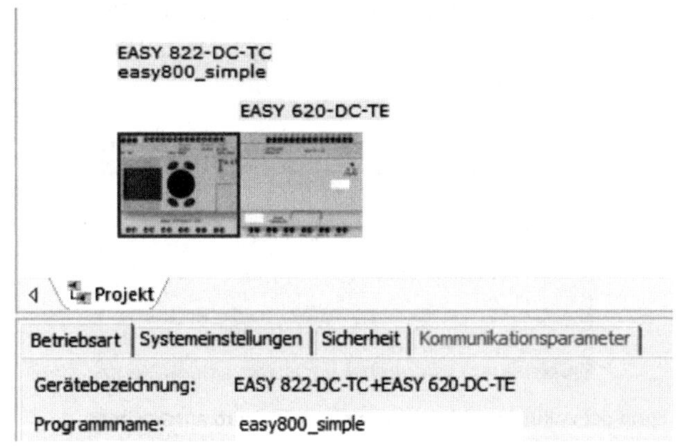

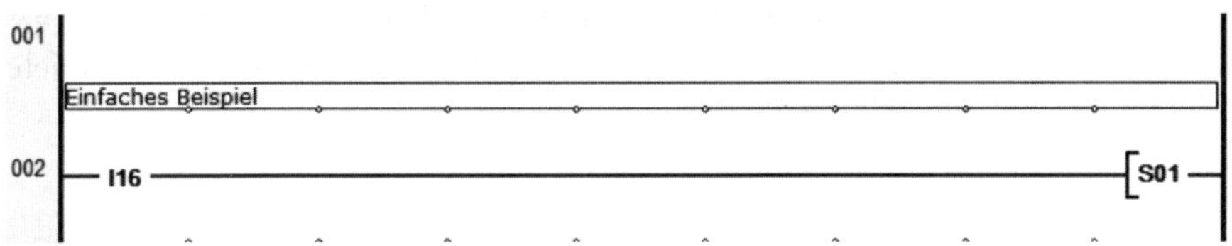

Abb. 2.24: Ein xxx.e60-Projekt

Das x.e60-Programm wird in easySoft 7 angewählt.

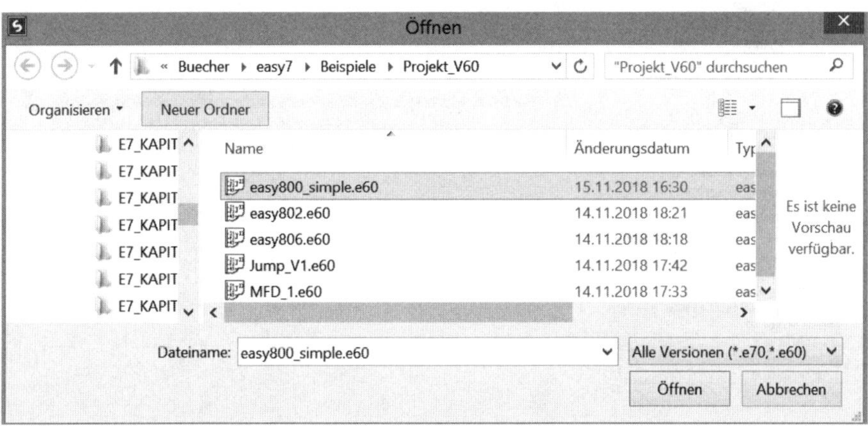

Abb. 2.25: Das zu übernehmende/übersetzende Programm wird ausgewählt.

Nach der Auswahl einer Datei zum Öffnen wird die weitere Programmiermethode angefragt. Es wird die Auswahl EDP oder KOP getroffen. Die Vorteile beider Methoden werden im Weiteren beschrieben.

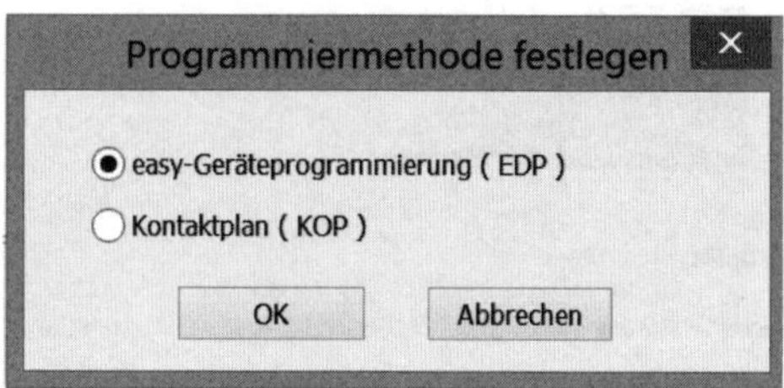

Abb. 2.26: Die Form der zukünftigen Programmiersprache wird ausgewählt.

Es erscheint eine Protokollausgabe mit dem neuen Hardwareaufbau und den entsprechenden Operanden. Der Hardware-Aufbau kann nun umfangreich erweitert werden und die Operanden können jetzt unter Projekt → „Zugeordnete Operanden“ neu zugewiesen werden.

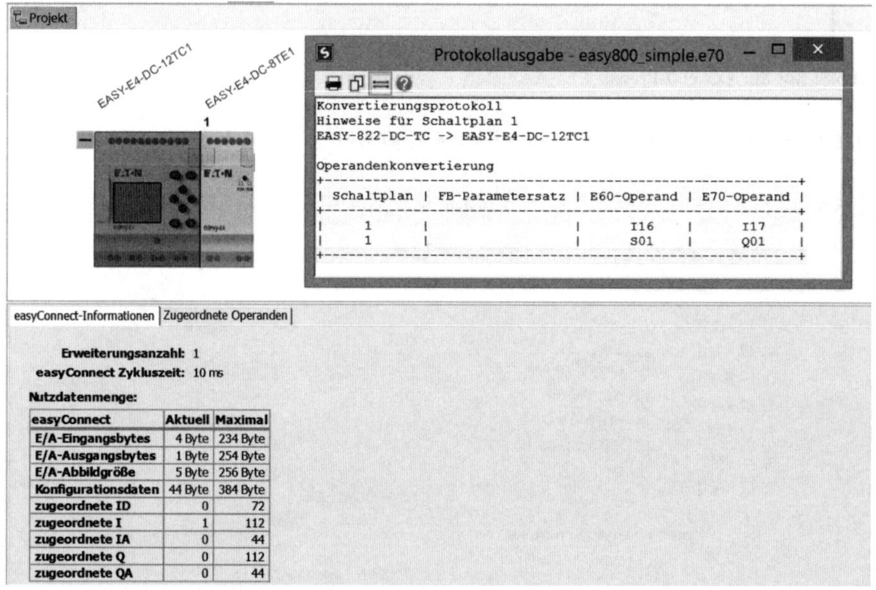

easyConnect	Aktuell	Maximal
E/A-Eingangsbytes	4 Byte	234 Byte
E/A-Ausgangsbytes	1 Byte	254 Byte
E/A-Abbildgröße	5 Byte	256 Byte
Konfigurationsdaten	44 Byte	384 Byte
zugeordnete ID	0	72
zugeordnete I	1	112
zugeordnete IA	0	44
zugeordnete Q	0	112
zugeordnete QA	0	44

Abb. 2.27: Eine importierte easy800 mit einer Erweiterung

Das importierte Programm im modernen Kontaktplan:

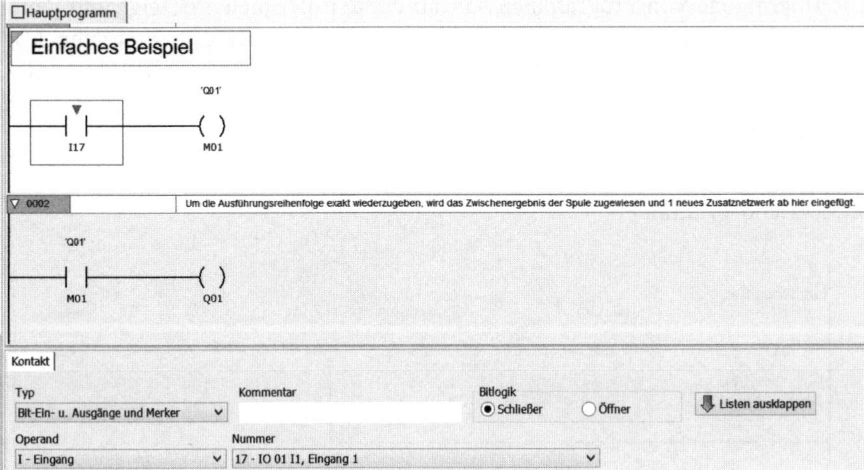

Abb. 2.28: Die entsprechende KOP-Sequenz

Bei der übernommenen Sequenz müssen Zwischen-Merker und Netzwerke hinzugefügt werden, um die entsprechende Funktion zu erhalten.

2.6.4 Übernahme als EDP (easy Device Programmierung)

Ein Projekt auf der Basis der easy500 bzw. easy700 wird auf das Niveau einer easy800 angehoben. Es stehen nun die entsprechenden Bausteine der easy800 bzw. der easyE4 zur Verfügung. Es können nun 4 Kontakte in Reihe geschaltet werden und es stehen die Möglichkeiten der umfangreichen Ein-/Ausgangs-Ebene zur Verfügung.

> **Hinweis:**
>
> Es ist der Stand der Entwicklung der easySoft 7 bei der Erstellung dieses Buchs, das Programme von folgenden CPUs nicht übernommen werden können:
>
> - MFD-*xx*
> - easy802
> - easy806

2.6.5 Beispiele für Importe

Die Übernahme von Programmen soll an einigen Beispielen gezeigt und geübt werden. Dabei sollte auch deutlich werden, warum ein konvertiertes Programm EDP → KOP vom Prozessor anders abgearbeitet wird, als das Original EDP-Programm.

Einfache Zuweisungen

- xxx.e60-Programm

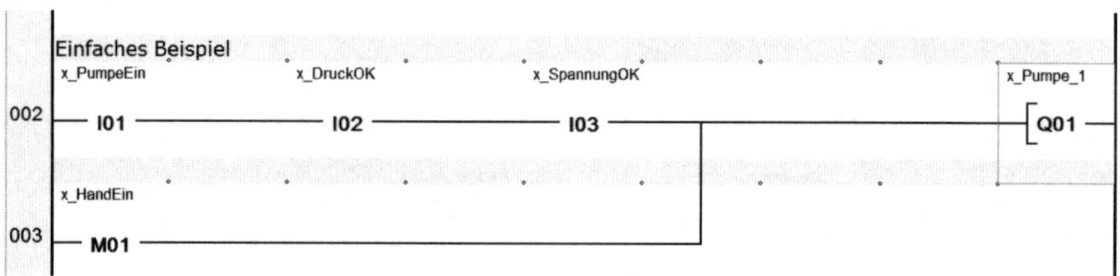

- xxx.e70-Programm

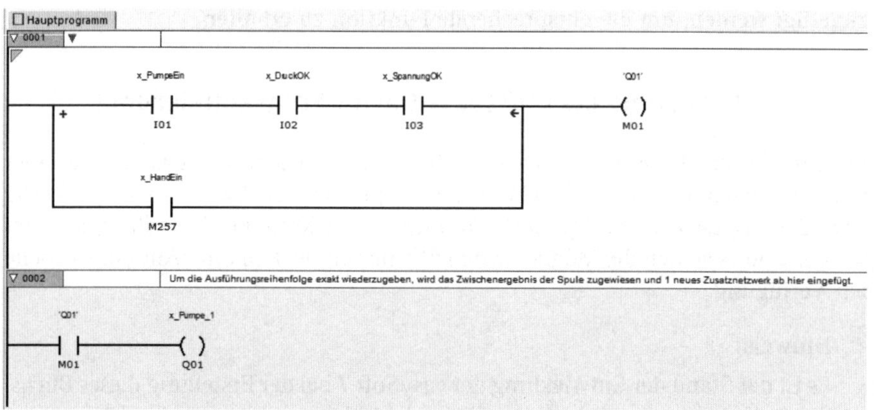

Abb. 2.29: Konvertiertes EDP-Programm aus *.e60

An dieser Stelle wäre die Aufteilung in zwei Netzwerke nicht zwingend notwendig, jedoch im Sinne der Einheitlichkeit richtig. Der Anwender kann durch einen eigenen Eingriff diesen Punkt wieder korrigieren.

Flankenbildung

Bei einer Flankenbildung ist die Aufteilung in mehrere Netzwerke notwendig, da ein EDP-Programm vom Prozessor anders abgearbeitet wird, als ein KOP-Programm.

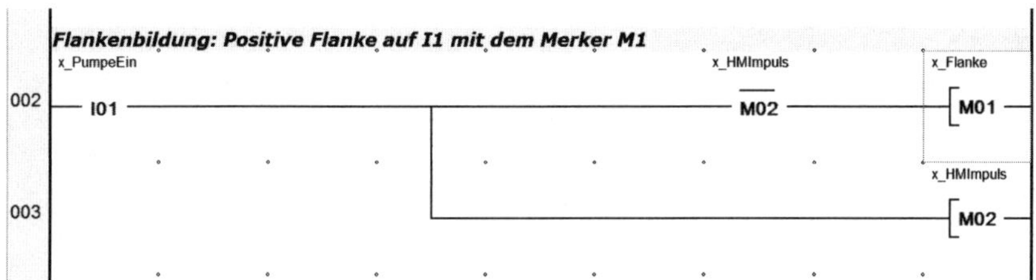

Abb. 2.30: Beim Import wird die EDP – Sequenz wie folgt im KOP umgesetzt:

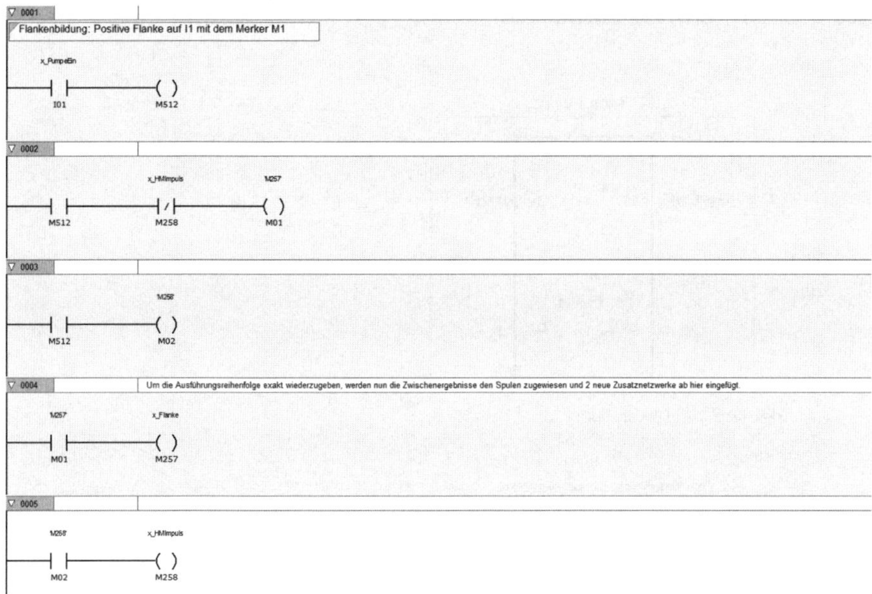

Abb. 2.31: Der importierte EDP-Plan kann nun im KOP weiterbearbeitet werden.

Zusammenfassung:

Ein EDP-Programm wird spaltenweise abgearbeitet und ein KOP-Programm wird netzwerkweise abgearbeitet!

Anwendung eines Bausteins

Während der EDP zwei Darstellungsebenen verwendet, stellt der KOP diese in einer Ebene dar.

Abb. 2.32: EDP – easy: Kontaktplan-Ebene

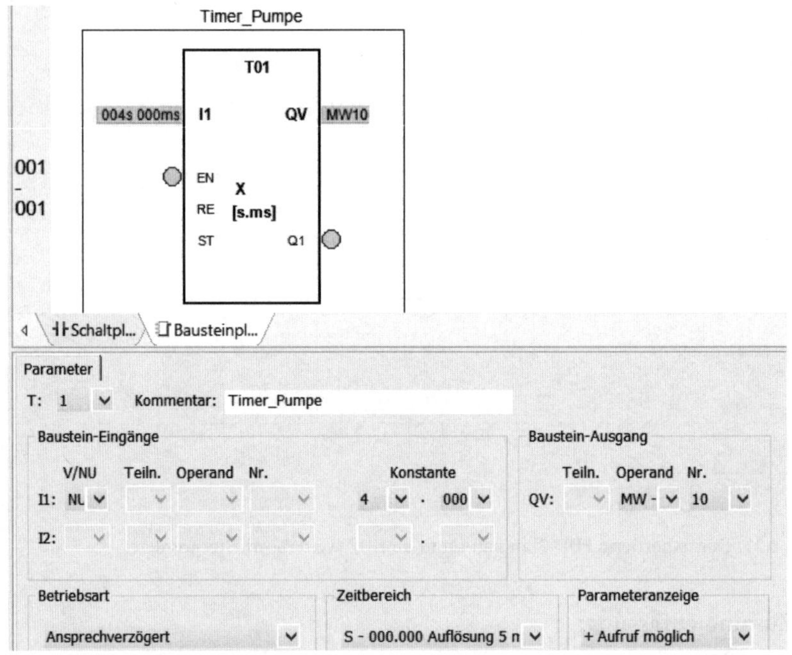

Abb. 2.33: EDP – easy: Baustein-Ebene

Um die gleiche Funktionalität zu erhalten, nimmt das Programm einige notwendige Anpassungen vor:

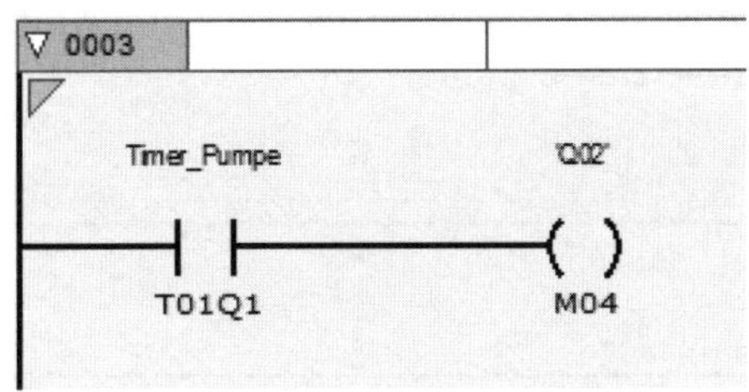

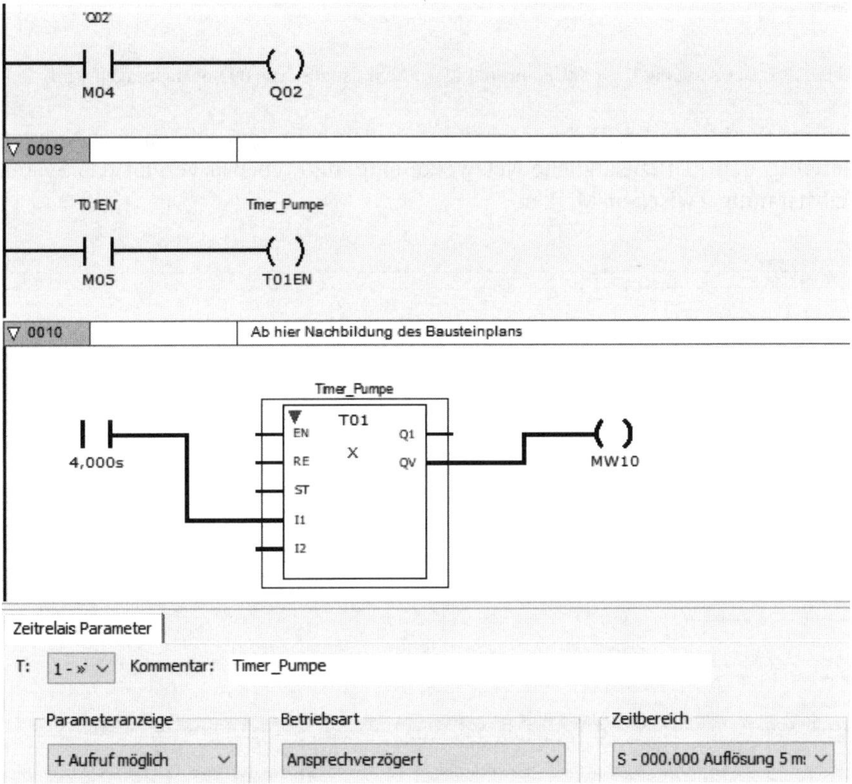

Abb. 2.34: Ein importiertes Programm mit einem Zeit-Baustein und den notwendigen Anpassungen

Programm mit Sprüngen – Kontaktplan

Ein Schaltzustand soll eingefroren werden, sobald ein Eingang I1 = TRUE wird. Hier schaltet I2 den Ausgang Q1 solange bis I1 = TRUE wird, sobald I1 =True ist, verharrt Q1 in seinem letzten Zustand.

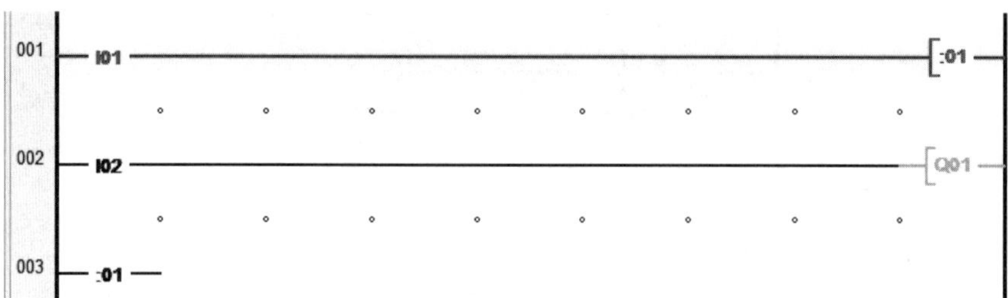

Abb. 2.35: Der Ausgang Q1 = TRUE, obwohl I2 = FALSE ist, da Zeile 002 übersprungen wird

Um die Funktionsgleichheit zu erhalten, werden beim Importieren bzw. Konvertieren in den KOP zusätzliche Netzwerke eingefügt, ebenso vergibt das System selbstständig Zwischen-Merker.

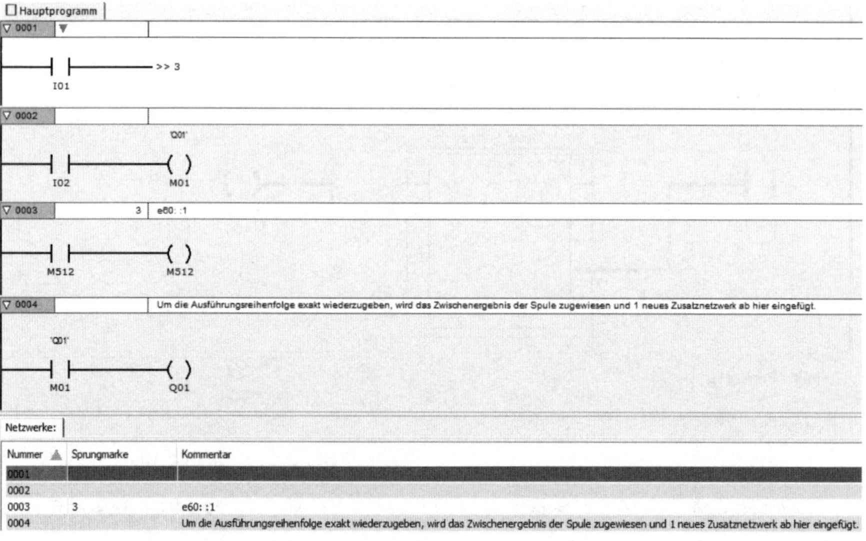

Abb. 2.36: Beim Import werden automatisch Erweiterungen vorgenommen und vom System Variablen eingefügt.

Programm mit Sprüngen über Bausteine

Ein Zählvorgang soll nicht mehr ausgeführt werden (eingefroren), wenn ein Eingang I3 = TRUE ist. Wenn I3 = FALSE, soll mit jeder positiven Flanke von I2 der Zähler um „1" erhöht werden. Der Zählerstand wird dem MW 10 übergeben.

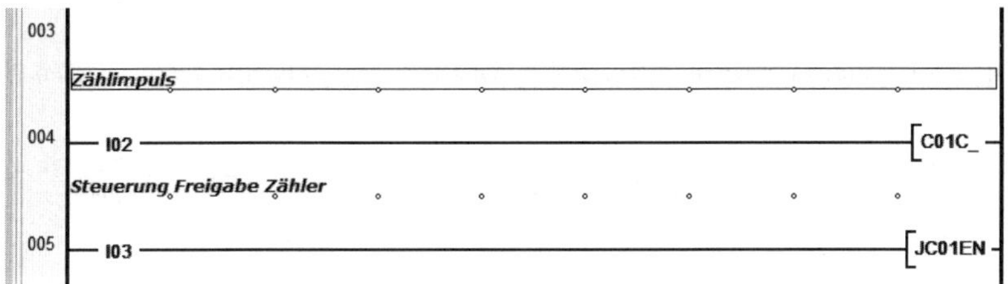

Abb. 2.37: Der Kontaktplan im EDP zur Aufgabe

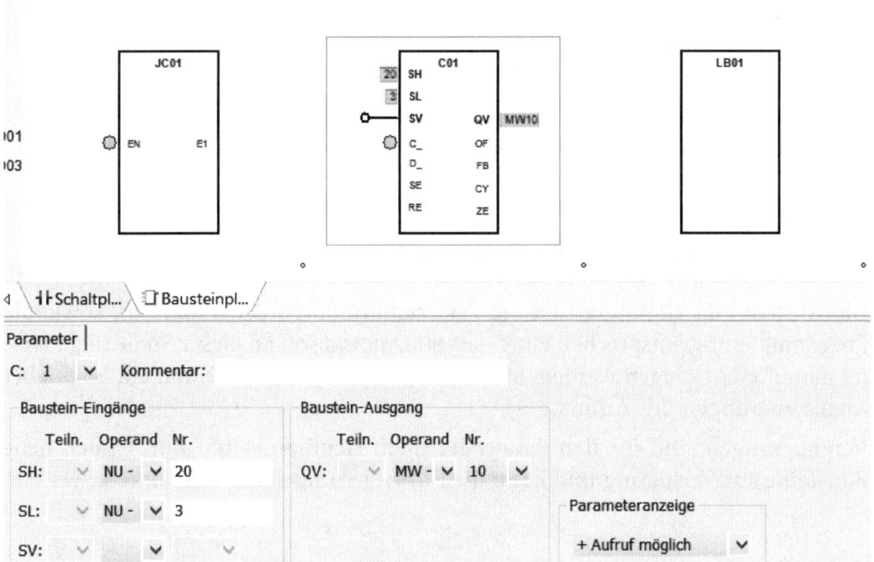

Abb. 2.38: Die Bausteindarstellung in der Programmierung

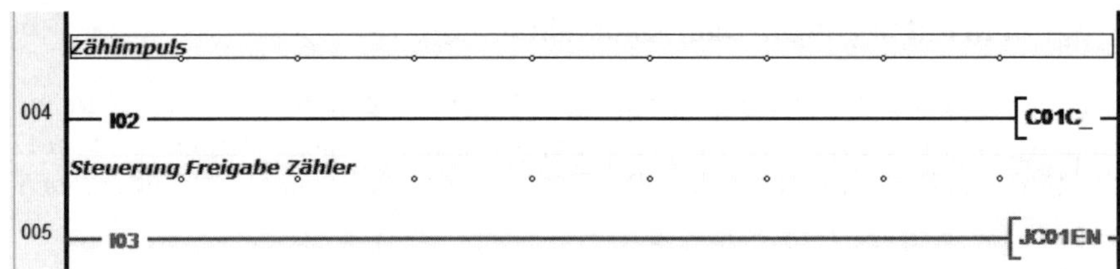

Abb. 2.39: Im Kontaktplan werden die Sprünge über Bausteine gesteuert (hier in der Simulation).

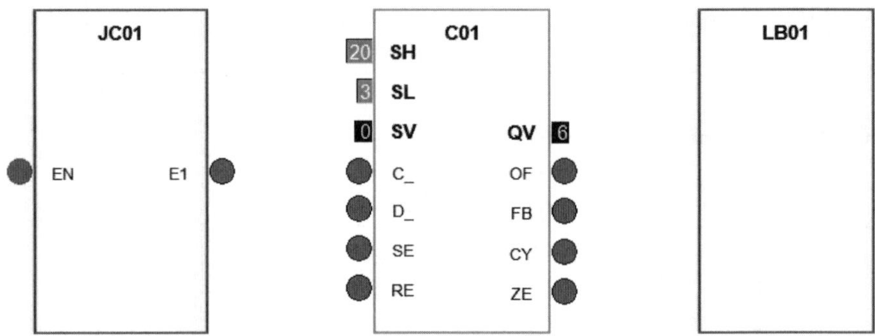

Abb. 2.40: Der Zählbaustein wird nicht mehr ausgeführt (Bausteindarstellung in der Simulation).

2.6.6 Import in der Programmierform „EDP"

Die Ansicht, das Handling und die Abarbeitung durch den Prozessor, sowie die Programmierung entsprechen einer easy800, darum soll an dieser Stelle nicht weiter darauf eingegangen werden. Mehr Einblick geben Kapitel 3 und ein Buch über Kleinsteuerungen des Autors.

Veränderungen sind für den Anwender nicht sichtbar, er hat nun jedoch neue Bausteine zur Verfügung und kann die Hardwareumgebung sehr stark erweitern.

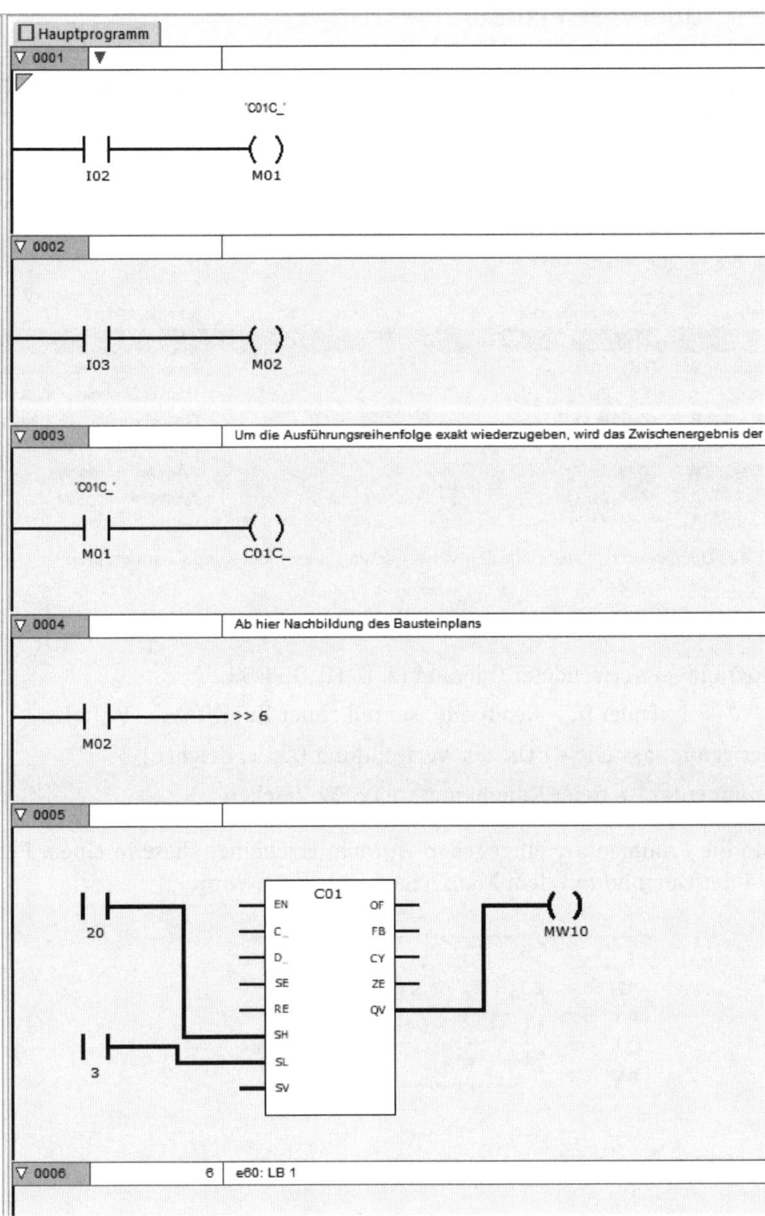

Abb. 2.41: Der importierte Schaltplan im KOP

2.7 Querverweisliste

Wichtige Möglichkeiten entstehen durch die Querverweisliste, in der die verwendeten Operanden auch mit Kommentaren versehen werden können. Die Liste wird zugänglich über die obere Leiste: [Projekt]→ [Querverweisliste] (oder Strg+Q).

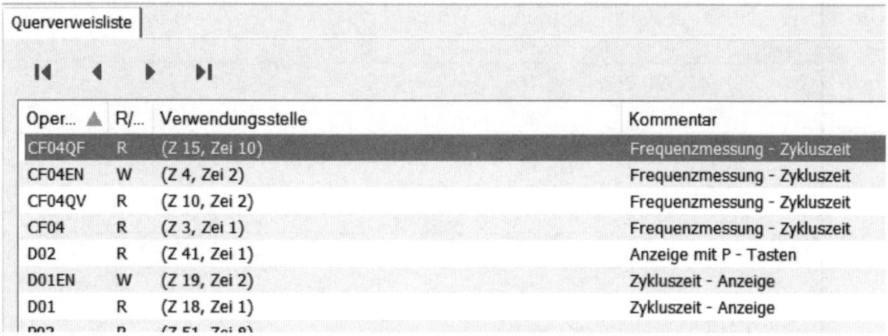

Querverweisliste

Oper...	R/...	Verwendungsstelle	Kommentar
CF04QF	R	(Z 15, Zei 10)	Frequenzmessung - Zykluszeit
CF04EN	W	(Z 4, Zei 2)	Frequenzmessung - Zykluszeit
CF04QV	R	(Z 10, Zei 2)	Frequenzmessung - Zykluszeit
CF04	R	(Z 3, Zei 1)	Frequenzmessung - Zykluszeit
D02	R	(Z 41, Zei 1)	Anzeige mit P - Tasten
D01EN	W	(Z 19, Zei 2)	Zykluszeit - Anzeige
D01	R	(Z 18, Zei 1)	Zykluszeit - Anzeige

Abb. 2.42: Die Querverweisliste mit den verwendeten Operanden – und Kommentaren

In Liste finden sich folgende Informationen:

- Operand → verwendeter Operand (z. B. I1, Q5 D02 ...)
- R/W → lesender (R – Read) oder schreibender Zugriff (W – Write)
- Verwendungsstelle → Ort der Verwendung (Zeile, Zeichen)
- Kommentar → freier Kommentar, max. 32 Zeichen

Sobald die Kommentare eingegeben wurden, erscheinen diese in einem Fenster, sobald der Operand mit dem Mauszeiger angewählt wird.

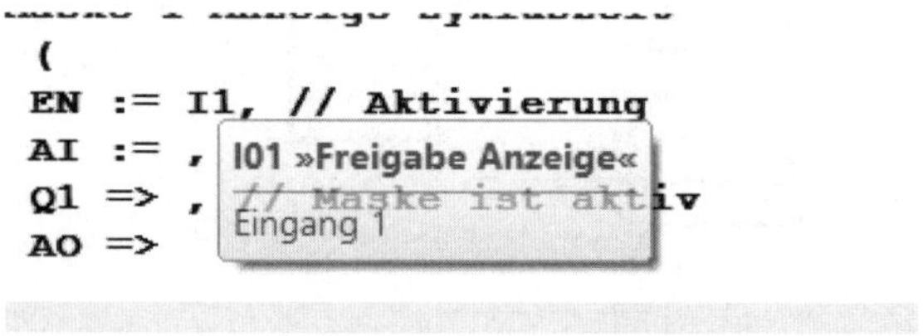

```
(
EN := I1, // Aktivierung
AI := ,
Q1 => , // Maske ist aktiv
AO =>
```

I01 »Freigabe Anzeige«
Eingang 1

Abb. 2.43: Zu I1 wurde der Kommentar „Freigabe Anzeige“ eingegeben.

3 easyE4-Geräteprogrammierung (EDP)

Um auch bestehende Anwender weiter anzusprechen, wurde wieder die Möglichkeit integriert in der bekannten easy-Sprache zu programmieren. Diese Möglichkeit eröffnet dem Anwender auch einen Weg wiederum direkt am Gerät zu programmieren und dabei auch Smartphones und Tablets zu verwenden.

In der EDP-Sprache entspricht eine easyE4 etwa einer easy800. Hinzu kommt die erhebliche Erweiterbarkeit, neue Funktionsbausteine, das Datenlogging und die Möglichkeiten des Webservers.

In diesem Buch werden daher nur auf die Innovationen und Neuheiten bzw. Besonderheiten hingewiesen, für die grundsätzlichen Zusammenhänge sei auf das Buch „Kleinsteuerungen in Praxis und Anwendung“ verwiesen.

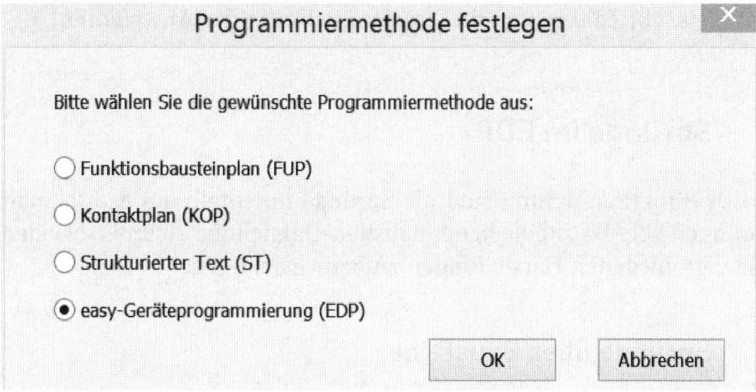

Beispiel für ein Programm in EDP – in der Simulation:

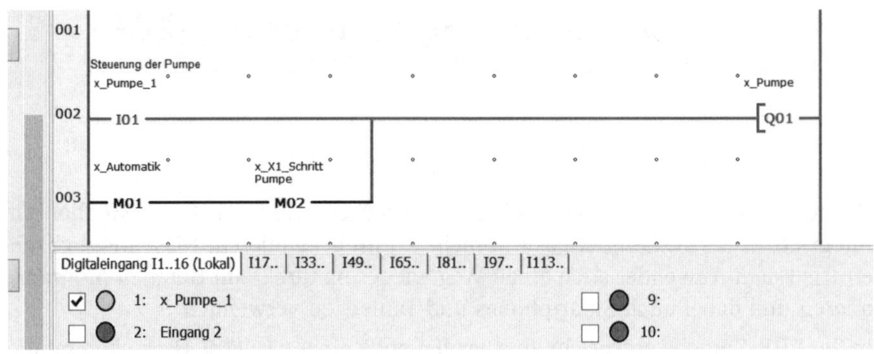

Abb. 3.1: Beispiel für ein Programm in EDP – in der Simulation

3.1 Anwendungen der Bausteine

Ein Zeitrelais, ein Zähler und ein Stromstoßrelais in der Anwendung:

3.2 Sprünge im EDP

In der EDP-Programmierung sind die Sprünge innerhalb des Kontaktplans von den Sprüngen über Bausteine in der Baustein-Darstellung zu unterscheiden. Dazu sind die verschiedenen Darstellungen zu berücksichtigen.

3.2.1 Sprünge über Bausteine

Auch in der Baustein-Darstellung stehen Sprünge zur Verfügung. Sie deaktivieren die Abarbeitung einzelner Bausteine, indem sie übersprungen werden. D. h. ihre Parameter werden zwar im Kontaktplan übergeben und übernommen, der Baustein selber wird jedoch nicht aktualisiert. Nun wird auch die Anordnung der einzelnen Bausteine sehr wichtig. Um die Bausteine zu platzieren, gibt es entsprechende Befehle. Dadurch ergeben sich umfangreiche Möglichkeiten, der Anwender sollte allerdings mit der easy sehr geübt sein und die spätere Nachvollziehbarkeit eines derartigen Programms leidet bei dieser Vorgehensweise.

Beispiel – Zählung

Ein Zählbaustein soll nicht mehr abgearbeitet werden, wenn der Eingang I3 = TRUE ist.

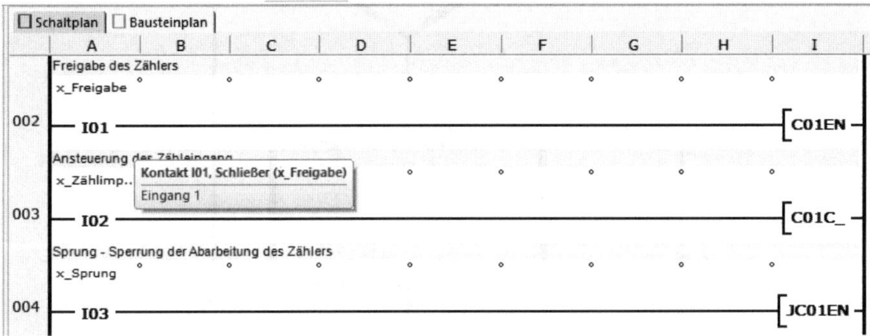

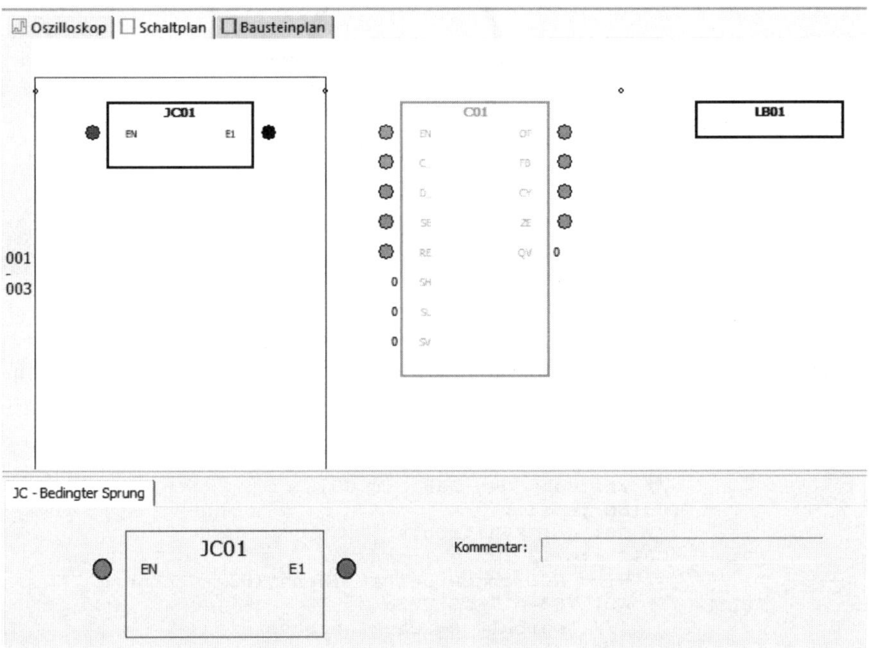

Abb. 3.2: Der Sprungbaustein ist aktiv – der Timer wird nicht mehr abgearbeitet.

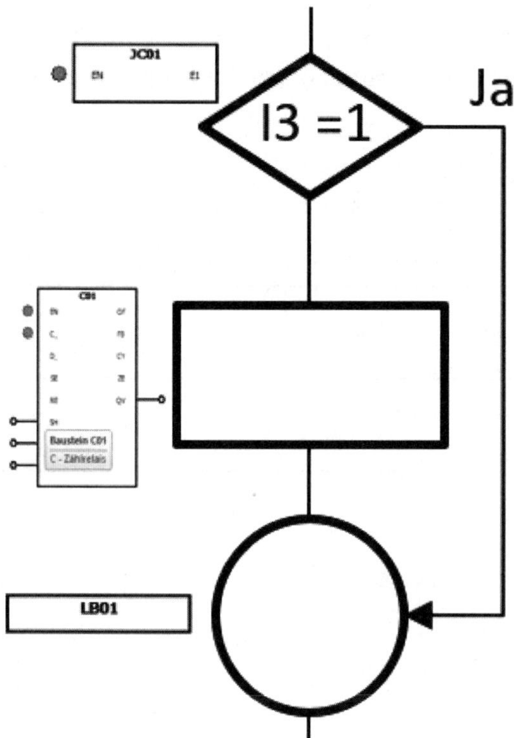

Abb. 3.3: Darstellung des Sprungs über Bausteine im PAP

Vergleich zum ST

Im „ST“ wird ein Zählrelais programmiert, dessen Abarbeitung durch einen Eingang (I3) gesteuert wird.

```
        // Freigabe des Zählers C01
TRUE    C01EN := I1 ;
        // C01 --> Zählimpuls
FALSE   C01C_  := I2 ;
        // Wird C01 abgearbeitet (Wenn I03 = FALSE)
FALSE   IF NOT I03 = TRUE THEN
            // Abarbeitung des Zählbausteins
            C01 ();
        END_IF;
```

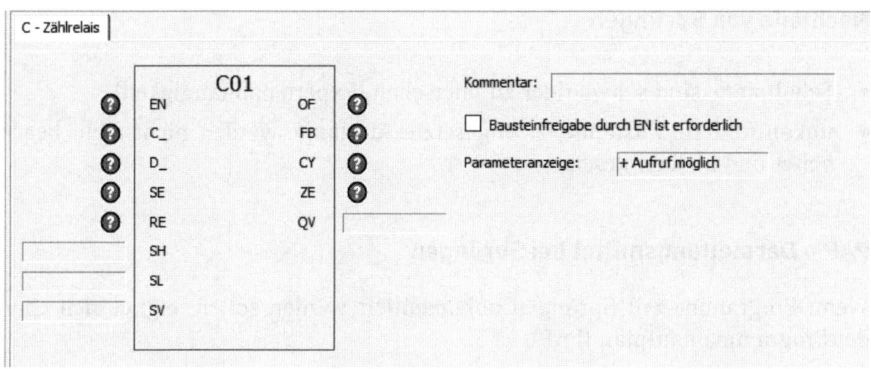

Abb. 3.4: Die Darstellung in der Simulation zeigt: Der Baustein wird nicht abgearbeitet.

3.2.2 Sprünge in der Kontaktplandarstellung

Ebenso wie Sprünge im Bausteinbereich möglich sind, sind auch Sprünge im Kontaktplan der EDP-Darstellung möglich.

Grundregeln

Es sind nur Vorwärtssprünge möglich (keine Rücksprünge!). Jedem Absprungpunkt muss ein eindeutiges Sprungziel folgen. Ist die Absprungbedingung erfüllt und der Prozessor findet kein Sprungziel, das der Zahl (Sprunglabel) entspricht, überspringt der Prozessor alle Anweisungen bis zum Schluss. Die Ausgänge bleiben in dem Zustand, in dem sie sich zuvor befunden haben, möglicherweise eingeschaltet! Das Sprungziel muss der erste Kontakt eines neuen Netzwerks sein.

Anwendung von Sprungfunktionen

- Aufbau verschiedener Schaltpläne (Programmverzweigungen)
- Organisieren verschiedener Betriebsarten
- Aufbau von Logikschaltungen, die ohne Sprungfunktionen nicht realisierbar wären
- Realisierung von Wenn-dann-Funktionen

Nachteile von Sprüngen

- Schaltpläne sind schwieriger zu übersehen (Expertenabhängigkeit)
- unkontrollierte Zustände, z. B. gesetzte Ausgänge werden nicht mehr bearbeitet und bleiben gesetzt

PAP – Darstellungsmittel bei Sprüngen

Wenn Programme mit Sprüngen dokumentiert werden sollen, eignet sich eher der Programmablaufplan (PAP).

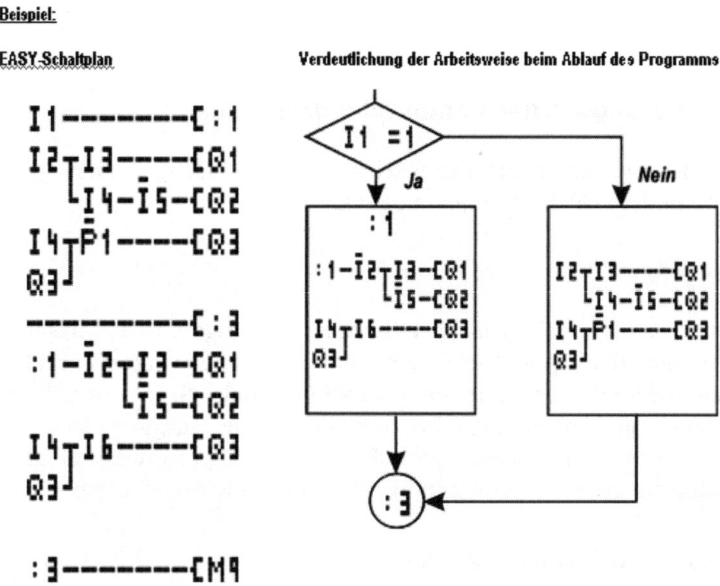

Abb. 3.5: EDP: Anwendung mit Sprung

Sprungregeln

- Folgt nach einem Absprungpunkt kein passendes Sprungziel, wird das Programm bis zum Ende übersprungen, alle Spulen behalten dann ihren Zustand (auch 1-Zustand!).

- Das Sprungziel muss immer der erste linke Kontakt eines neuen Netzwerks sein (bzw. beim IEC-Plan der oberste linke Kontakt).
- Ein Sprungziel wirkt wie ein geschlossener Kontakt (Beispiel oben: M9 = 1).

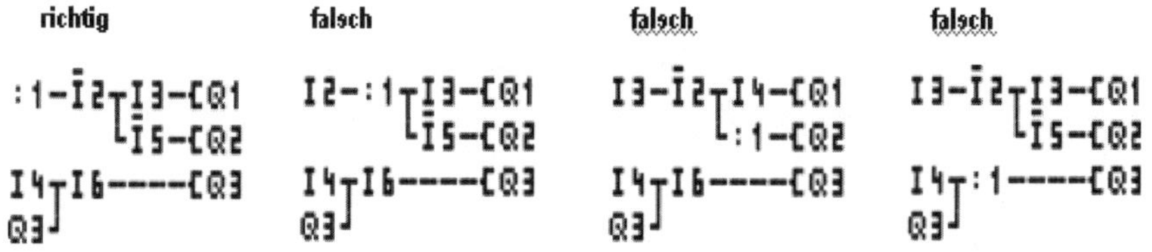

```
richtig            falsch             falsch             falsch

:1-I2┬I3-[Q1       I2-:1┬I3-[Q1       I3-I2┬I4-[Q1       I3-I2┬I3-[Q1
     └I5-[Q2            └I5-[Q2            └:1-[Q2            └I5-[Q2
I4┬I6----[Q3       I4┬I6----[Q3       I4┬I6----[Q3       I4┬:1----[Q3
Q3┘                Q3┘                Q3┘                Q3┘
```

Abb. 3.6: Beispiele für Sprungziele

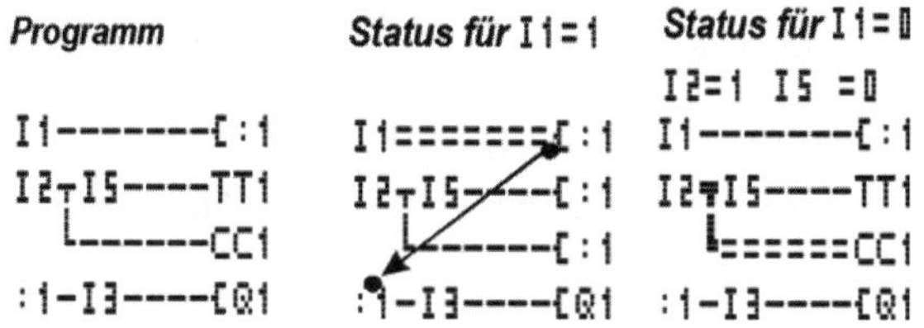

```
Programm           Status für I1=1    Status für I1=0
                                      I2=1 I5 =0
I1-------[:1       I1=======[:1       I1-------[:1
I2┬I5----TT1       I2┬I5----[:1       I2┬I5----TT1
  └------CC1         └------[:1         └======CC1
:1-I3----[Q1       :1-I3----[Q1       :1-I3----[Q1
```

Abb. 3.7: Statusanzeige bei Sprüngen

Beispiel für die sinnvolle Anwendung von Sprüngen

Insbesondere bei Zählungen kann es sein, dass in bestimmten Situationen keine Zählimpulse angenommen werden dürfen, egal ob der Zähleingang gerade „1" oder „0" angenommen hat (Zähllichtschranke belegt oder frei).

> Beispiel:
>
> Die Zählung soll gesperrt werden (durch I2), egal ob eine Zähllichtschranke (I1) ein Teil erkannt hat oder nicht.

Abb. 3.8: Technologie-Schema Zählschranke mit Sperrung (Draufsicht)

```
I1-Ī2----CC1
C1
```

Abb. 3.9: Lösungsansatz ohne Sprung funktioniert nicht!

Die obere Lösung funktioniert nicht! Steht nämlich ein zu zählendes Teil in der Lichtschranke I1, würde jedes Umschalten der Betriebsart mit I2 einen Zählimpuls auslösen.

```
I2--------[:1   I2--------[:1   I2========[:1
I1--------CC1   I1========CC1   I1--------[:1
:1              :1              :1
C1              C1              C1
```

Abb. 3.10: Korrektes Sperren der Zählung einer Lichtschranke (EDP)

Sobald die Betriebsart über I2 umschaltet, wird der Zähler quasi „eingefroren". Es kommt kein Impuls mehr dazu. Wird die Zählung freigegeben (I2 auf „Aus" geschaltet"), ist die Funktion wieder frei und ein entnommenes Teil oder ein hineingestelltes Teil wird dann erkannt bzw. ausgewertet.

3.3 Datenlogging EDP

Der Baustein DL – 01 – Datenlogging entspricht der Anwendung im KOP, FUP und ST. Wie bei allen Bausteinen gilt auch hier, dass diese Möglichkeiten ebenso auf importierte easy *.e60-Programme angewendet werden können.

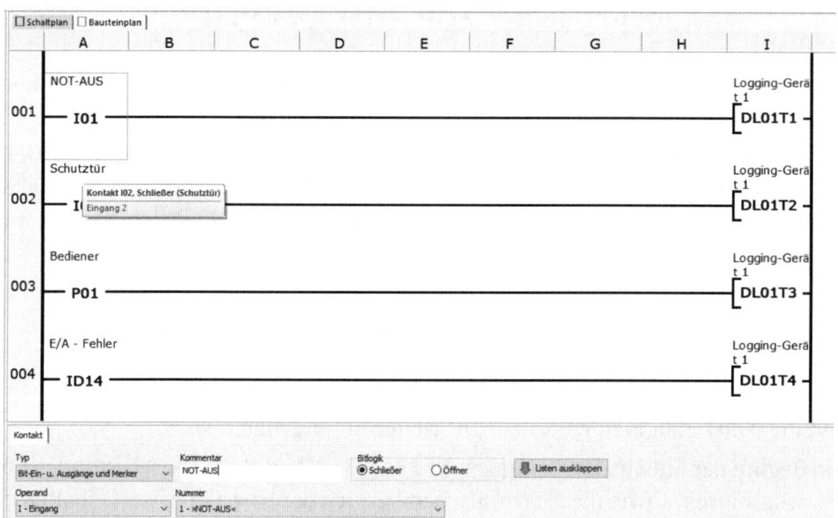

Die Anwendung des Bausteins und der entsprechenden Parametrierung ist gleich, es ist lediglich eine getrennte Bausteindarstellung vorhanden. Eine detailliertere Beschreibung wird in Kapitel 7 gegeben.

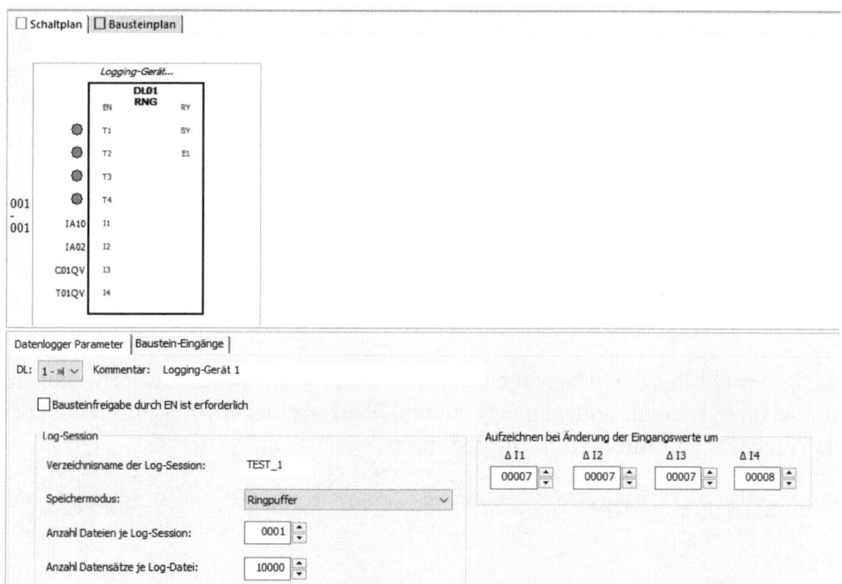

3.4 Anwendungen des EDP – Der Anwender

Es mag die Frage bestehen: Ist die Art der bisherigen easy-Programmierung noch zeitgemäß, in einer Steuerung die „ST“, KOP, FUP bietet?

Die Antwort kommt aus der Praxis: Gerade der Elektropraktiker sucht ein Gerät mit dem er ohne größere Aufwendungen mehrere Zeitrelais, Zähler usw. mit einer Logik verknüpfen kann, ohne eine Software zu installieren und sich tiefer in eine Programmierumgebung einzuarbeiten.

3.4.1 Die Grundidee der Steuerrelais bzw. Funktionsmodule

Wenn man die Grundidee des Steuerrelais nachvollzieht, erschließt sich der Sinn und die Notwendigkeit, dass der EDP weiterhin angeboten wird.

Am Beginn der Entwicklung standen die Zähl- und Zeitrelais, Betriebsstundenzähler, Schaltuhren, sowie die elektronischen Vergleicher bzw. Grenzwertschalter, die durch Relais und Schütze gegeneinander verriegelt wurden. Man benötigte Geräte, die über einen PC parametriert wurden, deren Parameter automatisch gespeichert und in andere gleichartige Anwendungen kopiert werden können. Derartige separate Geräte wurden auch auf der Basis von Mikroprozessoren entwickelt und angeboten, doch schnell wurde klar: Warum wird nicht ein Gerät entwickelt, das zahlreiche Geräte beinhaltet und durch Logikbausteine verknüpft werden kann? Dies mag eine Erklärung dafür sein, dass gerade Firmen mit sehr viel Erfahrung (KlöcknerMoeller/Eaton, Siemens, Crouzet ...) die Entwicklung massiv vorangetrieben haben und sehr ausgefeilte Geräte (jetzt Anwenderbausteine) anbieten.

Mit der Möglichkeit die entsprechenden Parametrier- und Programmierarbeiten über ein Handy oder Tablet durchzuführen, werden diese Angebote wieder interessant, da in der Vergangenheit das kleine Display und die kleinen Tasten nicht sehr motivierend waren.

3.4.2 Der Anwender im Installationsbereich

Häufig besteht in der einfachen Gebäudetechnik die Anforderung, Zeitrelais und Stromstoßrelais miteinander zu verknüpfen, übergeordnet ein-/auszuschalten oder mit Wochenschaltuhren zu beeinflussen.

3.4.3 Der Anwender des EDP im Bereich umfangreicherer Anwendungen

In umfangreichen Anlagen und Steuerungskonzepten, in denen Inbetriebnehmer mit sehr unterschiedlichen Erfahrungen aus der Automatisierung zusammenarbeiten, werden der dezentrale und gleichzeitige Test dadurch unterstützt, dass direkt vor Ort Zustände überprüft, geschaltet, Parameter geändert und gegebenenfalls auch einfache Verknüpfungsänderungen vorgenommen werden können.

3.4.4 Schul- und Ausbildungsbereich

Im Schulbereich können neue Ansätze entstehen, um mit den wenigen zur Verfügung stehenden Unterrichtsstunden das komplexe Feld der Automatisierungstechnik zu vermitteln. Oft reicht die Unterrichtszeit gerade, um sich in die Programmierumgebung eines bestimmten Herstellers einzuarbeiten und eine Diagnose durchzuführen.

Schritt 1: Basis EDP

In der Basisarbeit wird das Handling von Zeitgliedern, Zählern und logischen Verknüpfungen erlernt. easyE4 erscheint wie ein elektronischer Schaltschrank.

Schritt 2: Erarbeitung KOP / FUP

Im Schritt 2 werden die grafischen Sprachen unterrichtet und an Beispielen eingeübt.

Schritt 3: Erarbeitung der Grundlagen des „ST"

In diesem Schritt wird eine textbasierte Programmierung erlernt, bedingte Anweisungen und Schleifen-Konstrukte vermittelt und die entsprechende Beschreibungs- und Spezifikationssprache vorgestellt.

3.4.5 Statusverfolgung im Web

Die EDP Programmierung erlaubt es, auch Parametrierungen und Programmierungen am Gerät durchzuführen. Damit stehen diese Funktionen ebenso über einen Webbrowser auf einem Handy, Tablet bzw. einem PC zur Verfügung.

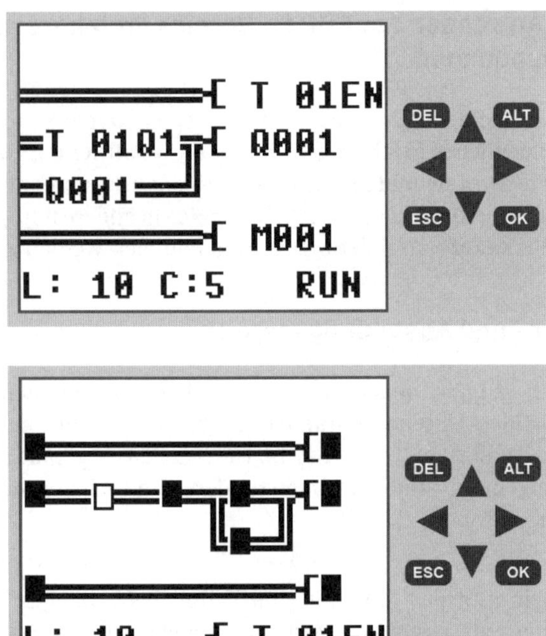

Abb. 3.11: Powerflow eines Schaltplans

Die verwendeten Bausteine können diagnostiziert und in der Parametrierung geändert werden.

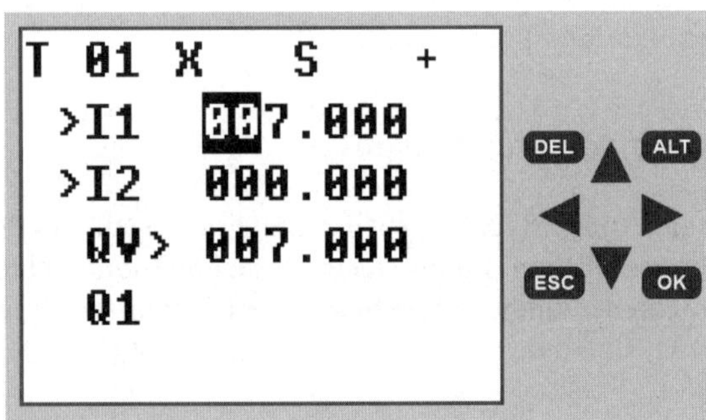

Abb. 3.12: Diagnose eines Bausteins im Webbrowser

4 Kontaktplan (KOP)

Der Kontaktplan orientiert sich im Wesentlichen an den easy-Geräten der bestehenden Gerätereihe, der als EDP auch in der neuen easyE4 zur Verfügung steht. Als „KOP“ werden jedoch zahlreiche Restriktionen aufgehoben und der Nutzer kann eigene Funktionsbausteine (UF) in dieser Programmiersprache erarbeiten und anwenden, sowie Erweiterungen nutzen, z. B. die Interrupt-Verarbeitung.

Bestehende Programme im xxx.e60-Format können in den modernen KOP importiert werden, der dann zahlreiche neue Möglichkeiten und Erweiterungen bietet, dazu gehören wesentlich mehr Ein-/Ausgänge, Netzwerkteilnehmer, Variablen usw.

4.1 Aufbau eines Netzwerks

Ein Schaltplan besteht aus zahlreichen Netzwerken. In einem Netzwerk kann ein Verknüpfungsergebnis gebildet werden, das einer oder mehreren Spulen zugewiesen wird.

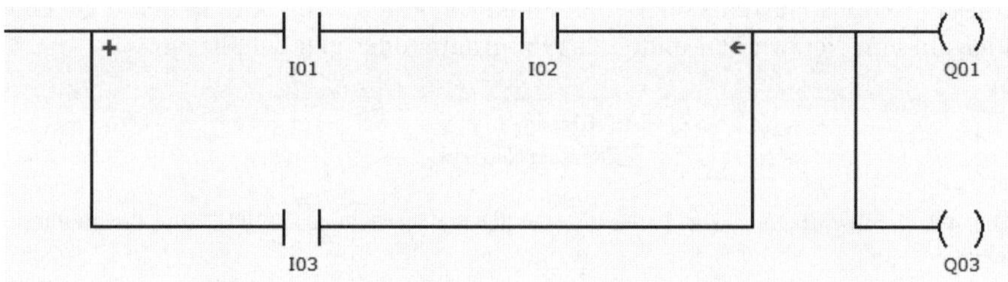

Abb. 4.1: Ein Netzwerk besteht aus Verknüpfungen und einer oder mehreren Bit-Zuweisungen (Spulen).

Ebenso kann ein Hersteller- oder Anwenderfunktionsbaustein in einem Netzwerk verwaltet, gesteuert und ausgewertet werden. Je Netzwerk kann nur ein Baustein eingefügt werden. Die kleinen farbigen Pfeile geben mögliche Einfügepunkte an.

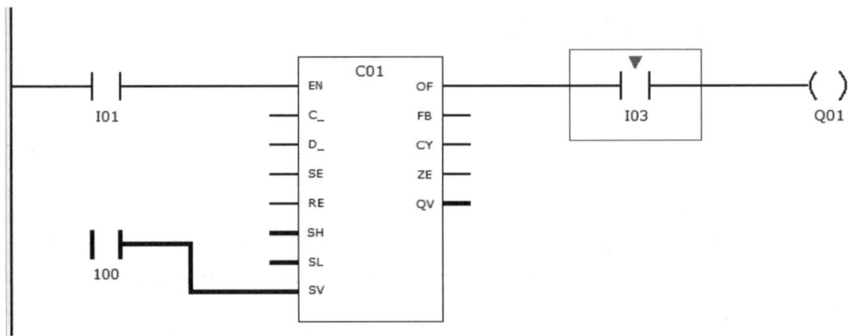

Abb. 4.2: In einem Netzwerk kann ein Anwender- oder Herstellerbaustein aufgerufen werden.

Ein Netzwerk ist mit einem Strompfad vergleichbar und dient zur Strukturierung von Steuerungsaufgaben.

4.1.1 Netzwerk – KOP/FUP – Sprachliche Abgrenzung

Sowohl in der Programmierung im KOP/FUP als auch in der Kommunikation wird jeweils von „Netzwerken" gesprochen. Im Kontaktplan als auch im Funktionsplan bezeichnet der Begriff „Netzwerk" einen geschlossenen Schaltplanbereich, der aus einem Testbereich und einem oder mehreren Zuweisungen bzw. dem Aufruf eines Funktionsbausteins oder einer Funktion besteht. Ein, bzw. in der Regel eine Vielzahl von Netzwerken bilden das Programm oder den Schaltplan.

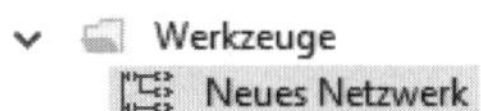

Abb. 4.3: Der Begriff „Netzwerk" in der Welt der Schaltplanerstellung KOP/FUP bzw. Programmierung

Hier muss begrifflich deutlich von den Kommunikationsnetzwerken easyNet oder dem Modbus unterschieden werden.

4.1.2 Elemente eines Netzwerks

Ein Netzwerk kann aus dem Kontaktplan, der Haftnotiz, einem Label bestehen und verfügt immer über eine Netzwerknummer, die vom System erzeugt wird.

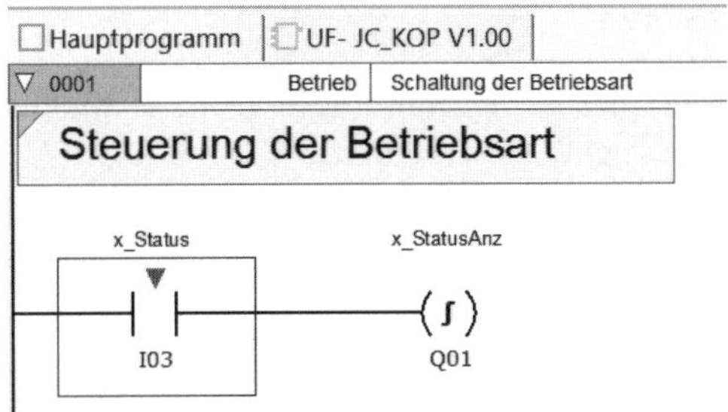

4.1.3 Abgrenzung zu anderen Herstellern/Systemen von Kleinsteuerungen

Um die Möglichkeiten der easyE4 vollständig zu nutzen, sollte der Anwender berücksichtigen, dass jeder Kontakt beliebig oft abgefragt und jede Spule mehrfach zugewiesen werden kann. Eine derartige Abfrage kann sowohl als Schließer als auch als Öffner erfolgen.

4.1.4 Bit-Abfragen – Zuweisungen

Ein Netzwerk benötigt eine Datenquelle (Kontakt) und eine Zuweisung (Datensenke), Wenn eine Bit-Variable zwingend „TRUE“ sein soll, wird dieser Variablen ein Kontakt „Konstante 1“ zugewiesen.

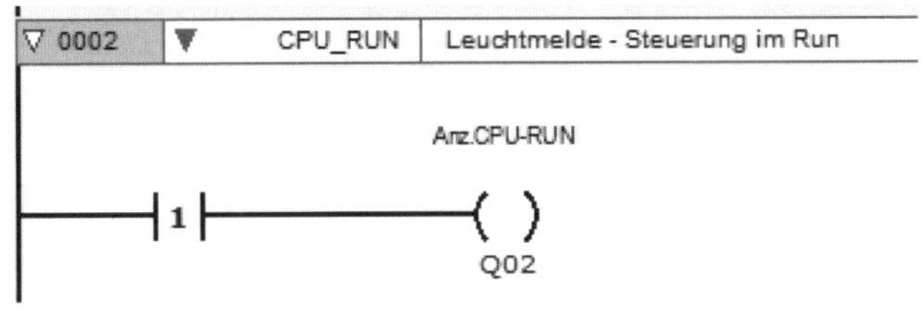

Abb. 4.4: Mindestumfang eines Netzwerks

Vergleich zum „ST“

```
// Anzeige Gerät im RUN
Q2 := TRUE ;
```

Mehrfach-Zuweisungen

Grundsätzlich kann das gleiche Verknüpfungsergebnisse innerhalb eines Netzwerks verschiedenen Spulen zugewiesen werden.

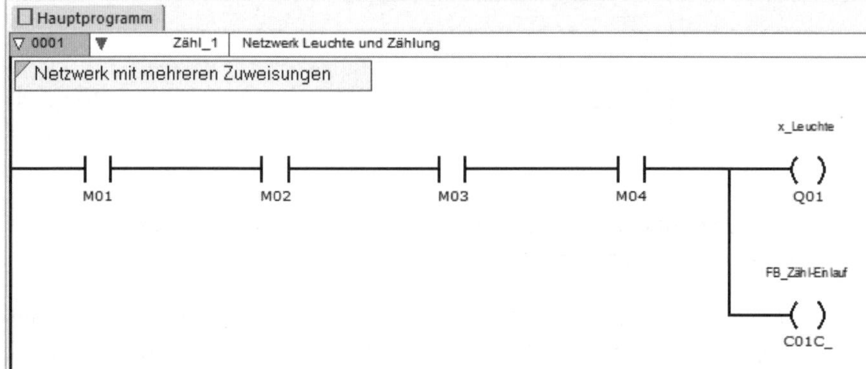

Abb. 4.5: Ein Verknüpfungsergebnis kann mehreren Spulen zugewiesen werden.

Vergleich zum „ST"

Korrekt wäre:

```
// Netzwerk mit mehreren Zuweisungen

Q1 := M1 AND M2 AND M3 AND M4 ;
C01C_ := M1 AND M2 AND M3 AND M4 ;
```

Alternativ:

```
// Ähnliche Verknüpfung
Q1 := M1 AND M2 AND M3 AND M4 ;
C01C_ := Q1 ;
```

Man beachte:

- Der Kontaktplan wird von links (Datenquelle) nach rechts (Datensenke) gelesen.
- Der Strukturierte Text wird von rechts (Datenquelle) nach links (Datensenke) gelesen.

4.1.5 Parallel-Kontakt

Neben den Standard-Kontakten steht in der Kontaktleiste auch der Parallel-Kontakt zur Verfügung. Er wird verwendet, um Parallel-Schaltungen im Kontaktplan zu eröffnen.

Sobald ein Kontakt ausgewählt wurde, zeigt der Editor durch farbige Pfeile an, wo ein Kontakt als „AND“ eingefügt werden kann.

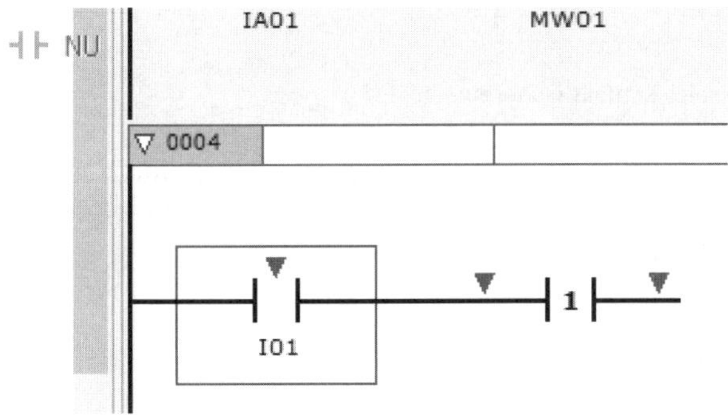

Abb. 4.6: Mögliche Anschaltpunkte

Soll eine „ODER-Verbindung erstellt werden, muss der „Parallelkontakt“ angewählt werden.

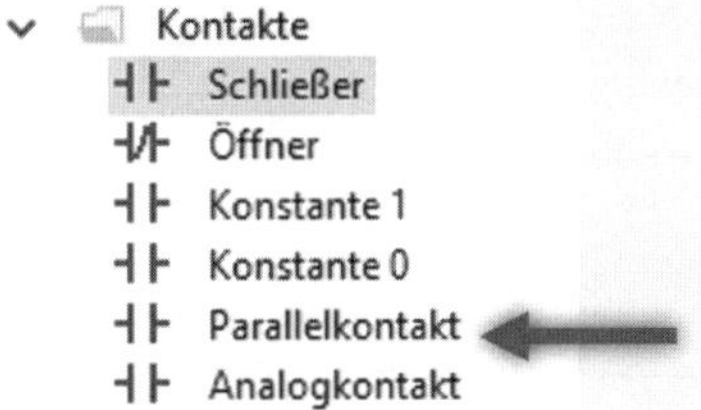

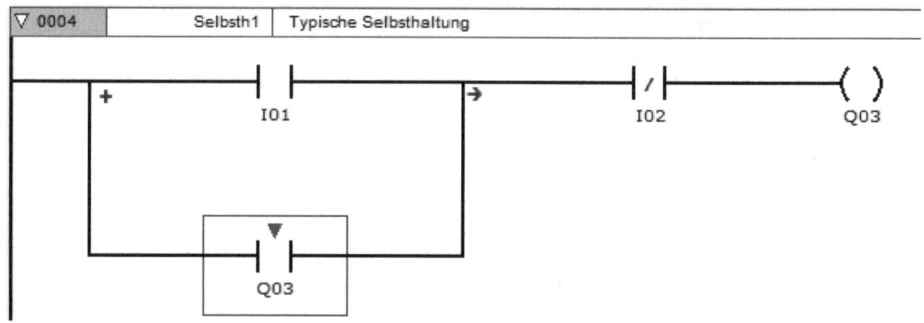

Abb. 4.7: Ein Parallel-Kontakt wurde eingefügt.

Sobald der Parallel-Kontakt eingefügt wurde, können durch Anwahl des Symbol [+] weitere Parallel-Kontakt hinzugefügt werden oder (→) der Anschlusspunkt nach rechts verschoben werden.

Alternativ im „ST“:

```
// Typische Selbsthaltung
Q3 := ( I1 OR Q3 ) AND NOT I2 ;
```

Der Analog-Kontakt – Analog-Spule

Im Kontaktplan können auch Werte übergeben werden, dazu werden der „Analog-Kontakt“ und die Analog-Spule verwendet. Der gleiche Analog-Kontakt kann beliebig oft abgefragt und die gleiche Analog-Spule zugewiesen werden.

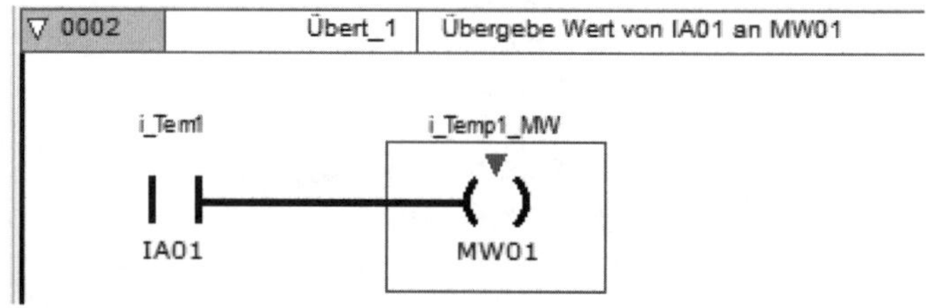

Abb. 4.8: Übergabe des aktuellen Werts von IA01 an Merkerwort MW01

Vergleich „ST“

```
// Übergebe Wert von IA01 an MW01
MW01 := IA01;
```

4.1.6 Hersteller- und Anwender-Funktionsbausteine

Die Zählung eines Einlaufbands soll in einem Netzwerk realisiert werden, die weiteren Parameter befinden sich in anderen Netzwerken als Kontakte, Spulen, Analogkontakt, oder als Analogspule.

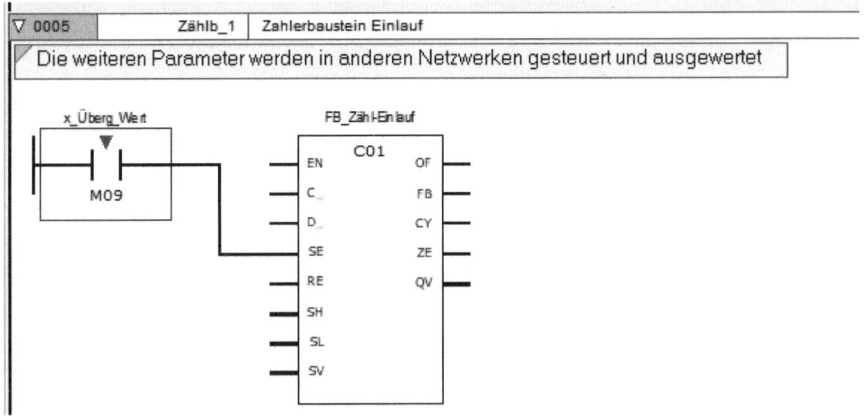

4.2 Sprünge im Kontaktplan

Sowohl im Kontaktplan als auch im Funktionsplan sind Sprünge möglich. Die Syntax und die Abarbeitung der Sprungfunktionen unterscheiden sich deutlich von der EDP bzw. bisherigen easy-Welt.

Achtung!

Es sind auch Rücksprünge möglich! Dabei ist zu verhindern, dass die Kontrolle der zyklischen Abarbeitung des Programms nicht ausgelöst wird!

Hinweis:

Die Parameter eines Bausteins können in unterschiedlichen Netzwerken gelesen und geschrieben werden. Abgearbeitet bzw. aktualisiert wird der Baustein in dem Netzwerk, in dem er aufgerufen wird. Wird das entsprechende Netzwerk übersprungen, wird der Baustein nicht aktualisiert, er ist quasi „eingefroren".

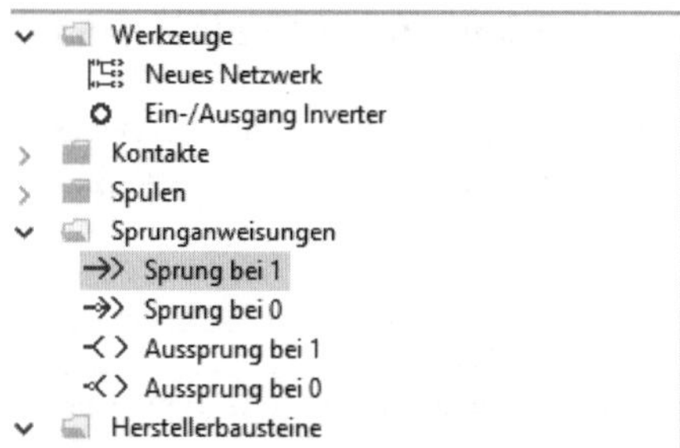

Abb. 4.9: Die Sprungfunktionen sind eine eigene Kategorie der „Bit-Aktionen“.

Beispiel:

Die Zählung an einem Band-Einlauf sollte gestoppt werden, wenn ein Merker 10 den Zustand „TRUE“ angenommen hat.

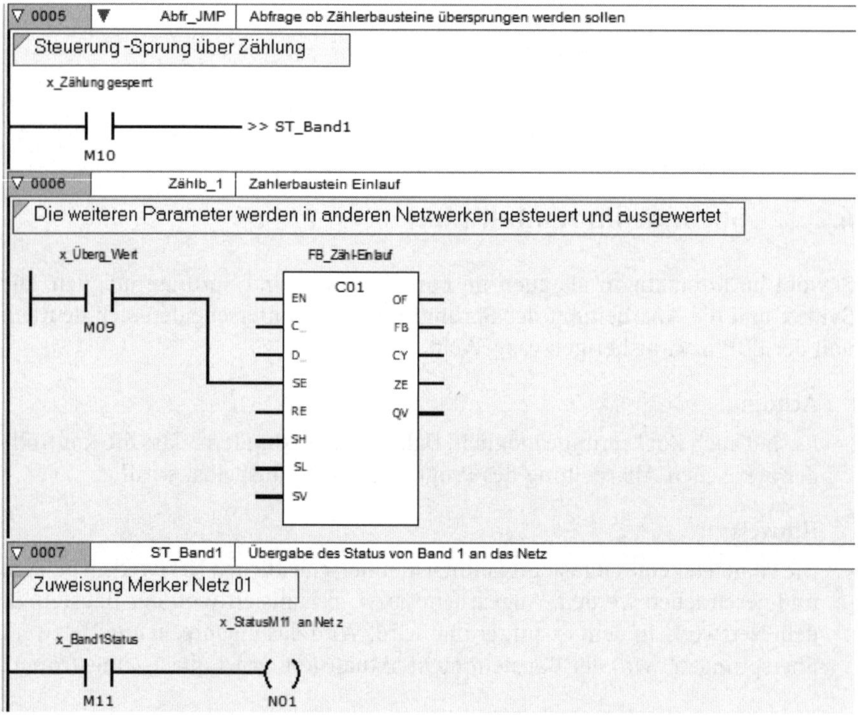

0005 Abfr_JMP Abfrage ob Zählerbausteine übersprungen werden sollen

Steuerung -Sprung über Zählung

x_Zählung gesperrt

M10 >> ST_Band1

0006 Zählb_1 Zahlerbaustein Einlauf

Die weiteren Parameter werden in anderen Netzwerken gesteuert und ausgewertet

x_Überg_Wert

M09

FB_Zähl-Einlauf

C01

EN C_ D_ SE RE SH SL SV

OF FB CY ZE QV

0007 ST_Band1 Übergabe des Status von Band 1 an das Netz

Zuweisung Merker Netz 01

x_Band1Status

x_StatusM11 an Netz

M11 ( ) N01

Abb. 4.10: Die vollständige Lösung für die Verwendung einer Sprungfunktion

4.3 Interrupt-Verarbeitung – KOP

Da die Parametrierung, Arbeitsweisen in den drei Programmiermethoden KOP, FUP, ST jeweils gleich sind, findet der Leser Details zusammengefasst im Kapitel 7 – Interrupt-Bausteine.

Der Sprachvorrat ist auf Bit-Abfrage, Bit-Zuweisungen und Sprung- bzw. Return-Anweisung beschränkt.

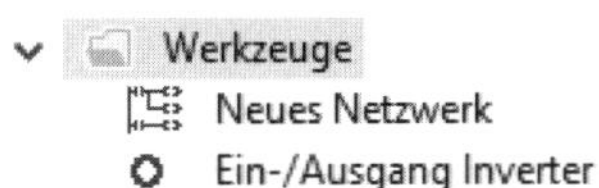

Abb. 4.11: Werkzeuge in IT-Routine

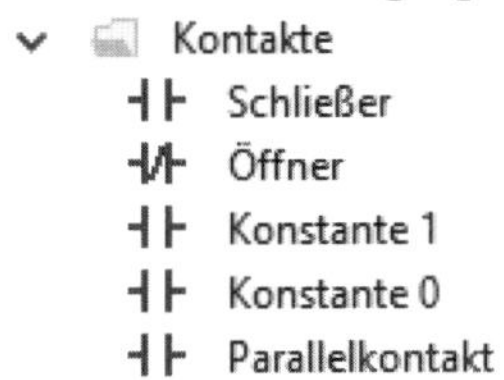

Abb. 4.12: Vorhandene Kontakte

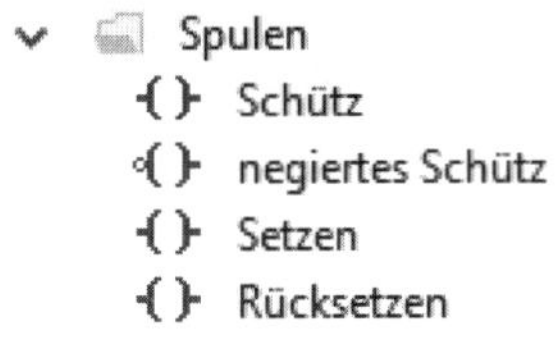

Abb. 4.13: Vorhandene Spulen

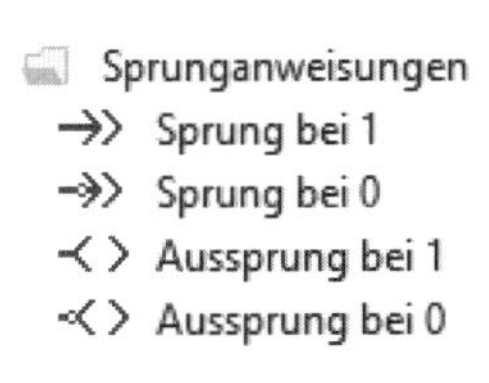

Abb. 4.14: Sprunganweisungen

Die Programmiermethode ist gleich wie im Hauptprogramm.

4.4 Anwendungen des KOP – Der Anwender

Ob KOP oder FUP in der Praxis zur Realisierung einer Aufgabenstellung verwendet wird, ist in der Regel branchen- bzw. unternehmensabhängig. Der Kontaktplan hat sich aus den Stromlaufplänen entwickelt, wie sie im Handwerk und dem Maschinenbau seit Beginn der Steuerungstechnik verwendet wurden.

So wird auch in der Ausbildung zunächst mit dem konventionellen Relais, Zeitrelais und Zählrelais der Stromlaufplan unterrichtet, der dann in den Kontaktplan übergeht. Eine Notwendigkeit, eine bestimmte Darstellungsmethode anzuwenden, gibt es nicht.

5 Funktionsplan

Der Funktionsplan wird wie der Kontaktplan durch Netzwerke strukturiert. Zu jedem Netzwerk gehören die Netzwerknummer, die Sprungmarke und der Kommentar für das Netzwerk. Ergänzend können Haftnotizen verwendet werden, um die Nachvollziehbarkeit zu verbessern. Insgesamt sind der Funktions- und Kontaktplan in der Arbeitsweise und sprachlich nahezu gleich. Der Funktionsplan bietet zusätzlich für bestimmte boolesche Funktionen fertige Bausteine an, die im Kontaktplan durch entsprechende Kontaktlogik vom Anwender festgelegt wird.

5.1 Abarbeitungsreihenfolge beim Funktionsplan

Die Abarbeitung eines FUP-Programms geschieht netzwerkweise, von oben nach unten bzw. mit steigender Netzwerknummer. Innerhalb eines Netzwerks zeilenweise von links nach rechts. Die Abarbeitung der Netzwerke kann durch Sprungbefehle beeinflusst werden.

5.2 Kontakte / Spulen / Datenquellen / Datensenken

Innerhalb eines FUP ist die Darstellung für Bit-Elemente und Wertelemente gleich (rechteckiges Kästchen). Kontaktelemente erhalten einen Anschluss nach rechts und Spulenelemente einen Anschluss nach links.

5.2.1 Digitale Kontakte – digitale Spulen – digitale Datenquellen / Datensenken

Erhebliche Programmierarbeit bzw. Aufwand kann durch integrierte Funktionalitäten in die Kontakte, aber insbesondere in die Spulen eingespart werden. So bieten die im weiteren beschriebenen digitalen Spulen zahlreiche Funktionen (Stromstoß, Flanken usw.).

Digitale Kontakte (Datenquellen)

Als digitale Kontaktelemente werden Schließer, Öffner, „Konstante 1", „Konstante 0" unter [Werkzeuge] zur Verfügung gestellt.

Digitale Spulen (Datensenken)

Zuweisung von Bit-Elementen (Merkern, Ausgängen, Baustein-Elementen u. v. m.) werden unter „Werkzeuge" als Spule angeboten. Beim Einsetzen in den Funktionsplan erscheinen diese Spulen als rechteckige Elemente mit einem Anschlusspunkt nach links.

Diese Spulen können unterschiedliche Funktionalität haben. Mögliche Funktionalität einer Spule bzw. Zuweisung:

- einfache Zuweisung (Schütz)
- negierte Zuweisung (negiertes Schütz)
- Setzen
- Rücksetzen
- positive Flanke
- negative Flanke
- Stromstoß
- Setzen mit Eingangsnegation
- Rücksetzen mit Eingangsnegation
- Stromstoß mit Eingangsnegation

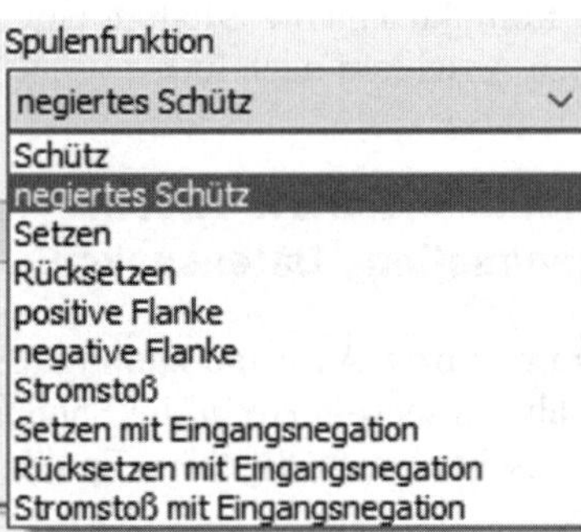

Abb. 5.1: Mögliche Spulenfunktionen, wie sie bei der Anwahl angeboten werden

Innerhalb eines Netzwerks kann das Verknüpfungsergebnis mehreren Spulen mit unterschiedlichen Spulenfunktionen zugeordnet werden.

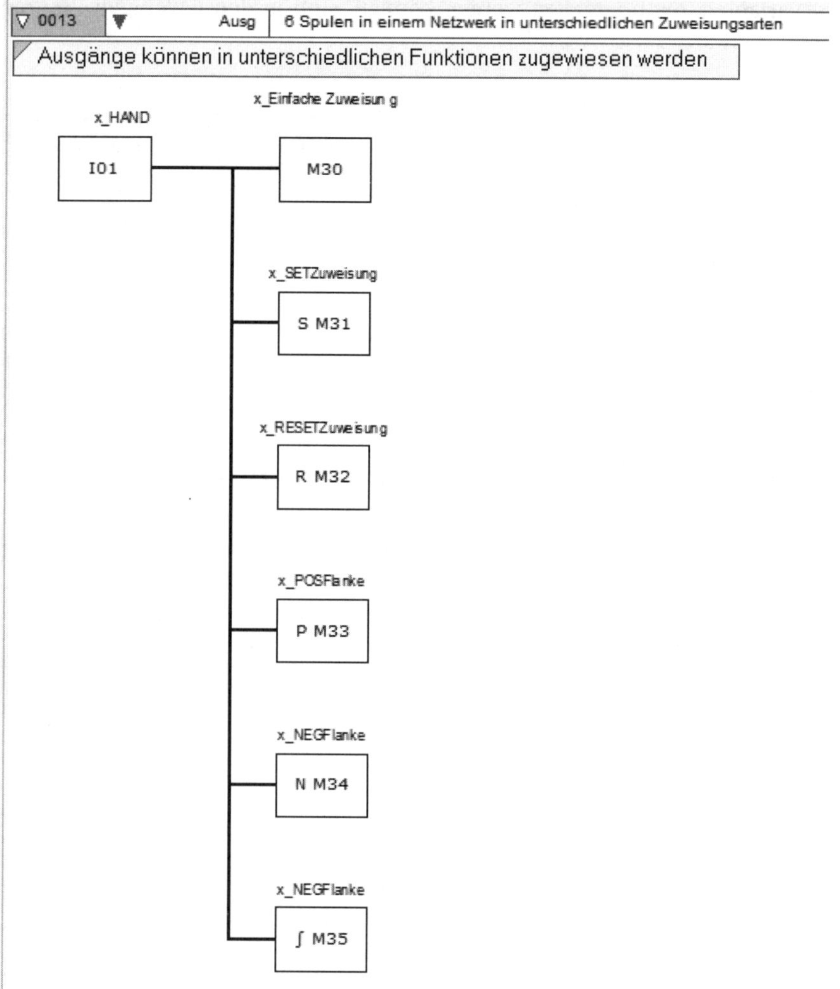

Abb. 5.2: Die unterschiedlichen Spulen und die entsprechende Funktion

5.2.2 Analoge Kontakte – analoge Spulen – analoge Datenquellen/Datensenken

Die Variablen, die übergeben werden können, sind in den jeweiligen Programmierformen identisch.

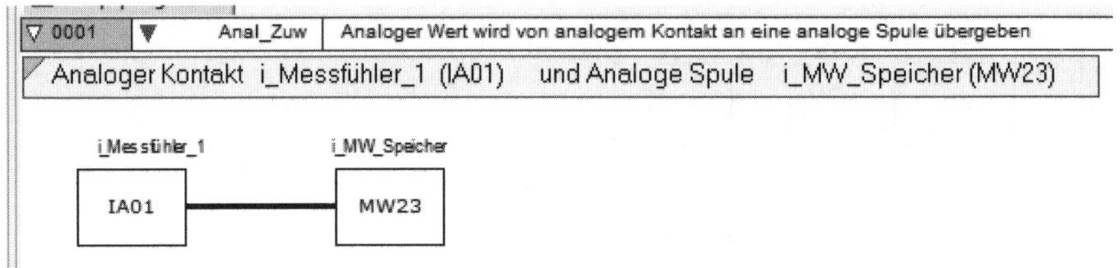


```
// Datenübergabe IA01 → MW23
MW23 := IA01 ;
```

5.3 Boolesche Logik / Logik-Gatter(FUP)

Im Gegensatz zum Kontaktplan besitzt der Funktionsplan fertige Bausteine mit typischen Logikfunktionen, die im Kontaktplan durch schaltungstechnische Anordnung von Kontakten entstehen. Selbstverständlich kann jede Logikfunktion auch durch einen entsprechenden Kontaktplan nachgebildet werden.

5.3.1 UND (AND)-Funktion

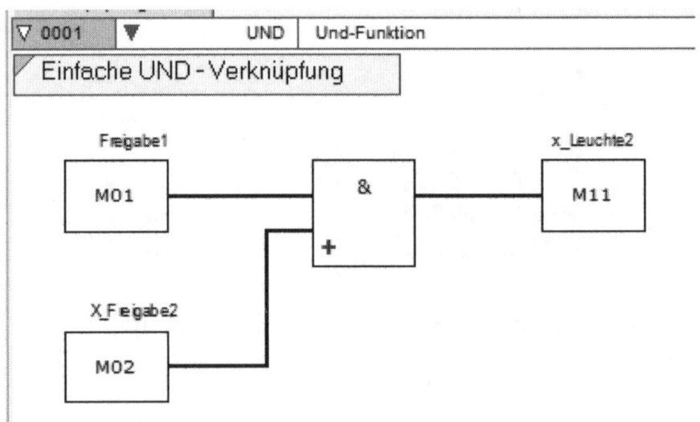

Abb. 5.3: Einfache UND-Verknüpfung

Alternativ im ST:

```
// Und-Funktion
M11 := M01 AND M02  ;
```

UND – Erweiterung

Innerhalb des Bausteins erscheint ein [+]-Zeichen. Mit dem „Betätigen“ dieses Zeichens erhält der UND-Baustein jeweils einen zusätzlichen Eingang. Ebenso erscheint ein [–]-Zeichen, mit dem der Baustein wieder reduziert werden kann.

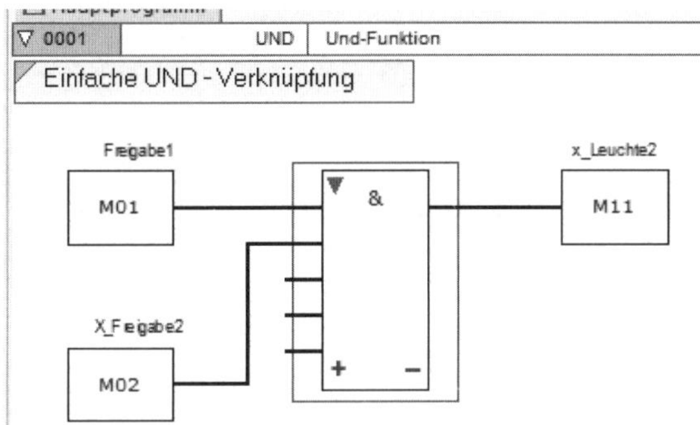

Abb. 5.4: Die UND-Funktion kann in ihrem Eingangs-Interface erweitert und reduziert werden.

5.3.2 UND-NICHT- (ANDN)-Funktion

Der UND-Nicht-Baustein besitzt eine integrierte Negation im Ausgang und hat die gleichen Erweiterungsmöglichkeiten wie der „UND“-Baustein.

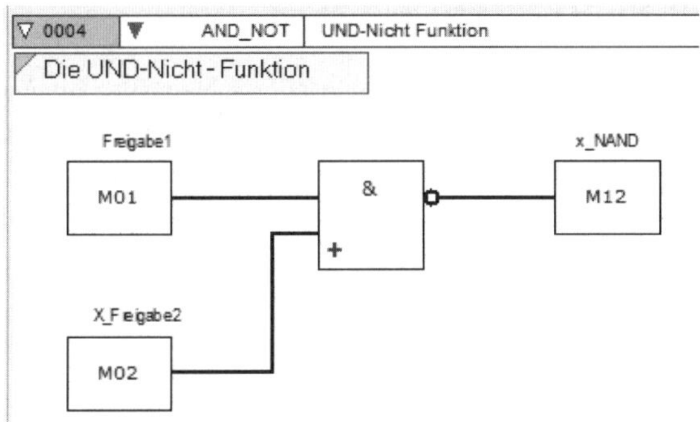

Abb. 5.5: Die UND-Nicht-Funktion

Alternativ im ST:

```
// UND-Nicht-Funktion
M12 := NOT (M01 AND M02) ;
```

5.3.3 ODER (OR)-Funktion

Der Baustein „ODER“ besitzt bei der Einbindung wiederum nur 2 Eingänge und ist dann wiederum durch das [+] erweiterbar bzw. anschließend durch [–] zu verkleinern.

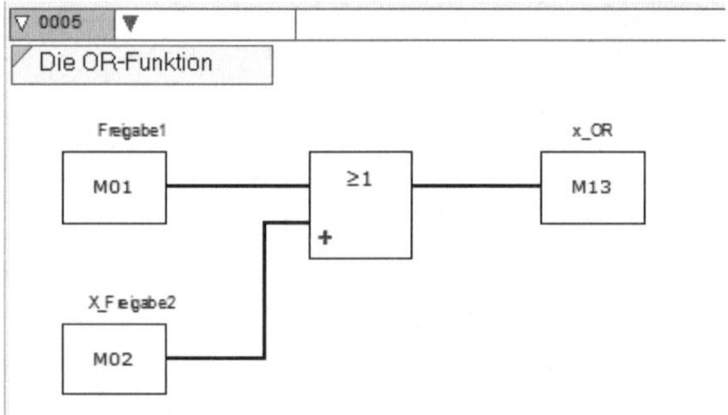

Abb. 5.6: Die OR-Funktion wiederum von 2 bis 6 Eingängen erweiter- und reduzierbar

Alternative „ST“

```
// ODER-Funktion
M13 := M01 OR M02 ;
```

5.3.4 ODER-NICHT- (ORN)-Funktion

Der ODER-Nicht-Baustein besitzt eine integrierte Negation im Ausgang und hat die gleichen Erweiterungsmöglichkeiten wie der „ODER“-Baustein.

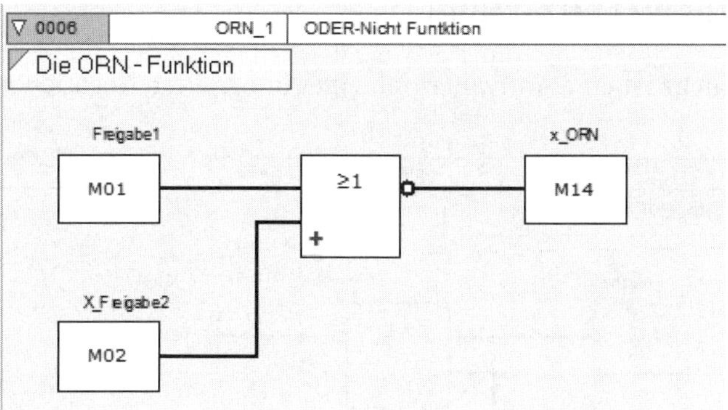

Abb. 5.7: Die OR-NOT-Funktion

Alternative „ST"

```
// ODER-Nicht-Funktion
M14 := NOT (M01 OR M2) ;
```

5.3.5 ANTIVALENZ (XOR)

Die Antivalenz vergleicht zwei Bit-Variablen auf „Ungleichheit", d. h. der Ausgang ist „TRUE", wenn die Eingänge ungleiche Zustände haben.

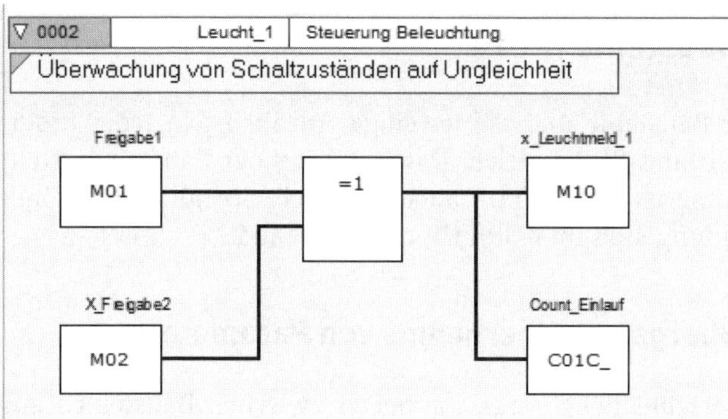

Abb. 5.8: Abfrage der „Ungleichheit" zweier Bit-Variablen

Alternative „ST"

```
// Antivalenz-Funktion
M10 := M01 XOR M02 ;
```

5.3.6 ÄQUIVALENZ (XNOR)

Eine Äquivalenz ist eine Antivalenz mit einer integrierten Negation im Ausgang.

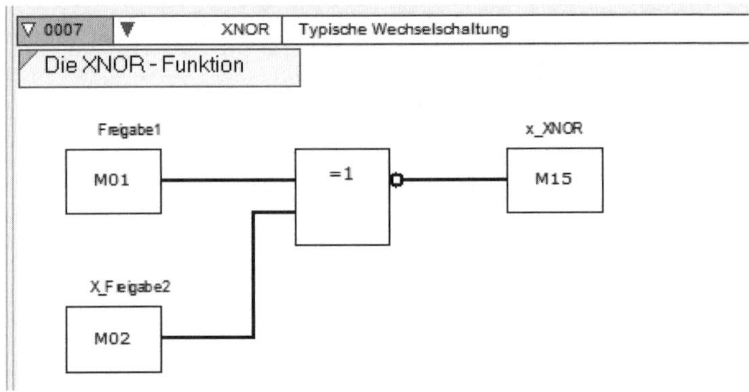

Abb. 5.9: Abfrage der „Gleichheit" zweier Bit-Variablen

Alternative „ST"

```
// XNOR-Funktion
M15 := NOT (M01 XOR M02) ;
```

5.4 Bausteine (FUP)

Die Art der Bausteine und die jeweilige Anzahl ist in jeder Programmierform (ST,KOP, FUP und EDP) gleich. Das Handling der Bausteindarstellung und die Parametrierung ist in KOP/FUP auch identisch. Lediglich die Möglichkeiten der Bit-Verknüpfung sind im KOP/FUP unterschiedlich.

5.4.1 Übergabe – Übernahme von Parametern

Es gibt unterschiedliche Wege, Parameter zwischen Bausteinen auszutauschen. An einen Baustein-Ausgang kann immer nur eine Spule (digital oder analog) angeschlossen werden.

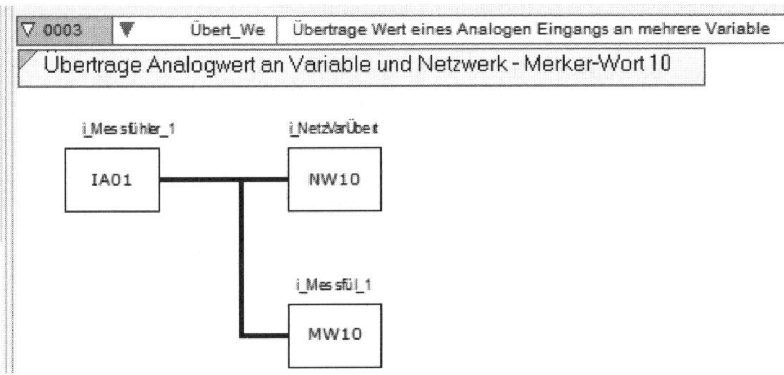

Abb. 5.10: Der aktuelle Wert eines Analog-Eingangs wird an zwei Variable übergeben.

Alternative „ST“

```
// Übergabe Wert von IA01 an NW10
NW10 := IA01 ;
// Übergabe Wert von IA01 an MW10
MW10 := IA01 ;
```

Direkte Übergabe eines Werts (Funktionsbaustein)

Aktueller Zählerwert soll an eine Netz-Variable (NW20) übergeben werden. An dieser Stelle kann nur an eine Analog-Spule der Wert übergeben werden.

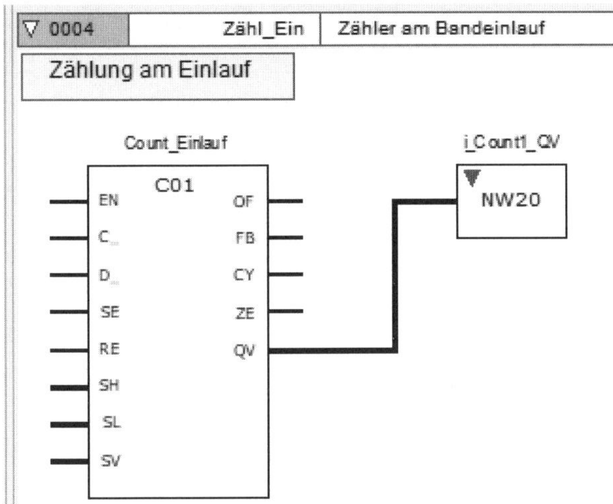

Abb. 5.11: Datenübergabe an NW 20

Alternative in „ST“

```
// Aufruf des Zählers in ST
C01( QV => NW20 );
```

> Hinweis:
>
> Man beachte das Zeichen [=>], die Datenquelle befindet sich links, die Datensenke rechts.

Alternative Lösung:

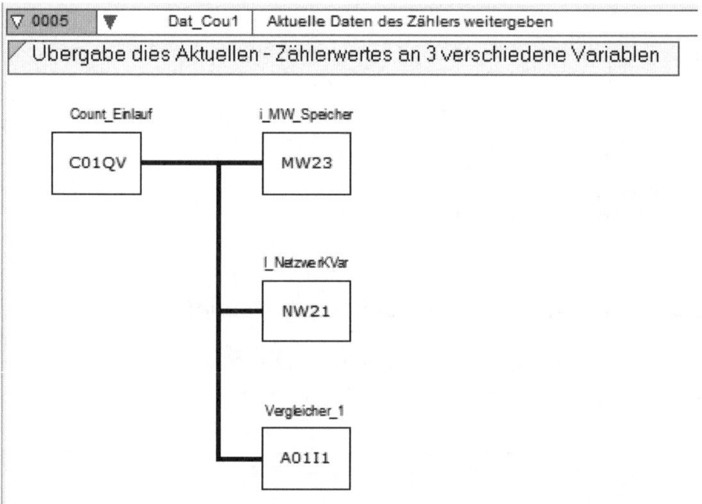

Abb. 5.12: Direkte Weitergabe des Zählerwerts an drei unterschiedliche Datenziele

Alternative in „ST“

```
// Aktuelle Daten des Zählers weitergeben
// Weitergabe von C01QV an das Merker-Wort 23
MW23 := C01QV ;
// Weitergabe von C01QV an das NET-Wort 21
NW21 := C01QV ;
// Weitergabe von C01QV an Vergleicher A01 Eingang 1
A01I1 := C01QV ;
```

Übergabe – Übernahme durch Merker-Byte/-Word/-Doppelword

Datenquellen:

- Bit, Byte, Word, Doppelword
- Ausgänge von Funktionsbausteinen

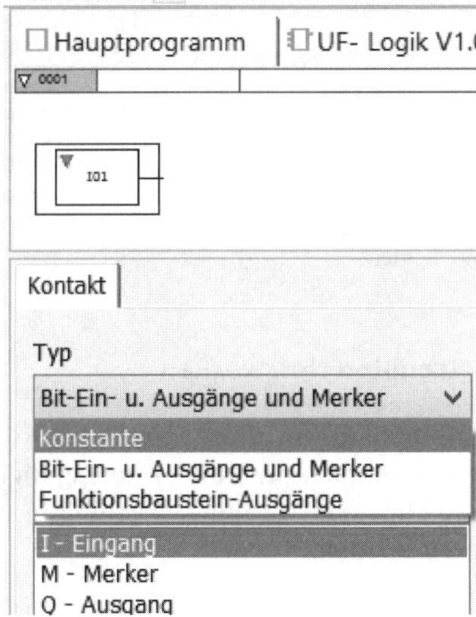

Abb. 5.13: Datenquellen

Datensenken:

- Bit, Byte, Word, Doppelword
- Eingänge von Funktionsbausteinen

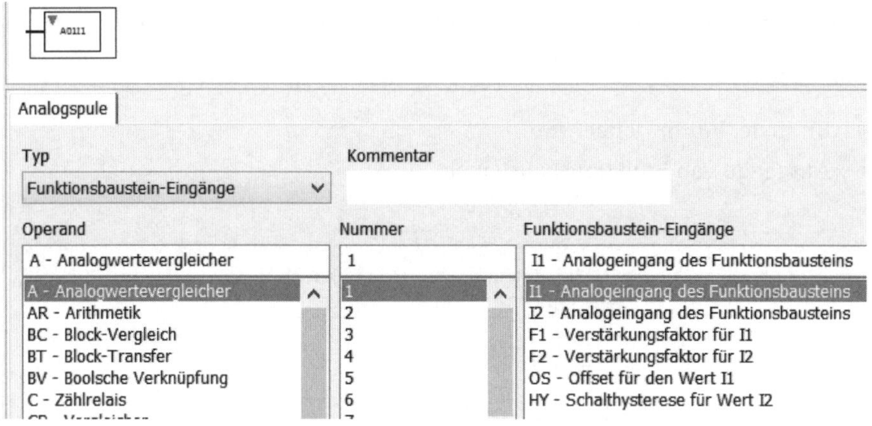

Abb. 5.14: Mögliche „analoge Spulen"

Übergabe direkt in getrennten Netzwerken

Je Netzwerk kann nur ein Baustein programmiert werden. Um verschiedene Bausteine miteinander zu verbinden und einen notwendigen Datenaustausch zu ermöglichen, können die Ein- und Ausgangsvariablen in verschiedenen Formen abgefragt und zugewiesen werden.

> **Beispiel:**
>
> Der Ausgangswert des Arithmetik-Bausteins 1 wird an den Wertbegrenzungs-Baustein 1 an den Eingang I1 übergeben.

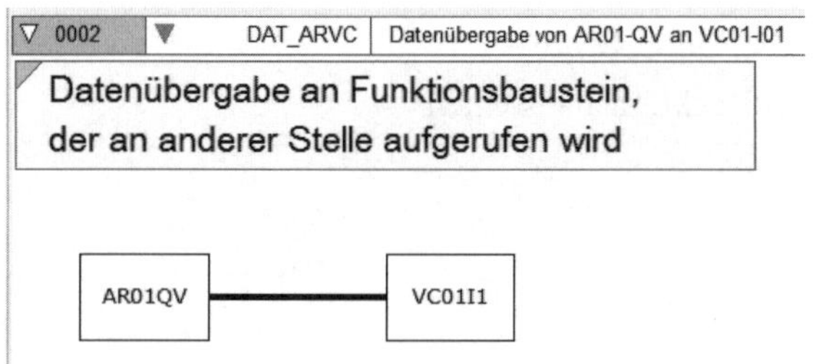

Abb. 5.15: Einem Funktionsbaustein (VC01) wird ein Wert von AR01 übergeben.

```
// Übergabe eines Parameters an getrennter Stelle
VC01I1 := AR01QV ;
```

Datenübergabe von Werten direkt am Funktionsbaustein

Im Beispiel wird LS01 zu I1 der aktuelle Wert von VC01QV übergeben.

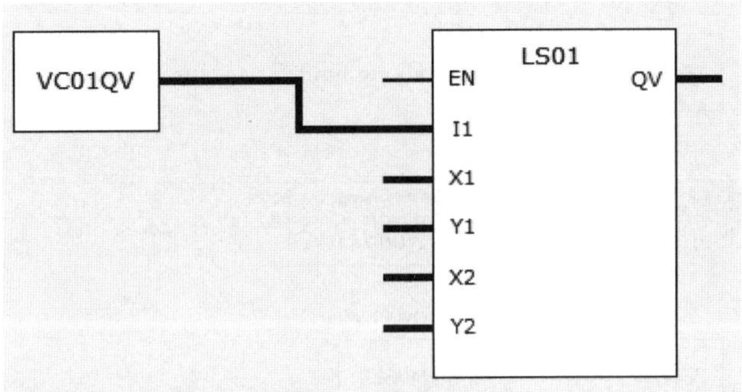


```
// Übergabe eines Parameters am Baustein
LS01(
   I1 := VC01QV ) ;
```

5.5 Sprünge (FUP)

Im Funktionsplan sind ebenfalls Sprünge möglich, die Realisierung entspricht dem Kontaktplan.

> Beispiel:
>
> Nur in der Stellung „HAND“ eines Betriebsarten-Schalters sollen neue Daten an unterschiedliche Variable übergeben werden.

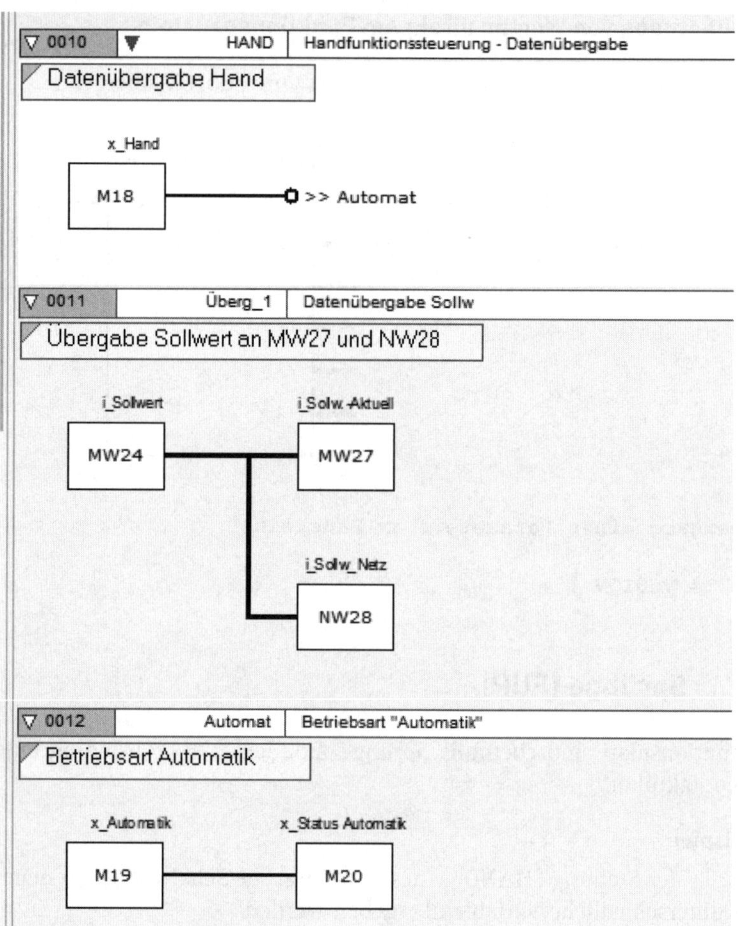

Abb. 5.16: Beispiel für einen Sprung – Einfrieren von Daten

Alternative in „ST"

```
// Bedingte Anweisung
IF M18 THEN
   MW27 := MW24 ;
   NW28 := MW24 ;
END_IF ;
// Zuweisung des Status-Merkers
M20 := M19 ;
```

5.6 RETURN-Anweisung (Aussprung)

Mit der RETURN-Anweisung wird die Abarbeitung eines Programms abgebrochen beziehungsweise beendet. Diese Möglichkeit wird in der Regel in „UFs" angewendet.

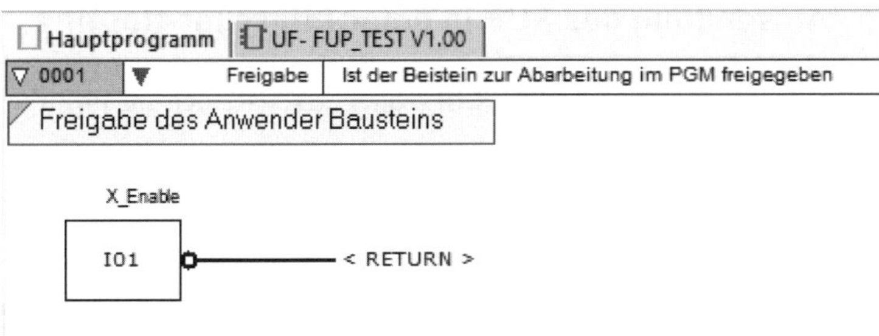

Abb. 5.17: Wie auch bei Herstellerbausteinen kann in eine UF ein „Enable" integriert werden.

Entsprechend den Hersteller-Bausteinen kann der Anwender auch bei einer „UF" einen „ENABLE"-Eingang vorsehen und realisieren.

5.7 Erstellen einer UF im FUP

Sobald ein neuer Anwenderbaustein erstellt wird, erscheint im [Anwenderbaustein erstellen] die Auswahl der „Programmiermethode" (KOP, FUP oder ST). Es wäre also auch möglich, in einem „ST-Programm" eine UF im FUP zu erstellen oder zu importieren.

Anwenderbaustein erstellen
Name
Version 1 . 00
Programmiermethode Funktionsbausteinplan (FUP)
Funktionsbausteinplan (FUP)
Kontaktplan (KOP)
Strukturierter Text (ST)
Schnittstelle
Bit-Eingänge:

Es gelten wiederum die Einschränkungen, die allgemein für alle UFs gelten:

- Hardwarenahe-Bausteine sind nicht anwendbar und werden unter [Werkzeugen] nicht aufgeführt.

5.8 Anwendung des FUP in einer Interrupt-Routine

Wie in den Programmiermethoden „KOP“ oder „ST“ ist auch im FUP die Interrupt-Verwaltung möglich.

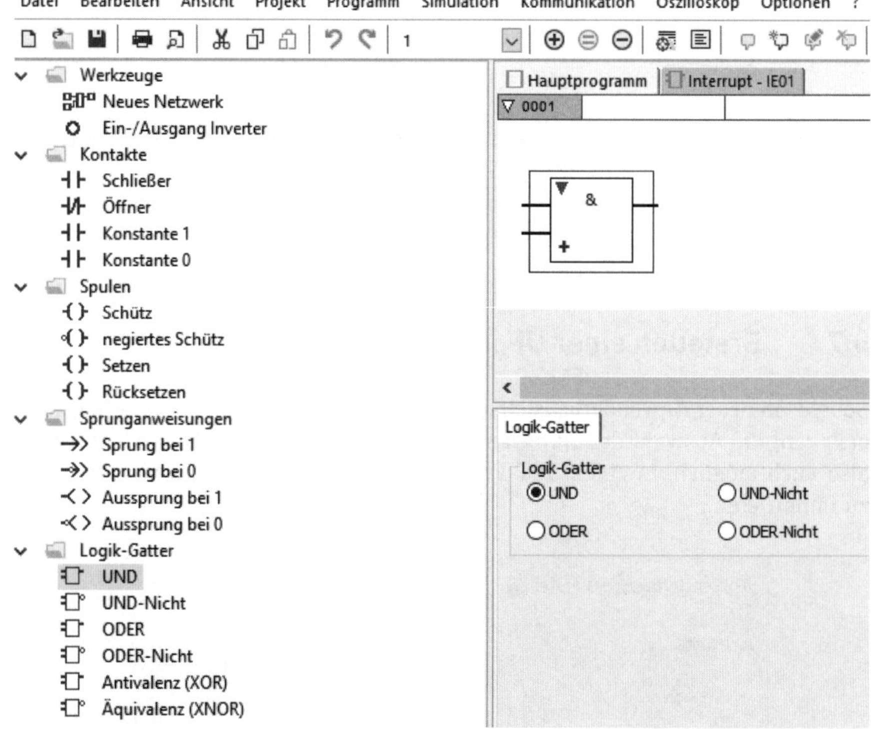

Abb. 5.18: Wie in den anderen Programmiermethoden ist auch im FUP der Sprachvorrat auf die Anforderung der Interrupt-Verarbeitung angepasst.

Eine Auswahl zur Programmiermethode erscheint nicht, es wird die Methode angeboten, in der das Hauptprogramm begonnen wurde.

Da die Parametrierung, Arbeitsweisen in den drei Programmiermethoden KOP, FUP, ST jeweils gleich sind, findet der Leser Details zusammengefasst im Kapitel 7 – Interrupt-Bausteine.

5.9 Anwendungen des FUP – Der Anwender

Ob in der Praxis KOP oder FUP zur Realisierung einer Aufgabenstellung verwendet wird, ist in der Regel branchen- bzw. unternehmensabhängig. Es gibt in der Chemie, der Verfahrenstechnik und anderen Bereichen die konsequente Arbeitsweise, nur geprüfte und freigegebene Module (Funktionen bzw. Funktionsbausteine) anzuwenden, zu parametrieren und miteinander zu verbinden. Hier hat der FUP klare Vorteile.

6 Strukturierter Text

Neben dem leistungsfähigen Sprachumfang den bereits KOP und FUP bieten, kommen im Strukturierten Text zusätzlich die Kontroll- und Schleifenanweisungen hinzu.

Als Beschreibungs- und Spezifizierungssprache werden in diesem Buch die NS-Diagramme verwendet, immer mit dem Hinweis: „Die Sprache des Technikers" ist die Zeichnung.

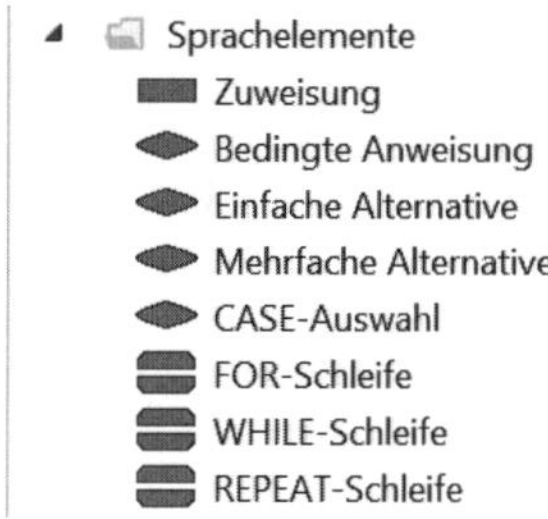

Weitere Details: siehe Abschnitt 6.7.

6.1 Einfache Zuweisung

Zuweisung Die einfache Anweisung besteht aus einer Datensenke, dem Trenner bzw. Zuweisungszeichen [:=], der Datenquelle und dem Abschluss in Form eines Semikolons [;].

Datensenke := Datenquelle ;

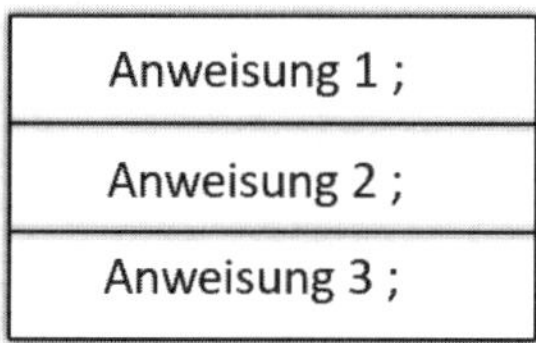

Abb. 6.1: Einfach sequenzielle Zuweisungen

Beispiele:

```
// Dem Merker-Wort 100 wird der Wert „523" zugewiesen
MW100 := 523 ;
// Dem Merker 1 wird der Status „True" zugewiesen
M1:= TRUE ;
// Status von M2 = I1 & I2
M2 := I1 AND I2 ;
```

6.1.1 AND, OR, XOR-BIT

Logische Verknüpfungen mit dem Strukturierten Text sind ebenso möglich wie im KOP oder FUP. Zu beachten sind stets die Abarbeitungsregeln oder wie in diesem Umfeld die Prioritäten bzw. Abarbeitungsprioritäten.

M1 : x_Antrieb

I1 : x_Start

I2 : x_Stop

```
// Boolesche Ausdrücke im ST
M1 := M1 OR I1 AND I2 ;
```

Beispiel im Kontaktplan:

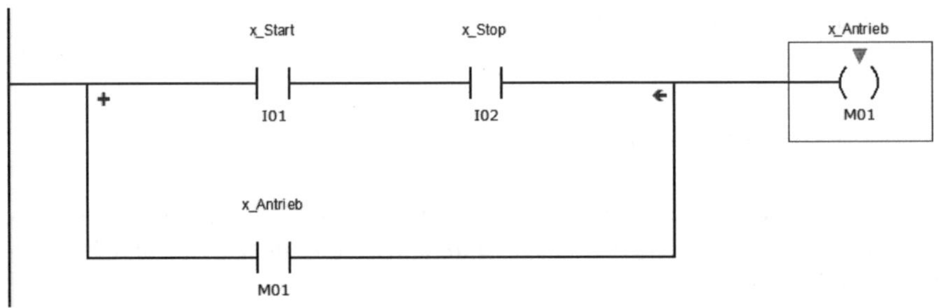

Abb. 6.2: Logik im KOP auf ST umgesetzt

Vergleiche:

```
// Häufig angewendete Selbsthaltung
M1 := (M1 OR I1) AND I2 ;
```

Beispiel im Kontaktplan:

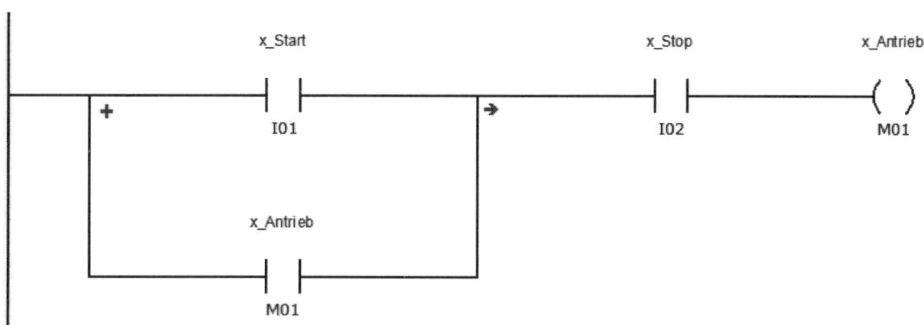

Abb. 6.3: Eine typische Selbsthaltung

6.1.2 Boolesche Verknüpfung bitweise über Wort

Mit einem Hersteller-Baustein können Bit-Bereiche aus einer Quellvariablen durch einen Filter in einer Zielvariablen gespeichert werden.

MB20 : Quellvariable

Konstante 7 : Filter

MB21 : Zielvariable – Ergebnis

```
        | // Ausmaskieren von Wertbereichen
        | BV01 (
  FALSE |          EN := ,
    125 |          I1 := MB20, // Quelle
      7 |          I2 :=   7,  // Maske
  FALSE |          ZE => ,
      5 |          QV => MB21 //  Ergebnis
        |      );
```

Abb. 6.4: Logik über BYTE – WORD – DOPELWORD

6.2 Abarbeitungsreihenfolge / Bindungen / Klammern / Prioritäten

Im EDP, sowie im Funktionsplan und im Kontaktplan ist die Verknüpfung durch den Prozessor immer gleich und durch Regeln festgelegt – so auch im „Strukturierten Text".

Je nach Hersteller finden sich unterschiedliche Begriffe (Bindungsstärke, ...) für dieses Regelwerk, das jedoch für die unterschiedlichen Hersteller gleich ist.

Reihenfolge der Abarbeitung – Prioritäten:

- ( )
- NOT
- * , /, MOD
- +, -
- <, >, <=, >=
- =, <>
- AND
- XOR, EXOR
- OR,

Die höchste Priorität entsteht durch eine Klammerung! Die Klammerung verbessert gleichzeitig die Nachvollziehbarkeit und sollte auch eingesetzt werden, wenn die korrekte Funktion bereits gegeben ist.

Beispiel:

```
MW5 := MW10 + MW 11 * MW12 ;
```

MW10 = 5

MW11 = 4

MW12 = 5

Daraus folgt : MW5 = 25

Alternativ:

```
// Ansatz mit Klammern → anderes Ergebnis
MW5 := (MW10 + MW 11) * MW12 ;
```

MW10 = 5

MW11 = 4

MW12 = 5

Daraus folgt : MW5 = 45

```
//Berechnung des Rests bei einer Division
MW6 := MW 11 MOD 3 ;
```

Zusammenfassung – Hinweis:

In der Praxis ist es für den Inbetriebnehmer und für Mitarbeitende im Projekt in der Regel angenehmer, wenn statt mit allen Tricks der Abarbeitungsreihenfolge die Funktionalität mit Klammern festgelegt wird. Nicht jeder Mitarbeiter hat jederzeit die Regeln der Abarbeitungsreihenfolge vor Augen.

6.3 Aufruf eines Funktionsbausteins

Hinweis:

Die Parameterebene eines Funktionsbausteins öffnet sich, wenn der Cursor unmittelbar vor die Bausteinbezeichnung gestellt wird.

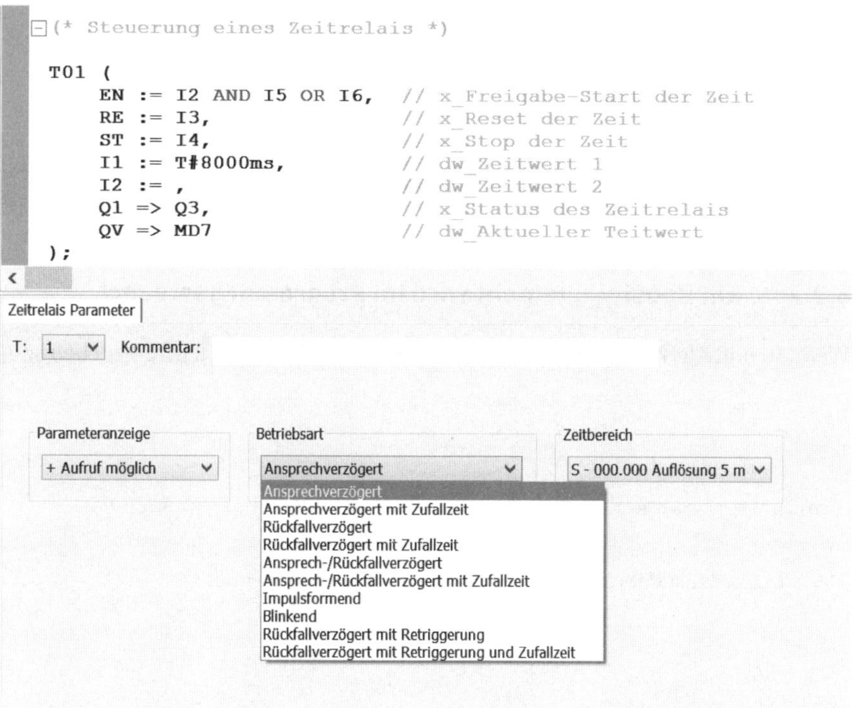

6.3.1 Abfragen eines Bausteins im Programm

Hinweis für IEC-Programmierer:

Zwischen der Bausteinbezeichnung und dem Element wird kein Punkt gesetzt!

IEC:

```
FB_Pumpe.EN := x_Start ;
```

easyE4 – ST (Zähler C01 der Enable wird gesteuert):

```
C01EN := I6;
```

Der Status eines Bausteins wird im Programm abgefragt:

```
      (* Merker M20 soll den Status 1 annehmen,wenn der Zähler 1
       einen Zählerstand =< Sollwert *)
FALSE M20 := C01FB;   // Zählerstand von C01 =< Sollwert

TRUE  C01EN := I6;    // Steuerung des Enable von Zähler C01
```

Abb. 6.5: Außerhalb eines Bausteinaufrufs werden einzelne Baustein-Elemente abgefragt.

6.3.2 Ein Bausteinelement wird im Programm gesteuert

Wenn I6 und Merker-Byte 3 gleich 0 ist (MB3 =0) soll der Zähler freigegeben sein.

```
(*
Das Enable des Zählers C01 wird gesteuert
*)

C01EN := I6 AND MB3 = 0;    // Steuerung des Enable von Zähler C01
```

Abb. 6.6: Zuweisung eines Baustein-Elements außerhalb eines Bausteinaufrufs

6.4 Indirekte Operanden Adressierung – Arbeiten mit Zeigern (Pointern)

Mit dem ST der easyE4 kann der Anwender die Operanden auch indirekt (nicht mit fester Adresse) ansprechen. Damit kann der zu verwendende Operand errechnet oder in Schleifen-Konstrukten behandelt werden.

Zahlreiche Operanden lassen sich als Felder ansprechen und in der ST-Sprache ‚gezeigert' lesen und schreiben. Diese Möglichkeiten sind unter anderem in Schleifen-Anwendungen, aber auch bei Programmumschaltungen usw. sehr interessant.

6.4.1 Operanden – „gezeigert" ansprechen

Physikalische bzw. Operanden-Gruppen:

I	: Operanden-Gruppe [1..128]	Typ BOOLE	Digitale Eingänge
Q	: Operanden-Gruppe [1..128]	Typ BOOLE	Digitale Ausgänge
ID	: Operanden-Gruppe [1...96]	Typ BOOLE	Diagnose-Bit
IA	: Operanden-Gruppe [1...48]	Typ DINT	Analoge Eingänge
QA	: Operanden-Gruppe [1...48]	Typ DINT	Analoge Ausgänge

Speicher-Merkerbereich (Merker, Merkerbyte, Merkerworte, Merkerdoppelworte):

M	: Operanden-Gruppe [1..512]	Typ BOOLE	Merker
MB	: Operanden-Gruppe [1..512]	Typ BYTE	Merkerbyte
MW	: Operanden-Gruppe [1..512]	Typ WORD	Merkerworte
MD	: Operanden-Gruppe [1..256]	Typ DWORD	Merkerdoppelworte

NET-Variablen (Merker, Merkerbyte, Merkerworte, Merkerdoppelworte) Local:

N	: Operanden-Gruppe [1..512]	Typ BOOLE	NET-Merker
NB	: Operanden-Gruppe [1...64]	Typ BYTE	NET-Merkerbyte
NW	: Operanden-Gruppe [1...32]	Typ WORD	NET-Merkerworte
ND	: Operanden-Gruppe [1...16]	Typ DWORD	NET-Merkerdoppelworte

Netzwerk-Teilnehmer:

xRN	: Operanden-Gruppe [1...32]	Typ BOOLE	Receive-NET
xSN	: Operanden-Gruppe [1...32]	Typ BOOLE	Send-NET
xN	: Operanden-Gruppe [1..512]	Typ BOOLE	NET-Merker
xNB	: Operanden-Gruppe [1...64]	Typ BYTE	NET-Merkerbyte
xNW	: Operanden-Gruppe [1...32]	Typ WORD	NET-Merkerworte
xND	: Operanden-Gruppe [1...16]	Typ DWORD	NET-Merkerdoppelworte

x = Ist die Teilnummer bzw. Net-ID eines NET-Teilnehmers innerhalb eines Kommunikations-Netzwerks.

6.4.2 Mögliche Zeiger (bzw. Pointer oder Index)

Eine der umfangreichen Möglichkeiten der easyE4 ist es, Variable nicht nur mit festen Adressen anzusprechen, sondern dynamisch durch Zeiger zu adressieren.

Konstante:

MBxxx, MWxxx, MDxxx

NBxx, NWxx, NDxx

IAxx, QAxx

6.4.3 Risiken des indirekten Zugriffs

> Hinweis:
>
> Durch die umfangreichen Möglichkeiten des easyE4 und dem Strukturierten Text entstehen auch Risiken. Gerade wenn der „Zugriffszeiger“ sich dynamisch durch eine komplexe Berechnung bestimmt und vor dem Zugriff nicht mehr geprüft wird!

Beispiel der Überprüfung:

```
// Überprüfung des Zeigers
IF MW10 > 0 AND MW10 <12 THEN
          MW200 := MW[MW10 ]
ENDIF;
```

6.4.4 Beispiele

- MW20 soll den Wert erhalten des Merker-Worts, dessen Adresse als Wert im MB1 festgelegt ist:

```
// Die Quell-Adresse wird durch MB1 spezifiziert
MW 20 := MW[MB1] ;
```

- Die Quelladresse wird berechnet:

  Die Quelladresse bestimmt sich aus dem Inhalt von MB1 + 10. Hat MB1 den Wert 0, wird MW 10 nach MW20 geladen:

```
// Die Quell-Adresse als Ergebnis einer Addition
MW 20 := MW[MB1 + 10] ;
```

- Rechenoperationen bei einem Zeigerzugriff:

```
// Die Quell-Adresse als Ergebnis einer Berechnung
MW 20 := MW[(MB1 *5) + 21] ;
```

Es wird der Inhalt des Merker-Worts auf MW 20 geladen, das sich aus dem Inhalt von MB1 ergibt, multipliziert mit 5 plus 21.

Beispiel:

MB1 = 8 → 8*5 + 21 = 61 → Der Inhalt von MW61 wird MW20 übergeben.

6.4.5 Anwendungen der indirekten Adressierung

Die Anwendungen sind sehr vielfältig und umfangreich. Ein Beispiel ist die Visualisierung zahlreicher gleicher Aktoren oder Sensoren mit der gleichen Anzeige-Maske bzw. dem gleichen Textrelais. Statt für jeden Aktor oder Sensor ein eigenes Textrelais zu verwenden, wird lediglich eine Nummer eingegeben und die entsprechenden Werte durch eine indirekte Adressierung ausgewählt bzw. geladen und zur Anzeige gebracht.

6.4.6 Erstellung einzelner Spezialbausteine

Spezialbausteine (UFs) sind auf allen Gebieten der Technik zu finden. Es geht immer darum, Anlagen- und Maschinenbaugruppen in Funktionsbausteinen abzubilden und so durch eine konsequente Modularisierung Kosten zu sparen. Die Arbeitsweisen der mechanischen Konstruktion sollten sich in der Software-Erstellung wiederfinden, ohne dabei Kompromisse in der Leistungsfähigkeit einzugehen.

Beispiel Höhenstandsmessungen

Es sind 7 Hochbehälter zu steuern und zu visualisieren. Die Höhenmessungen und die Schaltpunkte sollen auf einen Speicherbereich MW 250...259 geschrieben werden. Die Datenstrukturen sind immer gleich aufgebaut.

Behälter / Hochbehälter 1

MW 260 Aktual - Rohdaten

MW 261 Aktual - Skalierte Daten

MW 262	X1	// X1-Wert zur Skalierung
MW 263	Y1	// Y1-Wert zur Skalierung
MW 264	X2	// X2-Wert zur Skalierung
MW 265	Y2	// Y2-Wert zur Skalierung
MW 266	Min	// Unbedingter Start Pumpe
MW 267	Max	// Unbedingter Stop Pumpe
MW 268	Anforder	// Anforderung Wasser
MW 269	Status	// Abbildung Status Pumpe usw.

Behälter / Hochbehälter 2

MW 270...279

Behälter / Hochbehälter 3

MW 280...289

Behälter / Hochbehälter 4

MW 290...299

Behälter / Hochbehälter 5

MW 309...309

Behälter / Hochbehälter 6

MW 310...319

Behälter / Hochbehälter 7

MW 320...329

Zur Anzeige sollen die Daten in einen Zwischenspeicher 250...259 geladen werden.

Als Zeiger zur Anwahl wird MB100 benutzt. MB100 = 0 → HB1, MB100 =10 → HB2, MB100 = 20 → HB3;

```
MW 250 := MW[MB100 + 260];
MW 251 := MW[MB100 + 261];
MW 252 := MW[MB100 + 262];
MW 253 := MW[MB100 + 263];
MW 254 := MW[MB100 + 264];
MW 255 := MW[MB100 + 265];
MW 256 := MW[MB100 + 266];
MW 257 := MW[MB100 + 267];
MW 258 := MW[MB100 + 268];
MW 259 := MW[MB100 + 269];
```

Diese Lösung soll nach der Erläuterung der Schleifenanweisungen weiter vereinfacht werden.

6.5 Kontroll- und Schleifenanweisungen

Kontroll- und Schleifenanweisungen werden üblicherweise mittels der Nassi-Shneiderman-Diagramme (NS) grafisch spezifiziert bzw. beschrieben.

Dieses Buch versteht sich nicht als Lehrbuch zu NS-Diagrammen oder Struktogrammen. Daher wird auch bewusst gegen eine wesentliche Regel verstoßen:

„Struktogramme sollten keine programmiersprachenspezifische Befehlssyntax enthalten. Sie müssen so programmiersprachenunabhängig formuliert werden, so dass die dargestellte Logik einfach zu verstehen und als Codiervorschrift in jede beliebige Programmiersprache umzusetzen ist."

6.5.1 Die Darstellungselemente der NS-Diagramme

Linearer Ablauf (Sequenz)

	Zuweisung
Berechne den Wert von MB1 Berechne den Rest der vorherigen Division und lege den Rest in MB2 ab Setze den Ausgang Q0, wenn in MB1 ein ungerader Wert liegt	Anweisung 1 ; Anweisung 2 ; Anweisung 3 ;

Code:

```
// Berechnung von MB1
MB1 := ( MB40 + 20 - 10 )  /  2 ;

// Berechnung des Rests → MB2
MB2 := ( MB40 + 20 - 10 )  MOD 2 ;

// Wenn das Ergebnis eine ungerade Zahl ist,
// soll Ausgang Q0 gesetzt werden
Q0 := M1 ;
```

Beispiel in der Simulation:

```
         // Berechne MB01
   10    MB01 := (MB40 + 20 - MB05 ) / 2  ;
         // Berechne den Rest aus vorheriger Division
    0    MB02 := (MB40 + 20 - MB05 ) Mod 2 ;
         // Setze Q1, wenn in MB1 eine ungerade Zahl liegt
FALSE    Q1  :=  M1 ;
```

Abb. 6.7: Beispiel in der Simulation mit den Zuständen

6.5.2 Bedingte Zuweisung (IF...THEN)

In der bedingten Zuweisung wird je nach Zustand des Ausdrucks zwischen dem „IF... und dem ...THEN" eine oder mehrere Anweisungen ausgeführt oder Bausteine aufgerufen. Das „Endzeichen" ist das END_IF – es muss zwingend folgen mit einem „Semikolon" (;)!

Zwischen dem IF und dem THEN steht ein Testbereich, der sehr komplex sein kann und durch Klammern unterstützt bzw. nachvollziehbarer wird. Das Ergebnis ist „boolesch", JA/NEIN bzw. TRUE/FALSE.

Beispiele:

- I1 AND I2 OR I3
- MW5 = 5
- (MW5 = 5) OR (MW6 > 9)
- (MW5 < 10) AND I3

Einfache, bedingte Anweisung

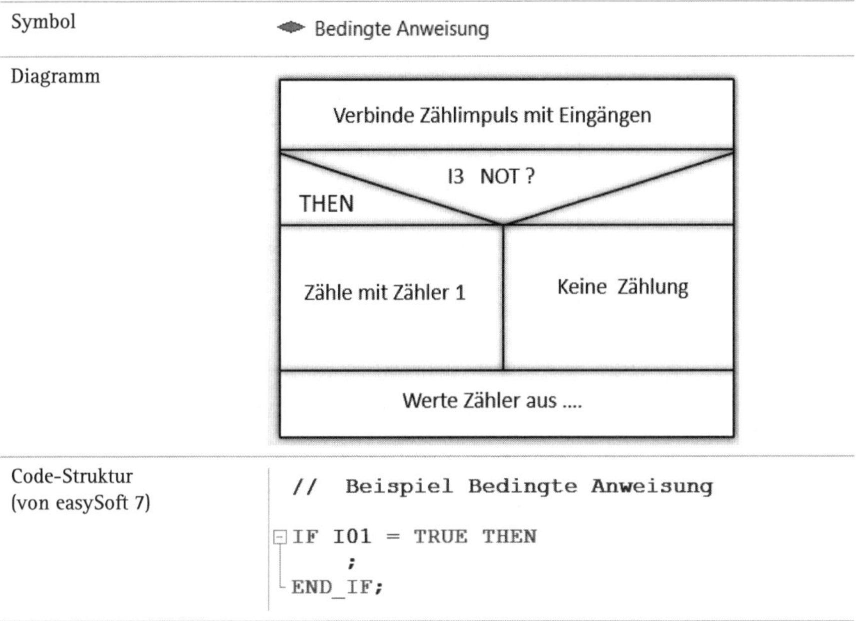

Symbol	Bedingte Anweisung
Diagramm	Verbinde Zählimpuls mit Eingängen I3 NOT ? THEN Zähle mit Zähler 1 Keine Zählung Werte Zähler aus ....

Code-Struktur (von easySoft 7)	`// Beispiel Bedingte Anweisung`
	`IF I01 = TRUE THEN`
	`;`
	`END_IF;`

Beispiel:

Ein Zählrelais soll nicht mehr abgearbeitet werden, wenn ein Schalter → I3 betätigt wurde.

```
      // Wird C01 abgearbeitet (Wenn I03 = FALSE)
FALSE IF NOT I03 = TRUE THEN
          // Abarbeitung des Zählbausteins
          C01 ();
      END_IF;
```

Abb. 6.8: Lösung: Verwendung einer bedingten Anweisung

Hinweis:

Es ist die Entscheidung des Anwenders, ob die Parameter weiterhin übergeben werden sollen (wie im Beispiel – blockiert wurde nur die Abarbeitung des Bausteins), oder ob auch die Parameterübergabe blockiert werden soll?

Einfache Alternative (IF...THEN...ELSE)

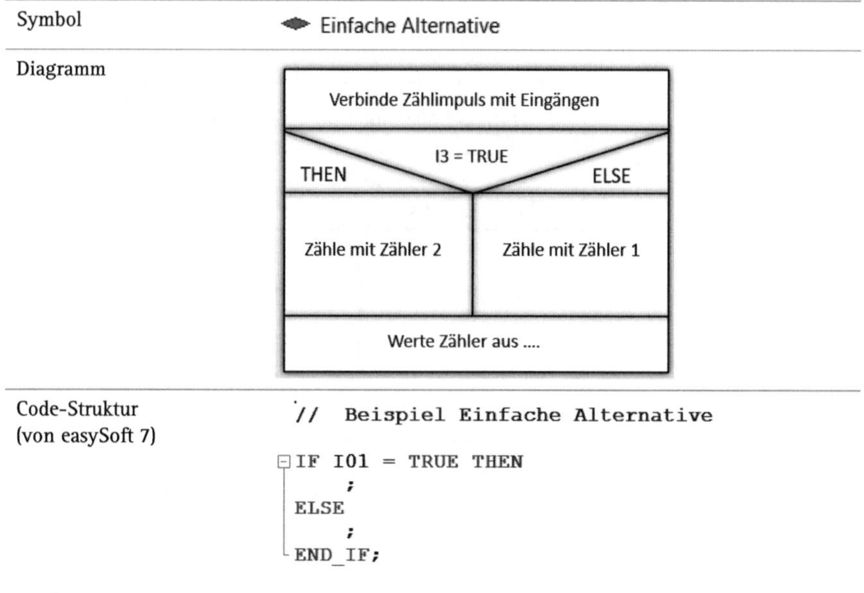

Symbol	Einfache Alternative
Diagramm	Verbinde Zählimpuls mit Eingängen I3 = TRUE THEN ELSE Zähle mit Zähler 2 Zähle mit Zähler 1 Werte Zähler aus ....

Code-Struktur (von easySoft 7)	// Beispiel Einfache Alternative
	IF I01 = TRUE THEN
	;
	ELSE
	;
	END_IF;

NS-Diagramm und Aufbau einer einfachen Alternativen

Beispiel:

Je nachdem, ob ein Schalter (I3 TRUE/FALSE) ein- oder ausgeschaltet ist, soll die Zählung über das Zählrelais C1 oder C2 laufen.

```
// C01 --> Zählimpuls C01 und C2
C01C_ := I2 ;
C02C_ := I2 ;
// Wird C01 abgearbeitet (Wenn I03 = FALSE)
IF NOT I03 = TRUE THEN
    // Abarbeitung des Zählbausteins C1
    C01 ();
    ELSE
    // Abarbeitung des Zählbausteins C2
    C02 ();
END_IF;
```

Abb. 6.9: Lösung: Zählen auf unterschiedliche Zähler

Mehrfache Alternative

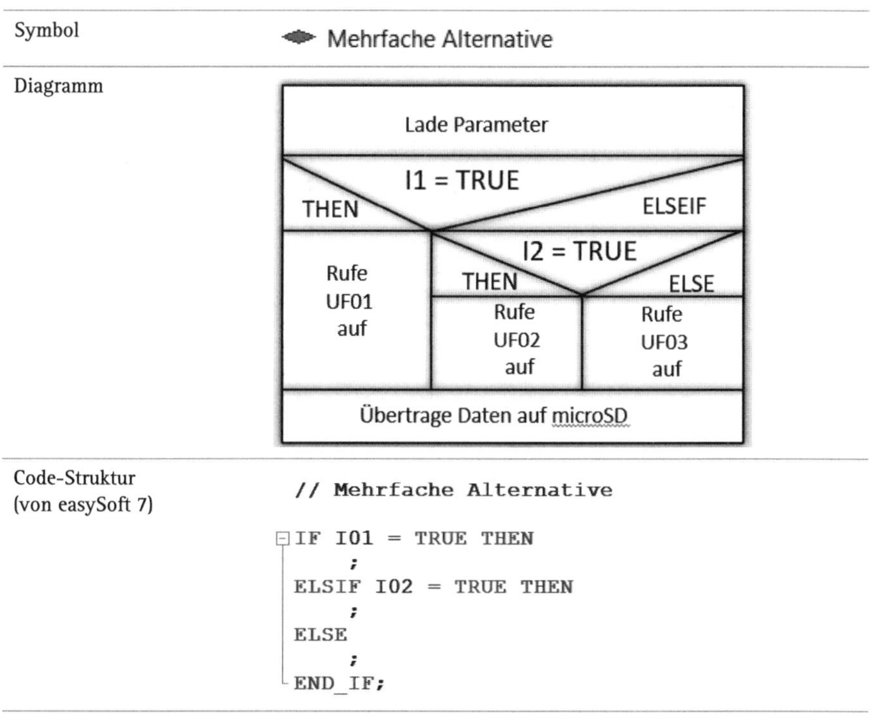

Symbol	Mehrfache Alternative
Diagramm	
Code-Struktur (von easySoft 7)	see code below

```
// Mehrfache Alternative

IF I01 = TRUE THEN
    ;
ELSIF I02 = TRUE THEN
    ;
ELSE
    ;
END_IF;
```

> **Hinweis:**
> Eine mehrfache Alternative kann häufig auch durch ein CASE ersetzt werden.

6.5.3 CASE-Auswahl

Mit der Case-Anweisung kann eine Fall-Unterscheidung realisiert werden. Die Unterscheidung wird von dem Wert einer Variablen getroffen (zum MB01).

Die „ELSE-Anweisung“ wird abgearbeitet, wenn weder Fall 1 ein noch Fall 2 eingetreten sind.

Symbol	CASE-Auswahl

Diagramm

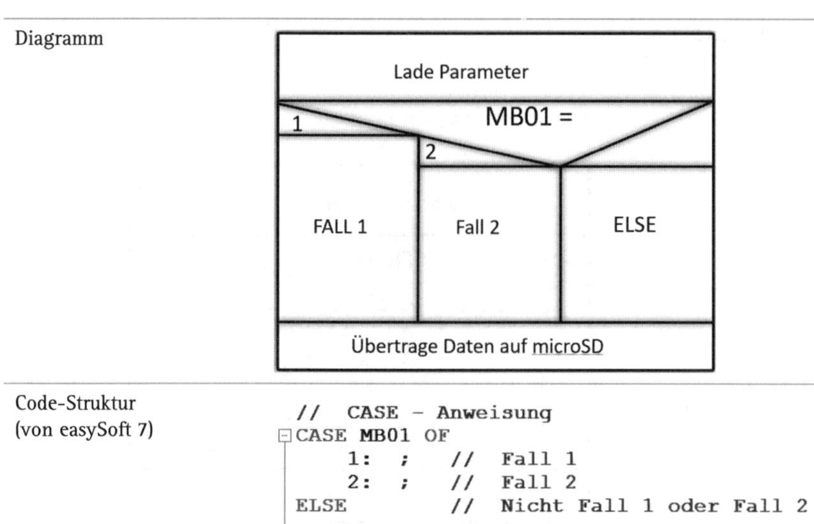

Code-Struktur
(von easySoft 7)

```
// CASE - Anweisung
CASE MB01 OF
    1:  ;   //  Fall 1
    2:  ;   //  Fall 2
ELSE        //  Nicht Fall 1 oder Fall 2
    ;
END_CASE;
```

6.5.4 For-Schleife (Zählergesteuerte Schleife)

Die For-Schleife ist vorprüfend bzw. kopfgesteuert, sie wird nicht abgearbeitet, wenn eine ihrer Eingangsbedingungen ungültig ist.

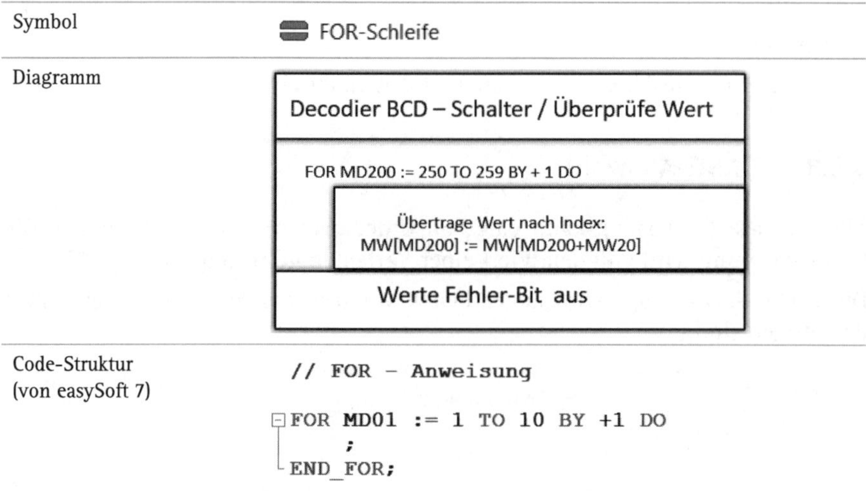

Symbol: FOR-Schleife

Diagramm

Code-Struktur
(von easySoft 7)

```
// FOR - Anweisung

FOR MD01 := 1 TO 10 BY +1 DO
    ;
END_FOR;
```

Beispiel:

Behälter / Hochbehälter 1 → MW 260...269

Behälter / Hochbehälter 2 → MW 270...279

Behälter / Hochbehälter 3 → MW 280...289

Behälter / Hochbehälter 4 → MW 290...299

Behälter / Hochbehälter 5 → MW 309...309

Behälter / Hochbehälter 6 → MW 310...319

Behälter / Hochbehälter 7 → MW 320...329

Die Werte der einzelnen Hochbehälter sollen umschaltbar auf MW 250 ... MW 259 übertragen werden.

```
// Übernahme BCD - Schalter
M9 := I1 ; M10 := I2 ; M11 := I3 ; M12 := I4 ;
//Auswahl MB 20 --> Auswahl des HB
MW20  := MB2 * 10 ;
// BCD - Wert gültig ?
IF MB2 >0 AND MB2 < 8 THEN
            // Wert OK
            M20 := FALSE ;
//Übertrage die Werte in den Buffer MW250...259
FOR MD200 := 250 TO 259 BY +1 DO
    // Ziel      Quelle
    MW[MD200] := MW[MD200+MW20];
END_FOR;
        // BCD - Wert - Fehler
        ELSE M20 := TRUE ;
END_IF ;
```

Abb. 6.10: Die vollständige Lösung in der Simulationsansicht

Die Decodierung des BCD-Schalters:

```
// Übernahme BCD - Schalter
M9 := I1 ; M10 := I2 ; M11 := I3 ; M12 := I4 ;
//Auswahl MB 20 --> Auswahl des HB
MW20  := MB2 * 10 ;
```

Abb. 6.11: Die Übernahme ist recht einfach, wenn man berücksichtigt M9...M16 liegen in MB2

Die Überwachung des BCD-Schalters:

```
IF MB2 >0 AND MB2 < 8 THEN
             // Wert OK
             M20 := FALSE ;
```

Abb. 6.12: Es sollte der Wert „0" – wenn möglich – nicht verwendet werden, da damit eine Spannungsüberwachung des Schalters möglich ist.

Die eigentliche FOR-NEXT-Routine:

Der Schleifenzähler MD200 beginnt mit dem Wert 250 und endet mit 259. Er wird mit „+1" inkrementiert; es wäre auch eine Dekrementierung möglich.

```
//Übertrage die Werte in den Buffer MW250...259
FOR MD200 := 250 TO 259 BY +1 DO
    // Ziel        Quelle
    MW[MD200] := MW[MD200+MW20];
END_FOR;
```

Abb. 6.13: MD200 ist die Lauf-Variable, beginnt mit 250 und wird schrittweise um „1" erhöht, bis sie den Wert 259 erreicht.

6.5.5 WHILE-Schleife (Abweisende Schleife)

Die While-Schleife ist vorprüfend bzw. kopfgesteuert, sie wird nicht abgearbeitet, wenn bereits zu Beginn die Eingangsbedingung nicht erfüllt ist (im Folgenden MW100 gleich/größer 11).

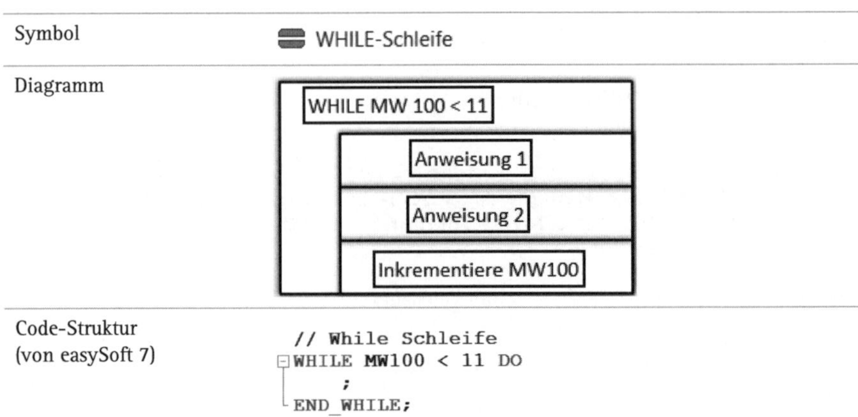

Symbol	WHILE-Schleife
Diagramm	WHILE MW 100 < 11 Anweisung 1 Anweisung 2 Inkrementiere MW100

Code-Struktur (von easySoft 7)	// While Schleife
	WHILE MW100 < 11 DO
	;
	END_WHILE;

Beispiel: Initialisierung von Merker-Worten

Die Merker-Worte 260...329 sollen einmalig beim Start der Steuerung nach einem bestimmten Muster initialisiert werden.

MW 260...269	0, 1, 2, 3 ... 9
MW 270...279	10, 11, 12, 13 ... 19
MW 280...289	20, 21, 22, 23 ... 29
MW 290...299	30, 31, 32, 33 ... 39
MW 300...309	1040, 1041, 1042, 1043 ... 1049
MW 310...319	2040, 2041, 2042, 2043 ... 2049
MW 320...329	3040, 3041, 3042, 3043 ... 3049

6.5.6 REPAET-Schleife (Nicht abweisende Schleife)

Die Repeat-Schleife ist „fußgesteuert", d. h. sie wird mindestens einmal durchlaufen. Die Laufkontrolle befindet sich am Ende der Schleife (Until I01 = True).

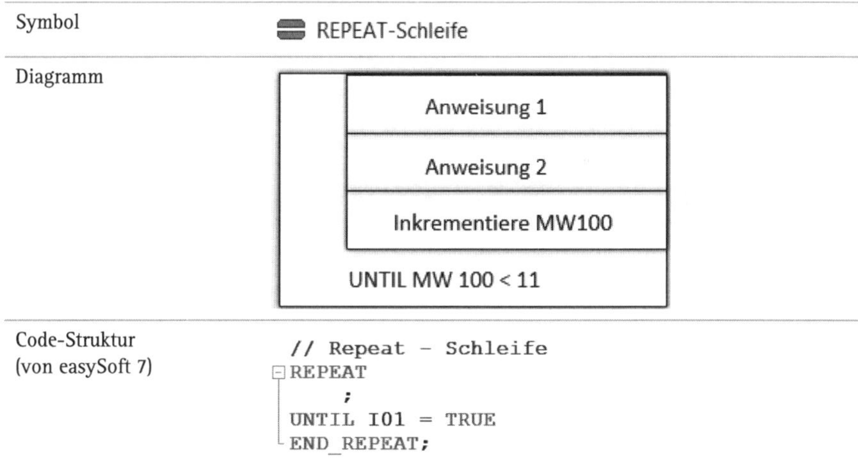

Symbol	REPEAT-Schleife
Diagramm	Anweisung 1 / Anweisung 2 / Inkrementiere MW100 / UNTIL MW 100 < 11
Code-Struktur (von easySoft 7)	siehe Code unten

```
// Repeat - Schleife
REPEAT
    ;
UNTIL I01 = TRUE
END_REPEAT;
```

6.5.7 Aufruf eines Funktionsbausteins

Auch der Aufruf einer UF kann in der Diagramm-Sprache wiedergegeben werden. Im Beispiel wird in Abhängigkeit des Status von I3 die UF01 abgearbeitet.

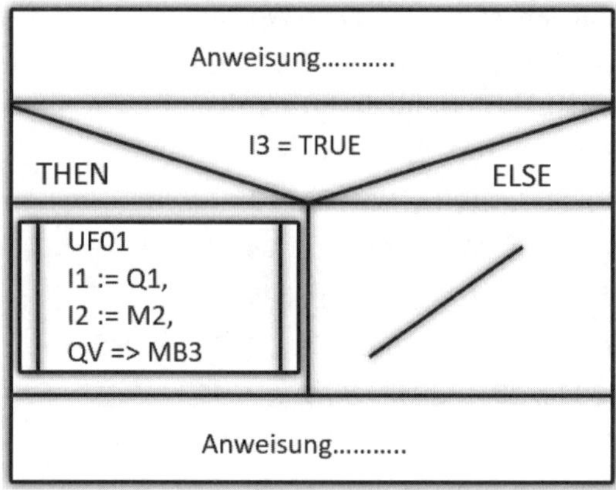

Abb. 6.14: Grafische Darstellung eines bedingten Baustein-Aufrufs

6.5.8 EXIT – Vorzeitiges Beenden einer Schleifenanweisung

Mit dieser Anweisung kann eine Schleife sofort abgebrochen und verlassen werden. Eine derartige Anweisung sollte immer so platziert werden, dass es nicht zu „Endlos-Schleifen“ oder „Zeiger-Fehlern“ kommt, und wenn es sich um einen Fehler handelt, sollte dieser Fehler durch eine klare Meldung (x_Error) angezeigt werden.

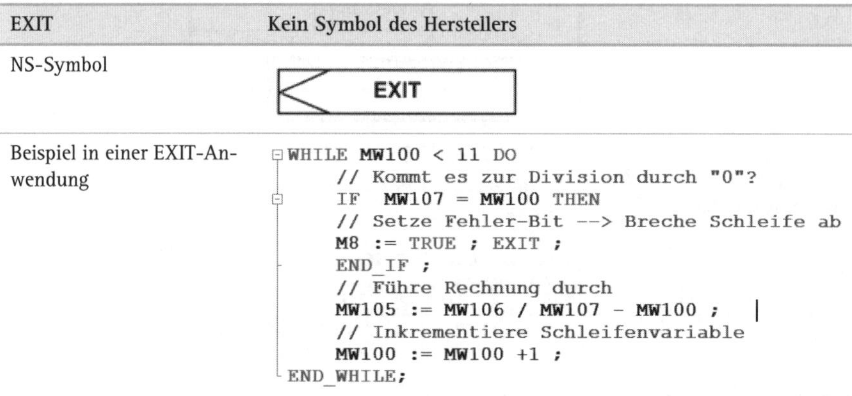

EXIT	Kein Symbol des Herstellers
NS-Symbol	EXIT
Beispiel in einer EXIT-Anwendung	(siehe Code)

```
WHILE MW100 < 11 DO
    // Kommt es zur Division durch "0"?
    IF  MW107 = MW100 THEN
    // Setze Fehler-Bit --> Breche Schleife ab
    M8 := TRUE ; EXIT ;
    END_IF ;
    // Führe Rechnung durch
    MW105 := MW106 / MW107 - MW100 ;
    // Inkrementiere Schleifenvariable
    MW100 := MW100 +1 ;
END_WHILE;
```

Die Verwendung der EXIT-Anweisung ist nur in Schleifenanweisungen möglich! Bei ähnlichen Anforderungen im Programm sei auf die „RETURN-Anweisung“ verwiesen.

6.5.9 RETURN – Abbruch der Bearbeitung einer UF

Die Return-Anweisung bricht die Bearbeitung einer „UF“ ab (siehe auch „EXIT). Eine wichtige Anwendung ist die Fehlerüberwachung bei dem Aufruf einer „UF“ und der Überprüfung des Wertebereichs der Eingangsparameter.

Beispiel Division durch „0“

> Aufgabe:
>
> Das Risiko: MW201 = MW 202 !!!

Zugehöriges NS-Diagramm

```
MW 10 := MW200 / (MW201 - MW202) ;
```

```
// Prüfung der Operation ??? Div durch "0"
IF MW201 <> MW202  THEN
    // Durchführung der Berechnung
    MW10 := MW200 / (MW201-MW202);
    Q2 := FALSE ; // Q2 = Fehlerbit
ELSE
    Q2 := TRUE;    // Q2 = Fehlerbit
    RETURN ;         // In einer UF Abbruch
END_IF;
```

Abb. 6.15: Prüfungen vor der Division durch „0“

> Hinweis:
>
> Eine Division durch „0“ kann auch durch das Diagnosebit 12 (ID12) der jeweiligen Steuerung abgefragt werden. Prinzipiell sollte jedoch eine derartige Operation vorher verhindert werden.

```
     | // Division durch 0
   0 | MB10 := MB20 / MB5 ;
     |
TRUE | Q3 := ID12 ;
```

Abb. 6.16: MB5 = 0 ⟶ Eine derartige Operation sollte vermieden werden.

Beispiel CASE-Anweisung

Ein Beispiel von vielen für die Anwendung der CASE-Anweisung ist die Nachbildung von Schrittketten bzw. der Ablaufsprache im „ST". Eine solche Anwendung ist die „Ampel" in diesem Buch.

Allgemein wird man dieses Konstrukt verwenden, wenn Fallunterscheidungen realisiert werden sollen.

Aufgabe:

Ein einschaltverzögertes Zeitrelais soll mit unterschiedlichen Zeitwerten arbeiten. Der Zeitwert wird über einen BCD-Schalter ausgewählt werden.

0 → Fehler

1 → 8s

2 → 4,5s

3 → 10s

4 → 7s

5 → 5s

6 ... 9 → 3,7s

Lösung:

```
// Übernahme des BCD_Schalters
M1 := I1 ;
M2 := I2 ;
M3 := I3 ;
M4 := I4 ;
// Löschen des Fehlermerkers
M10 := FALSE ;
// Umschaltung - CASE
CASE MB01 OF
  0: M10 := TRUE ;
           1: T01I1 := 8000 ;
           2: T01I1 := 4500 ;
           3: T01I1 := 10000 ;
           4: T01I1 := 7000 ;
           5: T01I1 := 5000 ;
           6...9: T01I1 := 3700 ;
           ELSE
           ;
END_CASE;
```

```
           // Übernahme des BCD_Schalters;
    FALSE  M1 := I1 ;
    FALSE  M2 := I2 ;
     TRUE  M3 := I3 ;
    FALSE  M4 := I4 ;
           // Löschen des Fehlermerkers
    FALSE  M10 := FALSE  ;
           //Umschaltung - CASE
        4  CASE MB01 OF
        -              0: M10 := TRUE  ;
        -              1: T01I1 := 8000 ;
        -              2: T01I1 := 4500 ;
        -              3: T01I1 := 10000 ;
     7000              4: T01I1 := 7000 ;
        -              5: T01I1 := 5000 ;
        -              6..9 : T01I1 := 3700 ;
                      ELSE
                       ;
           END_CASE;
           // Auswertung am Timer 1
           T01 (
     TRUE      EN := M12,
     TRUE      Q1 => M11,
T#7s_0ms       QV => MD50
```

Abb. 6.17: Programm in der „Online-Anzeige“

6.6 Web-Nutzung im ST

Auch im „ST“ hat der easyE4-Anwender viele Möglichkeiten, die tägliche Arbeit durch den Internet-Browser zu vereinfachen – außer der Programmierung. Zur Programmierung wird ein entsprechender PC mit der easySoft 7 benötigt.

6.6.1 Parametereinstellung und UF

Sobald eine UF in das ST-Programm eingefügt wurde, kann eine Service-Person diese UF in den aktuellen Parametern über den Web-Browser beobachten – und soweit freigeschaltet – diese Parameter auch ändern.

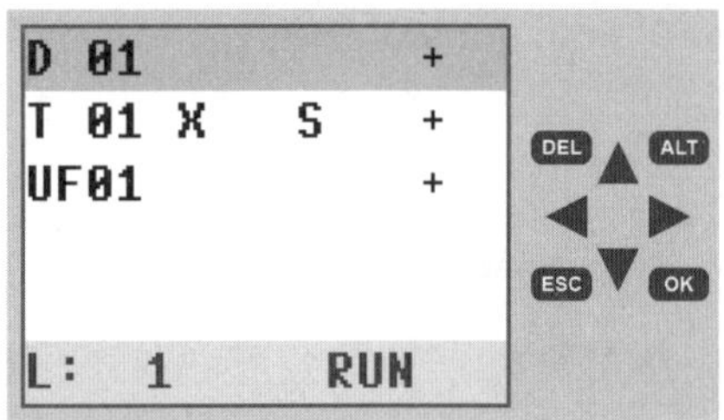

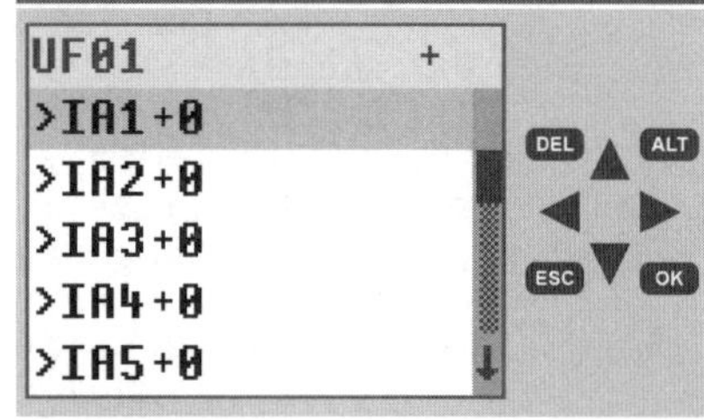

Abb. 6.18: Eine selbstgeschriebene UF im Web-Server unter „Parameter"

6.7 Anwendungen des ST – Der Anwender

Schulen – Ausbildung:

Gerade in den Schulen und in der Ausbildung besteht die Notwendigkeit, mit der geringen Anzahl von Unterrichtsstunden auch diese Programmiermethode zu vermitteln. In vielen Berufen wie Mechatroniker gehen die Anforderungen über KOP/FUP hinaus und die AWL wird nicht mehr akzeptiert.

Elektro-Handwerk:

Im Elektro-Handwerk bietet sich nicht nur eine neue Möglichkeit der Ausbildung, sondern auch eine Chance die Expertenabhängigkeit zu begrenzen bzw. zu kanalisieren. Sieht man ein kleineres Handwerksunternehmen im Bereich „Tore und Torsteuerungen", so konnte bisher mit einer Kleinsteuerung jeder Elektro-Installateur des Unternehmens Anpassungen vornehmen. Nachdem diese Geräte die gestiegenen Anforderungen nicht mehr erfüllen konnten, wurden Systeme eingeführt, die hohe Anforderungen an die Qualifikation der Mitarbeiter und die Programmiersysteme stellen. Hier bietet der ST der easyE4 in der Kombination mit KOP einen hervorragenden Lösungsansatz.

Gebäudetechnik:

In der Gebäudetechnik setzen namhafte Unternehmen bereits seit vielen Jahren auf fertige, selbsterstellte Bibliotheken. Die Leistungsfähigkeit der Baustein-Bibliothek ist nur mit dem „Strukturierten Text" zu erreichen und die Anwenderfreundlichkeit entsteht durch die Integration mittels KOP/FUP im Projekt.

Mess- und Reglungstechnik:

In der Mess- und Regelungstechnik reichen oft die Möglichkeiten des KOP/FUP nicht aus, um für spezielle Heizungssteuerungen Messfühler-Linearisierungen, Sonden-Auswertungen, Durchflussmessungen u. v. m. zu realisieren. Dennoch sollte zur Anwendung derartiger Bausteine kein Spezialist notwendig sein.

Spezialisten der Programmierung:

Wer in „C" oder „C++" programmiert, möchte auch zukünftig seine Aufgaben in einer textbasierten Programmiermethode realisieren. Hier kommt der Strukturierte Text den Vorstellungen des Informatikers am nächsten.

Fachspezialisten der Automatisierung:

Normalerweise treffen die verschiedenen Kleinsteuerungen bei Spezialisten der Automatisierung auf wenig Akzeptanz, sind sie doch ganz andere Arbeitsweisen gewohnt, als einen Kontaktplan oder Funktionsplan nach der Art eines CAD-Systems zu zeichnen. Doch das Konzept ST und KOP/FUP in einer leicht handelbaren Form miteinander zu verbinden, schafft den Ausgleich zwischen Installateuren bzw. Inbetriebnehmern und den spezialisierten Programmierern.

Diese Anwendungsbereiche sind eine kleine Auswahl der möglichen Einsatzfelder des ST der easyE4.

7 Funktionsbausteine – Herstellerbausteine

Der Anwender steht häufig vor der Frage, einen Hersteller-Baustein anzuwenden oder selbst die entsprechenden Bausteine zu erstellen; daher wird in diesem Kapitel die Anwendung der Hersteller-Bausteine beschrieben.

Es ist an dieser Stelle nicht möglich, sämtliche Herstellerbausteine in den vier möglichen Programmiermethoden zu zeigen und anzuwenden. Die Zeitbausteine, Zählerbausteine, Arithmetik werden exemplarisch beschrieben, über die Steuer- und Regelungs-Bausteine wird eine Übersicht gegeben, ebenso wird auf die Daten-Kommunikationsbausteine und die Interrupt-Verarbeitung eingegangen. Der Fokus wird auf den „ST“ gesetzt, da die Anwendung von Bausteinen im KOP/FUP für zahlreiche Leser bereits bekannt sein wird. Eine Übersicht über sämtliche Hersteller-Bausteine gibt die Tabelle am Ende des Buchs.

7.1 Anwendung von Bausteinen im „ST“

Hinweis zur Parameter-Übergabe bzw. Parameter-Übernahme eines Bausteins: Allgemein ist das Zeichen für die Übergabe eines Zustands oder Werts das „:=“. Dieses Zeichen gilt für die Übergabe von Eingangsparametern.

- Normale Datenübergabe:

  Senke := Quelle ;
- Übergabe von Eingangsparameter innerhalb des Bausteins:

  Senke := Quelle ;
- Rückgabe von Ausgangsparametern innerhalb des Bausteins:

  Quelle => Senke ,

Übergabe von Ausgangsparametern außerhalb des Bausteins:

```
// Dem Merker M1 wird der Zustand von Q3 der UF02 zugewiesen
M1 := UF02Q3 ;
```

```
// Der IA2 der UF02 wird der Wert von MW32 übergeben
UF02IA2 : = MW32 ;
// I3 von UF02 wird der Zustand I1 zugewiesen
UF02I3 := I1 ;
```

Dieses „Handling“ ist in allen angebotenen Realisierungen des „Strukturierten Texts“ gleich und keine Besonderheit der easySoft 7! Diese Schreibweise sollte sicher eingeübt werden.

7.2 Zeitbausteine – Timer – Uhren

Die Zeitbaustein-Funktionen sind in der Regel sehr umfangreich und basieren auf dem Erfahrungsschatz eines jeden Herstellers. In der Parametrierung findet der Anwender unter „Betriebsart“ zahlreiche Zeitfunktionen, die das traditionelle „Know-how“ des Herstellers abbilden.

Sprachlich sollte zwischen Zeitrelais, Echtzeituhr, Zeitschaltuhr usw. sehr bewusst unterschieden werden, da es sonst zu Missverständnissen kommen kann. In der Textanzeige D (bzw. Textrelais) kann auf die einzelnen Parameter in den zugehörigen Darstellungen direkt lesender, teilweise auch schreibender Zugriff genommen werden.

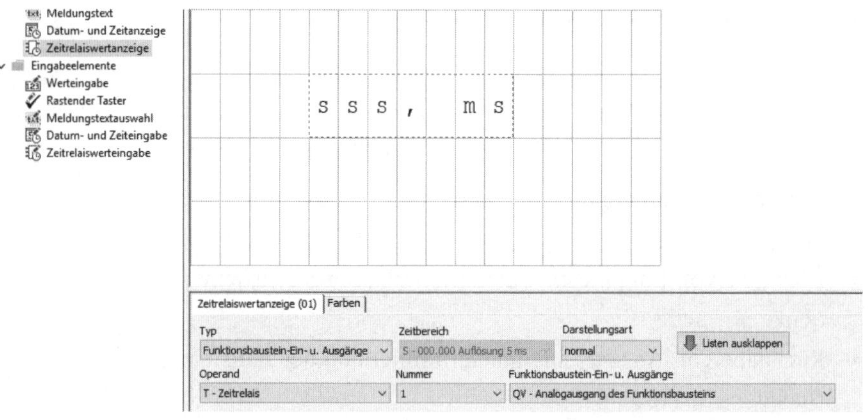

Abb. 7.1: In den Textrelais kann direkt auf die Parameter Zugriff genommen werden.

7.2.1 Zeitrelais – Betriebsarten / Funktionsarten

Die möglichen Funktionen eines Zeitrelais ist in allen Programmierarten gleich, darum sollen sie an dieser Stelle übergreifend dargestellt werden.

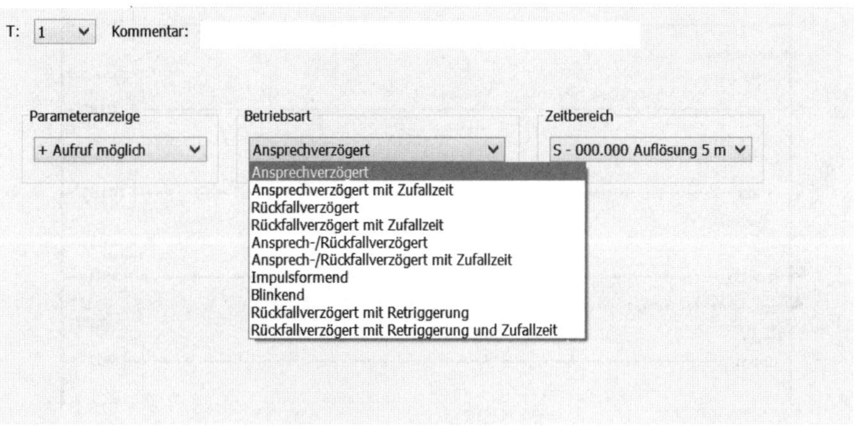

Abb. 7.2: Mögliche Betriebsarten des Zeitrelais

7.2.2 Zeitrelais (EDP)

Im EDP sind bei der Anwendung eines Bausteins 2 verschiedene Darstellungsebenen zu nutzen:

- Kontaktplan-Darstellung
- Die Baustein-Darstellung

Kontaktplan

Im Kontaktplan des EDP werden alle Bit-Zuweisungen und Abfragen durchgeführt. Sprünge in diesem Bereich bewirken eine Beeinflussung der Steuerung der Bausteine, aber nicht deren Ausführungen!

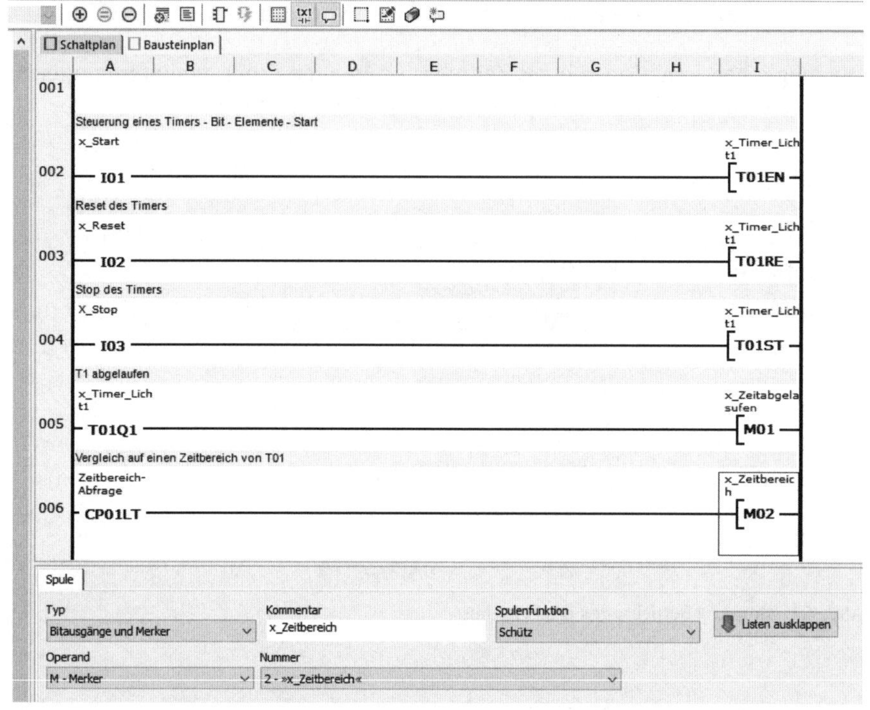

Abb. 7.3: Die Steuerung und Auswertung eines Zeitrelais im EDP-Kontaktplan

Übersetzung in den ST:

```
T01EN  := I01;
T01RE  := I02;
T01RE  := I03;
M01    := T01Q1 ;
```

Bausteinansicht - Bausteinplan

Im Bausteinplan kann der Timer in seinen Funktionen, Parametern und Verbindungen zu anderen Bausteinen festgelegt werden.

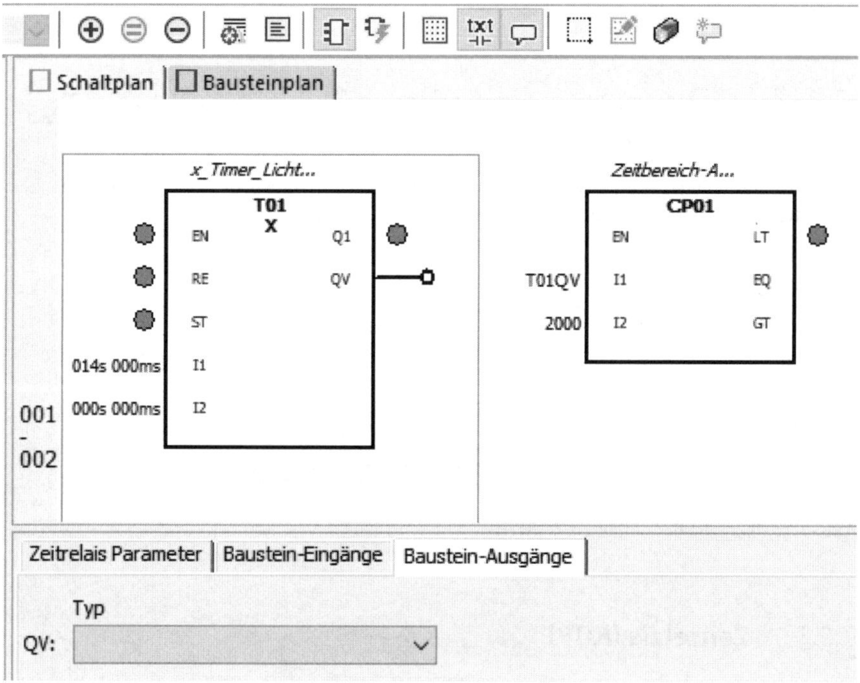

Schaltplan | Bausteinplan

x_Timer_Licht...
T01
X
EN Q1
RE QV
ST
014s 000ms I1
001 - 002 000s 000ms I2

Zeitbereich-A...
CP01
EN LT
T01QV I1 EQ
2000 I2 GT

Zeitrelais Parameter | Baustein-Eingänge | Baustein-Ausgänge
Typ
QV:

Abb. 7.4: Der Timer und ein Vergleicher in der Baustein-Ansicht

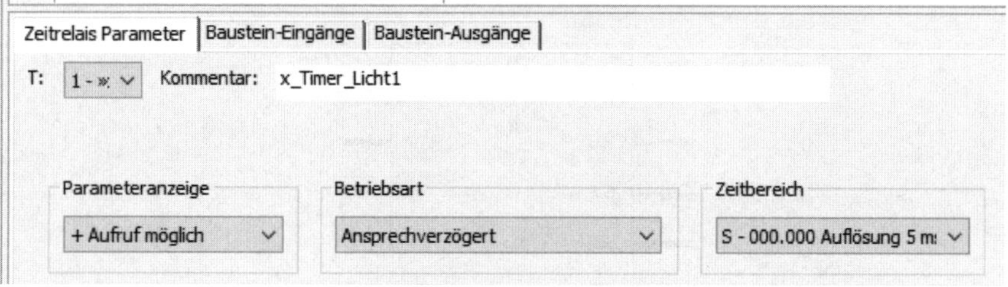

Abb. 7.5: Einstellung der Betriebsart bzw. Funktion des Zeitrelais, sowie die Einstellung des Zeitbereichs

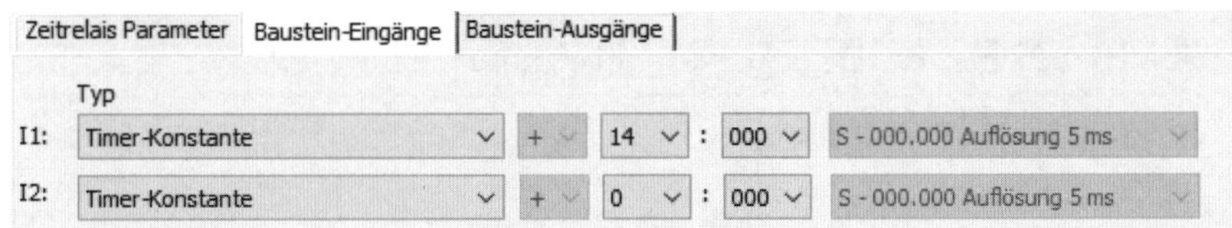

Abb. 7.6: Einstellung der Bausteinbarameter als Konstante, von Variablen (Merkern, Net-Merker-Byte, ...) oder direkte Datenübernahme aus anderen Bausteinen

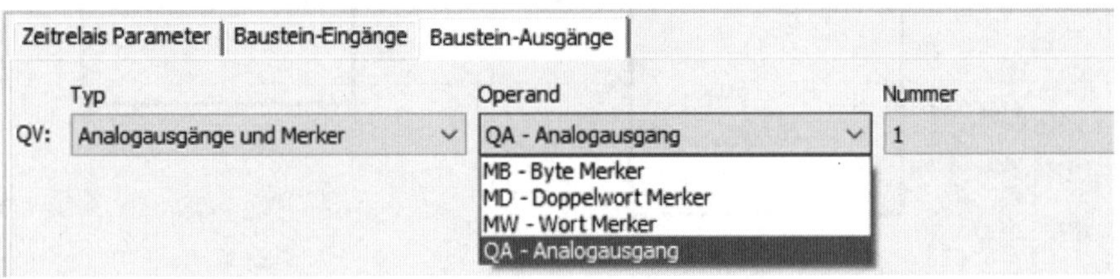

Abb. 7.7: Übergabe des aktuellen Zeitwerts

7.2.3 Zeitrelais (KOP)

Im modernen Kontaktplan werden die Bit-Verknüpfung und die Bausteindarstellung in einer Darstellungsebene realisiert.

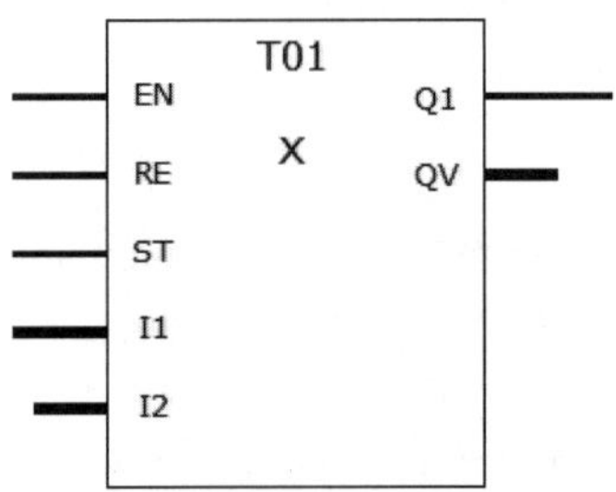

Abb. 7.8: Grundaufbau eines Zeitrelais bzw. Timers (gleich im FUP)

Es stehen Zeitrelais in unterschiedlichen Funktionen zur Verfügung:

Anwendung eines Zeitrelais im KOP

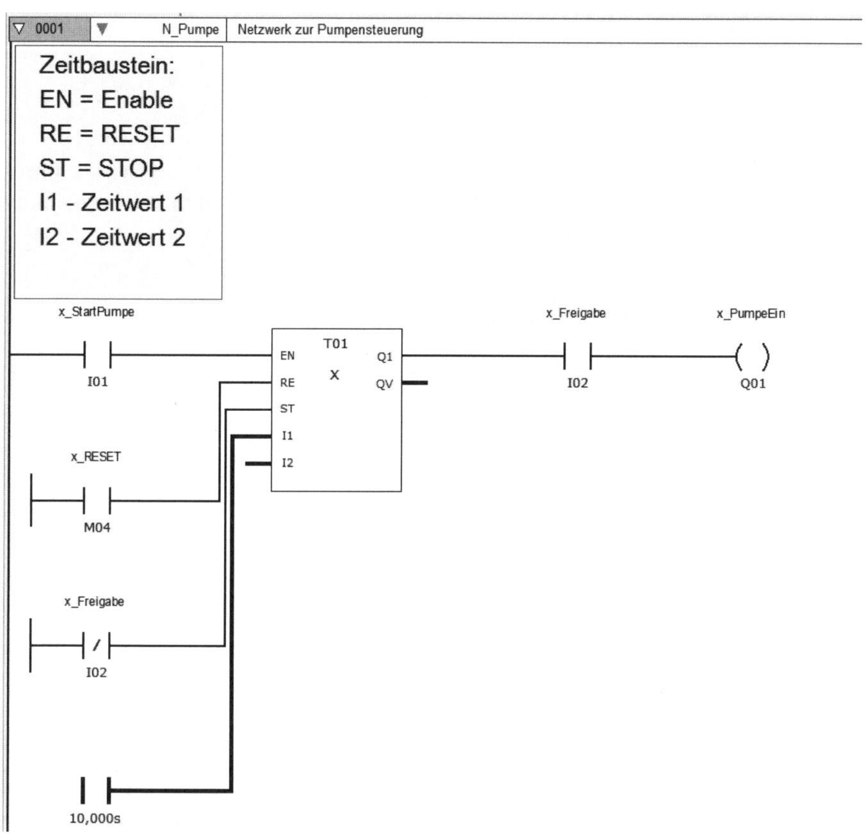

Abb. 7.9: Zeitrelais-Baustein im Kontaktplan mit Haftnotiz

7.2.4 Zeitrelais (FUP)

Die eigentliche Darstellung des Zeitrelais entspricht dem Kontaktplan, die Definition der Ansteuerungslogik des Zeitrelais entspricht jedoch den Sprachelementen des „Logikplans".

7.2.5 Zeitrelais (ST)

Anwahl des Baustein

Wenn im KOP oder FUP ein Baustein parametriert bzw. eingestellt werden soll, wird der Baustein mit dem Mauszeiger angewählt. Um die Parametrierung eines Bausteins im „ST" zu öffnen, muss der „Eingabepunkt" genau vor die Baustein-Bezeichnung gestellt werden.

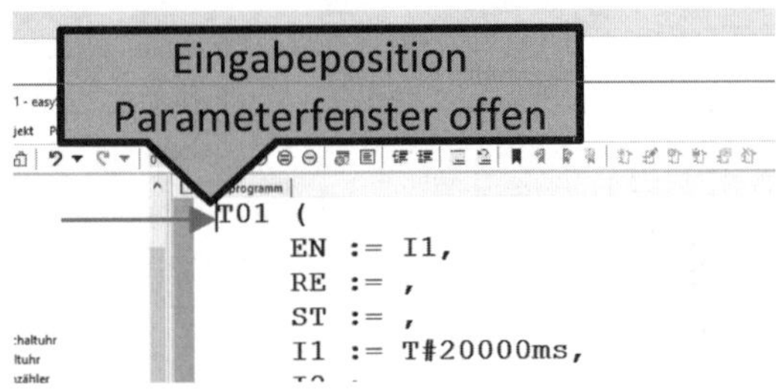

Abb. 7.10: Sobald der Cursor an der Position vor der Bausteinbezeichnung steht, öffnet sich das Parametrierfenster unterhalb der Programm-Ebene

7.3 Zählerbausteine

Bei den Zählerbausteinen ist zwischen den Standard-Zählern und den Zählern mit „impliziten" Zähler-Eingängen zu unterscheiden. Hinzu kommen noch die Zähler, die einen Interrupt auslösen können und damit eine Interrupt-Routine starten.

Mögliche Zähler:

- konventioneller Zähler
- Hochgeschwindigkeitszähler unter Nutzung „impliziter Eingänge"
- zählergesteuerter Interrupt mit Erstellung einer Interruptroutine

7.3.1 Zählerbausteine (ST)

An dem Baustein können die Zählrichtung gesteuert und obere sowie untere Grenzen gesetzt werden. Dieser Baustein ist in den Programmiermethoden EDP, KOP, FUP und ST verfügbar.

```
(* Steuerung eines Zählers *)

C01 (
      EN := I6,     // x_Freigabe Zähler
      C_ := I7,     // x_Zähleingang - Positive Flanke
      D_ := I8,     // x_Zählrichtung 0=vorw. 1=rückw.
      SE := I9,     // x_Pos.Fl. Übernahme des Vorwahlw.
      RE := I5,     // x_Reset des Zählers auf 0
      SH := MD50,   // dw_Oberer Grenzwert
      SL := MD51,   // dw_Unterer Grenzwert
      SV := MD52,   // dw_Vorgabewert (Pre Set) --> SE
      OF => M20,    // x_Overflow IST-Wert größer gleich oberer SOLL-Wert
      FB => M21,    // x_IST-Wert kleiner gleich unterer Sollwert
      CY => M22,    // x_Carry / Zählwert Überlauf
      ZE => M23,    // x_Zählwertwert gleich 0
      QV => MD53    // dw_Aktueller Zählwert
);
```

Abb. 7.11: Zählerbaustein in der Programmierform „ST“

7.4 Positionieren

In diesem Zusammenhang sollte unter Positionierung eher eine Verfahrsteuerung verstanden werden. Dennoch kann dieses Anwendungsgebiet sehr umfangreich sein, haben doch viele Untersuchungen gezeigt, dass zahlreiche Positionieraufgaben einfache Punktsteuerungen sind, mit einer maximalen Zählfrequenz von ca. 5 kHz.

Die Bedeutung derartiger Aufgaben steigt, da mit den preisgünstigen Kleinsteuerungen die Anzahl der Einsatzfälle wächst, bei denen Zustell- oder Einstellachsen statt pneumatisch oder elektrisch über mechanische Anschläge und Endschalter verfahren werden. Einfache Bewegungssteuerungen realisieren die gesamte Anlage flexibler und verkürzen die Einstell- und Rüstzeiten.

Teilweise werden auch keine Drehgeber eingesetzt, sondern kleine Initiatoren tasten Kettenglieder ab, bzw. es sind kleinere Nocken auf die Antriebswellen aufgesetzt. Auf diesem Wege lassen sich auch „A-B-Spuren“ nachbilden.

Ein besonderes Augenmerk sollte auf die Auswahl des Gebers und die Art der Zählung gelegt werden, da damit die Genauigkeit und die Zuverlässigkeit einer Zählung bestimmt wird. Aus diesem Grund sollte immer untersucht werden, ob ein einkanaliges Zählen ausreicht oder ob ein zweikanaliges Zählverfahren mit Phasendiskriminator vorzuziehen ist.

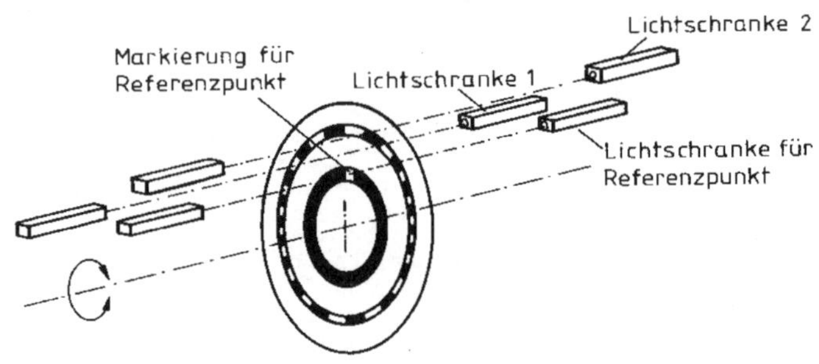

Abb. 7.12: Allgemeiner Aufbau eines zweikanaligen Zählers

7.4.1 Einkanaliges Zählen

Wenn ein Positioniervorgang ausschließlich in einer Richtung erfolgt, bzw. wenn es während des gesamten Verfahrens nicht zu einem Stopp kommt, reicht ein einkanaliges Zählsystem aus. Hier sind Fehlimpulse durch Vibrationen oder bei der Richtungsumkehr nicht zu erwarten.

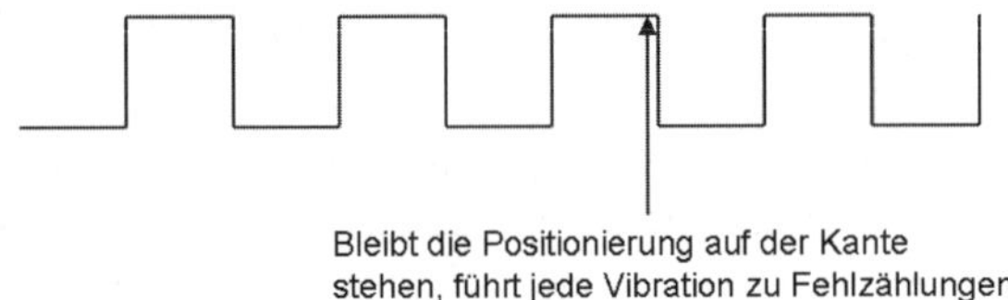

Abb. 7.13: Bei einem einkanaligen Zähler kommt es bei einem Stopp oder einer Richtungsumkehr zu Fehlzählungen.

7.4.2 Zweikanaliges Zählen

Wenn eine Bewegung die Richtung ändern kann oder ein Stopp der Anlage notwendig ist, sollte die Zählung zweikanalig (A-B-Spur) ausgeführt werden. In diesem Verfahren wird die Richtung des Zählens (Auf oder Ab) aufgrund der „Phasenlage“ der A-B-Impulse von der Elektronik selber erkannt und Fehlimpulse durch Vibration beim Stopp der Achse heben sich auf.

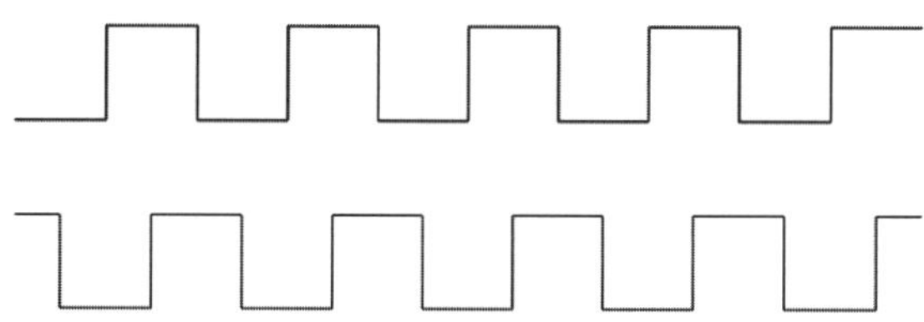

Abb. 7.14: Bei einem zweikanaligen Zähler wird bei entsprechender Auswertung jeder Zählfehler vermieden.

7.4.3 Berechnungen zu Frequenzen und Genauigkeiten

Die Auslegung der notwendigen Auflösung eines Gebers (Inkr./mm oder Inkr./µm) ist eine sehr häufige Aufgabenstellung. Dabei ist auszurechnen, wie viele Impulse je Wegeinheit ein Drehgeber abzugeben hat, um eine bestimmte Genauigkeit zu erreichen. Daraus resultiert dann bei einer vorgegebenen maximalen Verfahrgeschwindigkeit, ob die Grenzfrequenz des Zählers überschritten wird, das Zählverfahren bzw. der Lösungsansatz überhaupt zum Tragen kommen kann. Die Auflösung beim Zählen sollte ca. zehn Mal höher sein als die geforderte Genauigkeit (0,1 mm Genauigkeit entspricht je 0,01 mm/Impuls).

7.4.4 Betriebsarten

Bei den Positioniervorgängen unterscheidet der Anwender folgende Betriebsarten:

- Handbetrieb: Im freien Handbetrieb kann eine Achse über längere Strecken verfahren werden und die Richtung ist jederzeit veränderbar. Damit sind jedoch nur Genauigkeiten im mm-Bereich beim Verfahren erreichbar.
- Joggen/Handbetrieb: Beim Joggen soll die Achse sehr genau um einen vorgegebenen Wert bei jeder Freigabe verfahren werden. Dieses Verfahren kann mehrere Strecken beinhalten.

Beispiele:

- 10 Impulse
- 50 Impulse
- 100 Impulse
- 200 Impulse

Verfahren je Tastenbetätigung

- Verfahren mit Handrad: Bei diesem Verfahren wird ein Handrad eingesetzt, das bei jeder Drehung Impulse wie ein Drehgeber abgibt. Die Achse soll dann genau um die Impulse des Handrads verfahren.

Anmerkung:

Dieses Verfahren ist bei den Kleinsteuerungen nur eingeschränkt anwendbar, da dazu zwei schnelle Zählkanäle mit A-B-Spur notwendig wären (ein Zählkanal für die Verfahr-Achse und ein Kanal für das Handrad).

- Referenzieren: Es gibt verschiedene Verfahren, um eine Achse zu referenzieren. Häufig wird auf einen Endschalter gefahren, die Richtung gegebenenfalls gewechselt und dann mit niedriger Geschwindigkeit zur z-Marke verfahren. Auf der z-Marke wird das einstellbare Referenzmaß übernommen. Wenn dabei die jeweilige Endbegrenzung angefahren wird, ist die Richtung umzukehren. Derartige Vorgänge lassen sich wiederum gut in der Ablaufsprache (GRAFCET bzw. SFC) beschreiben.
- Positionieren – Ansteuerung der Motoren: Das Positionieren ist der eigentliche, automatisierte Vorgang, um vorprogrammierte Punkte mit einem Stellantrieb anzufahren. Um die Antriebsseite anzusteuern, kann in allen Kleinsteuerungen auf verschiedene Verfahren zurückgegriffen werden, die im Weiteren beschrieben sind.
- Möglichkeiten, die Antriebe anzusteuern:
  - zwei digitale Ausgänge mit Schnellgang (Eilgang, Fast, ...) oder Feingang (Schleichgang, Slow),
  - analoge Ansteuerung, z. B. Frequenzumformer,
  - PWM (Pulsweitenmodulation),
  - Puls-/Richtung (Schrittmotorprinzip).

7.4.5 Zähler mit impliziten Eingängen

Wenn Frequenzen gemessen, die Zählrichtung automatisch erkannt werden muss (inkrementales Zählen) oder die Zählfrequenz zu hoch ist, werden spezielle Bausteine verwendet, deren Eingänge nicht über das normale Prozessabbild der Ein-/Ausgänge aktualisiert werden. Diese Möglichkeit besteht nur für die Eingänge I1...I4 des Grundgeräts.

- Hochgeschwindigkeitszähler
  - Es sind 4 Zähler möglich, CH01 → I1; CH02 → I2; CH03 → I3; CH04 → I4

- Frequenzzähler
  - Es sind 4 Zähler möglich, CF01 → I1; CF02 → I2; CF03 → I3, CF04 → I4
- Inkrementalzähler
  - Es sind 2 Zähler möglich, CH01 → I1, I2; CH02 → I3, I4;

> Hinweis:
>
> Jeder Eingang darf nur einer Funktion zugewiesen werden. Wenn z. B. I1 zum schnellen Zählen verwendet wurde, darf dieser Eingang nicht mehr dem Frequenzmesser oder Inkrementalzähler zugewiesen werden.

7.5 Arithmetik- und Analogbausteine

Während im EDP, KOP, FUP spezielle Arithmetik-Bausteine benötigt werden, können im „ST" die Rechenoperationen direkt als Formel eingegeben werden.

7.5.1 Mathematik – Herstellerbausteine

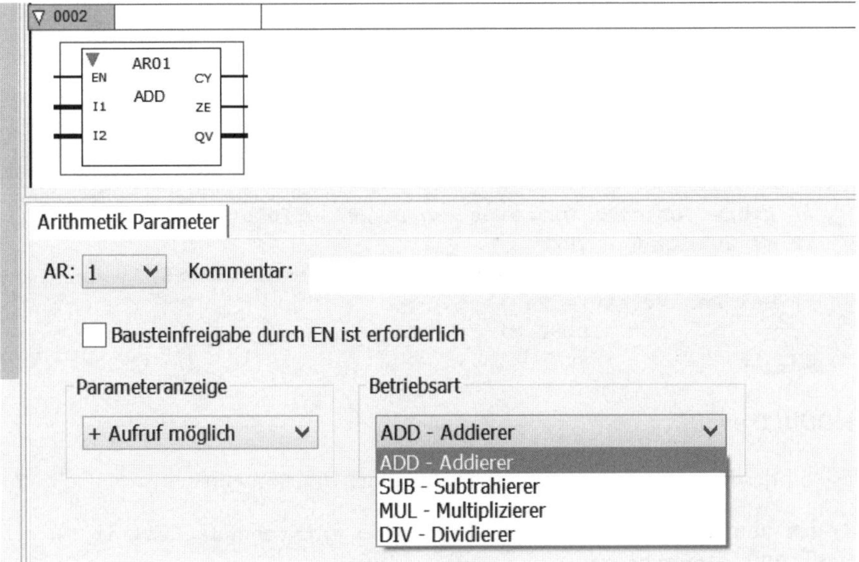

Fehler-Bit - Mathematik

- CY - Wertebereich wurde überschritten
- ZE - QV < 1 bzw. Wertebereich unterschritten

7.5.2 Mathematik im ST

Auch im Strukturierten Text sind die Arithmetik-Bausteine verfügbar. Da jedoch im ST vollständige Formeln eingegeben werden können, die durch Klammern erweiterbar und zu priorisieren sind, wird man von den Arithmetik-Bausteinen kaum Gebrauch machen.

Addition - Subtraktion

```
// Der Wert von MW 150 wird errechnet - Subtraktion
MW 150 := MW 200 - 5 ;
// Der Wert von MW 150 wird errechnet - Addition
MW 151 := MW200 + 20 ;
```

Multiplikation - Division

Beispiel im ST:

```
MW 152 := MW200 * 3 ;
MW 153 := MW 200 / 5 ;
```

Oder bei der Division durch eine Variable:

```
// Prüfe, ob eine Division durch „0" erfolgt
IF MW 201 <> 0   THEN
            MW 154 := MW200 / MW201 ; M1 := FALSE ;
// Bei Fehler setze Fehlerbit M1
                 ELSE M1 := TRUE ;
END_IF;
```

MODULO - MOD

Es soll der Rest berechnet werden, der bei einer Division entsteht.

```
// MW 200 wird durch 2 dividiert, der entstehende Rest in MW-
Wort 200 gespeichert
MW 155 := MW 200 MOD 2 ;
```

Hinweis:

Häufig angewendete Methode, um Zahlen in andere Zahlensysteme zu konvertieren, insbesondere in der Ausbildung verwendet.

Beispiele:

MOD 2 → Dualsystem

MOD 8 → Oktalsystem

MOD 16 → ...

7.5.3 LS01...LS32 Skalierung von Daten

Mit verschiedenen Möglichkeiten kann in der easyE4 ein Wert in andere physikalische Einheiten umgerechnet werden. Dabei bietet easyE4 durch das LS-Funktionsmodul einen Vorteil: Der Anwender muss die Steigung (Gain) und die Verschiebung aus dem Nullpunkt (Offset) nicht selber bestimmen (berechnen). Er muss lediglich zwei Messpunkte kennen: $(X_1|Y_1)$ (Minimum) und $(X_2|Y_2)$ (Maximum). Wenn die Punkte dem Baustein zugewiesen werden, berechnet der Baustein für jedes Xn das entsprechende Y_n.

Anmerkung:

Der Baustein führt gleichzeitig eine Wertebegrenzung durch, d. h.: Yn kann nicht kleiner werden als Y_1 und nicht größer als Y_2!

Die Berechnung von Yn gibt der Hersteller wie folgt an:

$Y(x) = X * (Y_2 - Y_1) / (X_2 - X_1) + (X_2 * Y_1 - X_1 * Y_2)$

Beispiel:

Von einem Messgeber zur Höhenstandsmessung ist bekannt:

2000 mV = 100 mm

8000 mV = 1750 mm

Welcher Höhe entsprechen 4232 mV?

Beispiel Programm

```
      LS01 (
TRUE      EN := TRUE,
4232      I1 := 4232, //  Xn [mV] Rohwert
2000      X1 := 2000, //  X1 [mV]
 100      Y1 := 100,  //  Y1 [mm]
8000      X2 := 8000, //  X2 [mV]
1750      Y2 := 1750, //  Y2 [mm]
 713      QV => MW100 //  Yn [mm] Skalierter Wert
      );
```

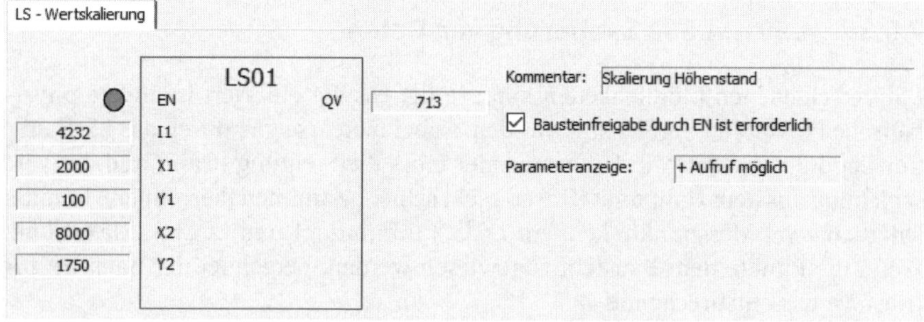

Abb. 7.15: Der LS-Baustein führt eine Skalierung und Wertebegrenzung durch.

7.6 Steuer- und Regelungsbausteine

Sobald die Aufgabenstellung besteht, eine physikalische Größe einzustellen und auch bei Störungen konstant zu halten, werden drei Anforderungen an ein Steuerungssystem deutlich:

- Aufnahme einer Sensorik, um die physikalische Größe erfassen zu können,
- Software-Bausteine, die einen entsprechenden Regelmechanismus verwirklichen, sowie
- Steuern des Aktors, der auf die physikalische Größe, die zu regeln ist, einwirkt.

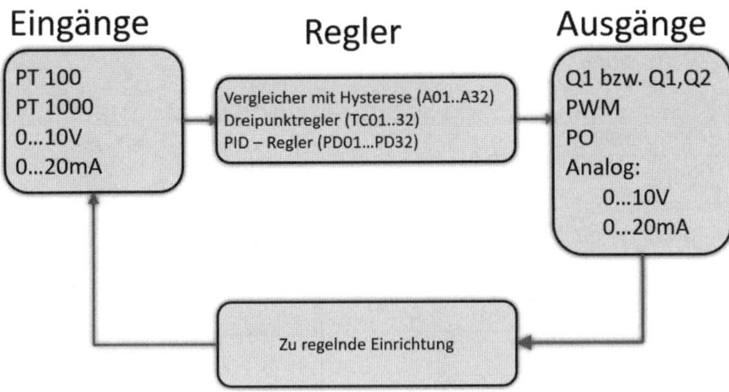

Abb. 7.16: Grundsätzliche Elemente einer Regelung

7.6.1 CP01...32 Vergleich

Der Kern jeder Regelung ist die Rückführung bzw. der „geschlossene Kreis" bzw. der Vergleich eines Istwerts mit einem vorgegebenen Sollwert. Die einfachste Möglichkeit diesen Vergleich durchzuführen ist der CP-Baustein.

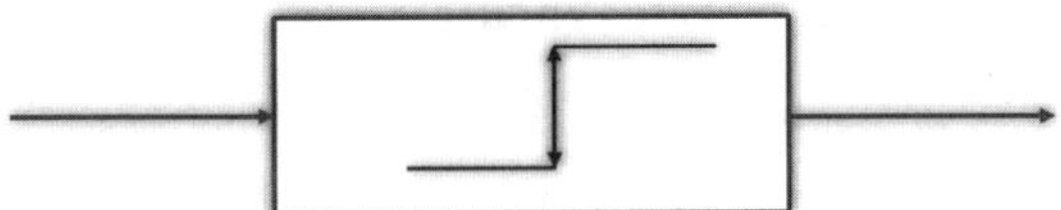

Abb. 7.17: Strukturbild des CP-Bausteins

```
      |  CP01 (
 TRUE |    EN := M16,   // x_Freigabe
   50 |    I1 := MW30,  // w_Analogeingang I1
    0 |    I2 := MW31,  // w_Analogeingang I2
FALSE |    LT => M17,   // x_I1 < I2
FALSE |    EQ => M18,   // x_I1 = I2
 TRUE |    GT => M19    // x_I1 > I2
      |  );
```

Abb. 7.18: Vergleicher-Baustein im Strukturierten Text

Im Strukturierten Text kann der Baustein natürlich jederzeit durch einen IF... THEN...-Ausdruck ersetzt werden. Daher wird der CP-Baustein häufiger im KOP oder FUP verwendet.

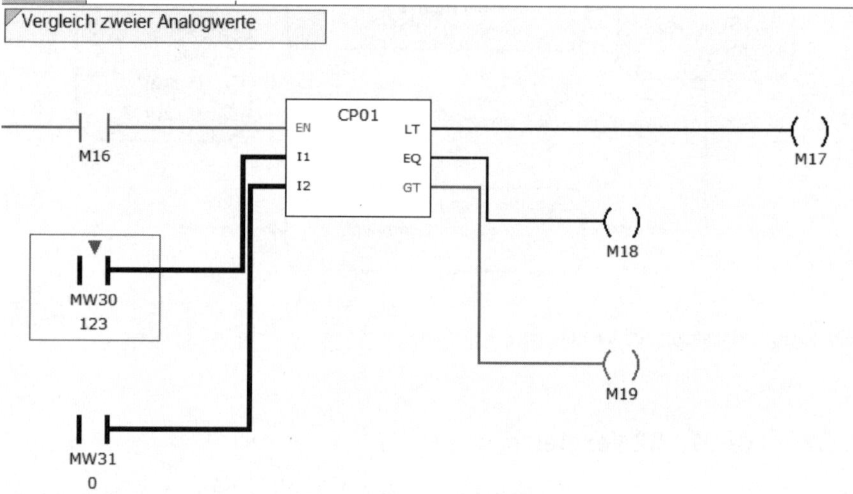

Abb. 7.19: Vergleicher-Baustein im Kontaktplan

7.6.2 A01...32 Analogwerte-Vergleicher

Der Analogwerte-Vergleicher gibt die erste Möglichkeit, eine einfache (unstetige) Regelung zu realisieren. Der Baustein ist in der Lage einen Vergleich zwischen einem Istwert und einem Sollwert durchzuführen und den Schaltvorgang mit einer Hysterese zu beaufschlagen.

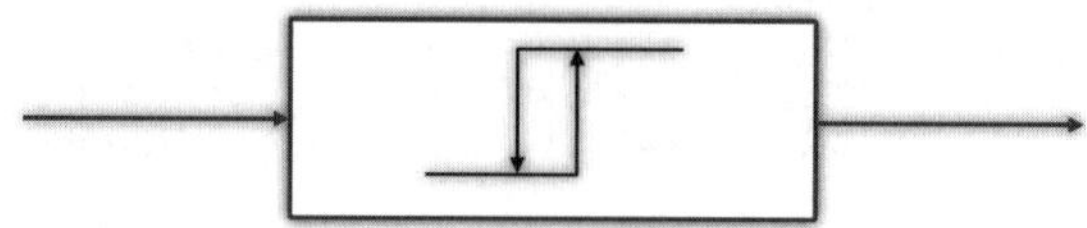

Abb. 7.20: Strukturbild des Zweipunktreglers

Analogwerte-Vergleicher im Kontaktplan

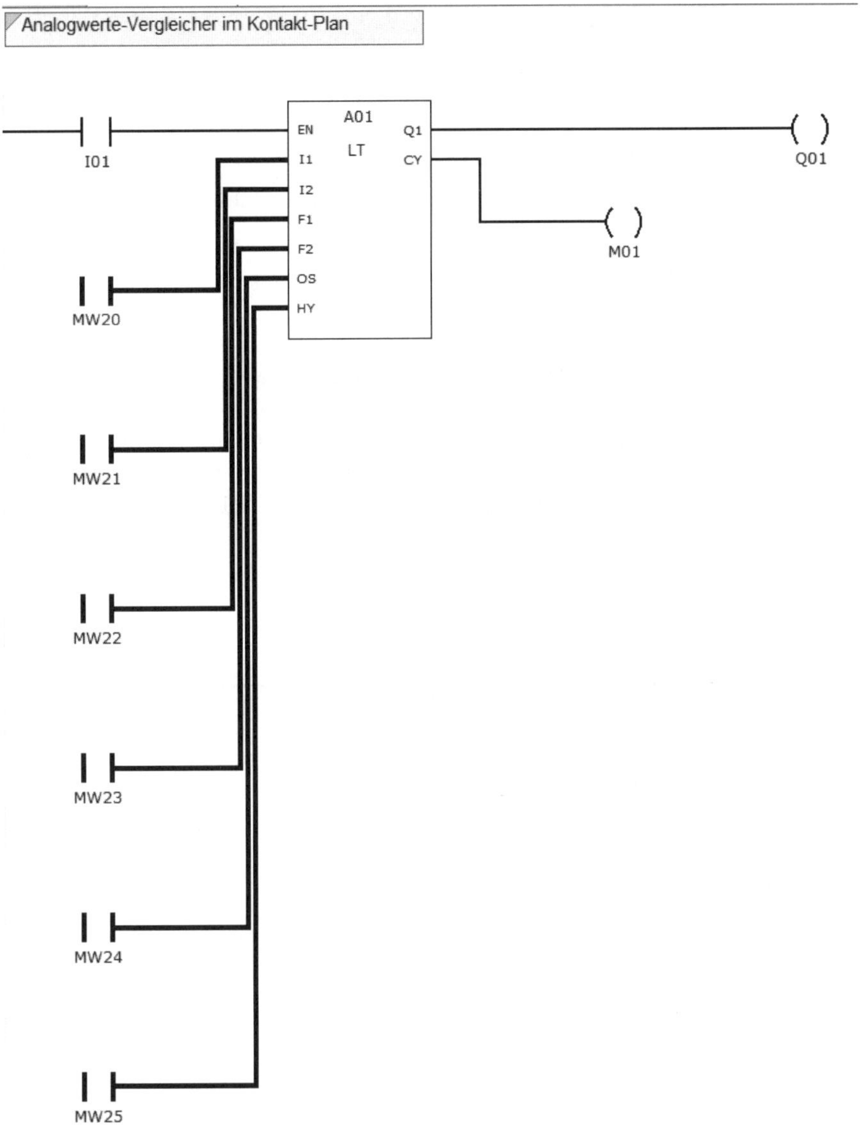

Abb. 7.21: Analogwerte-Vergleicher im Kontaktplan

Analogwerte-Vergleicher im Strukturierten Text

```
A01 (
  EN := I1,// x_Freigabe
  I1 := MW20, // w_WertEingang 1
  I2 := MW21, // w_WertEingang 2
  F1 := MW22, // w_Verstärkung I1
  F2 := MW23, // w_Verstärkung I2
  OS := MW24, // w_OffSet I1
  HY := MW25, // w_Hysterese
  Q1 => Q1, // x_Stellglied-Schaltausgang
  CY => M1  // x_Fehler Wertebereichsüberschreitung
);
```

Abb. 7.22: Analogwerte-Vergleicher im Strukturierten Text

7.6.3 TC-Baustein – Digitaler Dreipunktregler

Neu gegenüber einer easy800 ist der Dreipunktregler TC01...TC032 für die Regelungstechnik. Ein typischer Anwendungsbereich ist der Bereich HLK (Heizung, Lüftung, Klima). Er ist ein „unstetiger" Regler und wird häufig dort eingesetzt, wo ein Stellglied nur Ein/Aus oder Offen/Zu kennt.

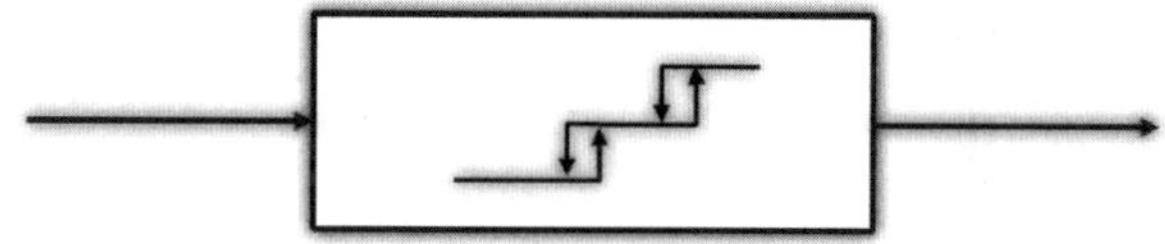

Abb. 7.23: Strukturbild des Dreipunktreglers

TC-Baustein – Funktionsbaustein

Dieser Baustein ist sowohl im Hauptprogramm als auch in einer UF anwendbar.

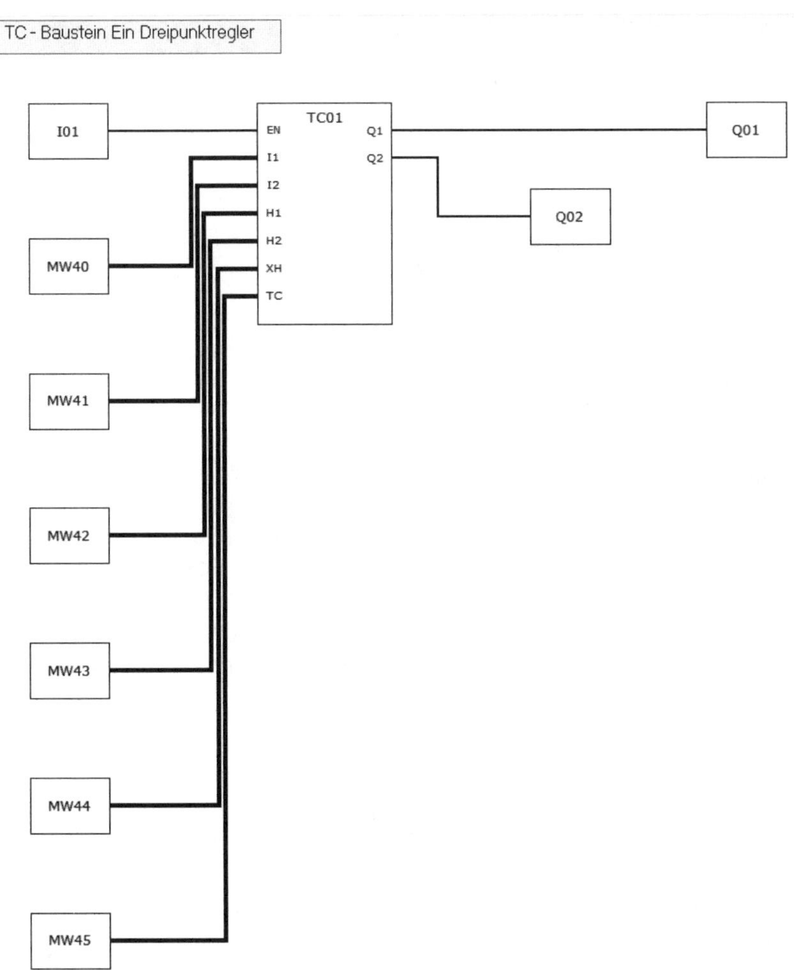

Abb. 7.24: Der TC-Dreipunktregler im Funktionsplan – nahezu gleich im Kontaktplan

TC-Baustein – Strukturierter Text

```
// Dreipunktregler -
// Anwendbar im Hauptprogramm
TC01 (
    EN := M20,   //  x_Freigabe
    I1 := MW40, //  w_Sollwert
    I2 := MW41, //  w_Istwert
    H1 := MW42, //  w_Hysterese 1
    H2 := MW43, //  w_Hysterese 2
    XH := MW44, //  w_Abstand zum Schaltpunkt
    TC := MW45, //  w_Zykluszeit
    Q1 => Q1,   // x_Ausgang 1
    Q2 => Q2    // x_Ausgang 2
  );
```

Abb. 7.25: Der TC-Baustein im Strukturierten Text

PID-Regler

Die easyE4 verfügt über einen Regelungs-Baustein, der bis zu 32 Mal instanziiert werden kann und PID-Eigenschaften hat. Der Anwender sollte jedoch beachten, dass der Baustein erheblich Rechenzeit benötigt und entsprechend die Zykluszeit beobachten. Frühere Einschränkungen durch die Anzahl der analogen Ein-/Ausgänge bestehen bei der easyE4 nicht mehr. Jede Charakteristika (P, PI, I, PID, PD, ID) ist jederzeit ein- und ausschaltbar.

Der Baustein:

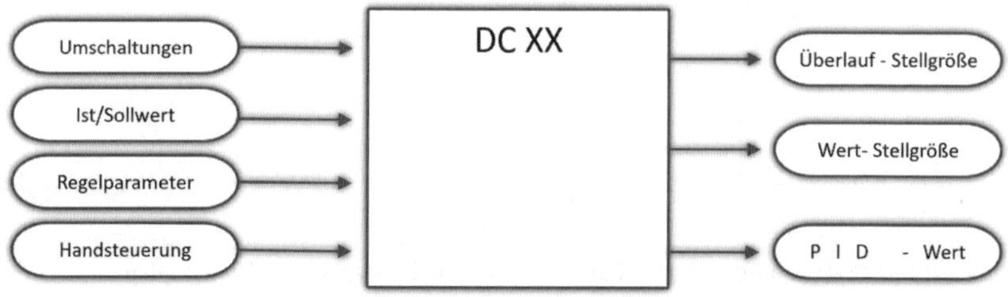

Abb. 7.26: Regelungs-Baustein

Die Möglichkeit, die Reglereigenschaften umschalten zu können, erlaubt viele neue Anwendungen. Zum Beispiel könnte beim Einschalten bzw. Start eines Regelungsprozesses der I-Anteil gesperrt werden und mit einem hohen KP begonnen werden. Wenn dann der Istwert dem Sollwert stärker angenähert ist, wird der KP reduziert und der I-Anteil aktiviert. So lassen sich Einschwingungsvorgänge erheblich reduzieren, die Zeit einer erheblichen Regelabweichung (Umschalten des Sollwerts) wird verkürzt und die Regelgüte stark verbessert.

Betriebsarten (gesteuert durch SE):

- Regelungsbetrieb
- Handbetrieb

Die Parameter des Bausteins:

- I1 = int_Sollwert
- I2 = int_Istwert
- KP = int_Propotionalverstärkung KP [%]
- TN = int_Nachstellzeit (0,1 s)
- TV = int_Vorhaltezeit (0,1 s)
- TC = int_Abtastzeit (0,1 s)
- MV = int_WertHandsteuerung
- EN = x_ReglerFreigabe
- EP = x_PAnteilAktiv
- EI = x_IAnteilAktiv
- ED = x_DAnteilAktiv
- SE = x_HandsteuerungAktiv
- QV = w_Ausgangswert
- LI = x_OverFlowStellgröße

Der Hersteller Eaton gibt die unteren Berechnungs-Formeln für den PID-Baustein an. Die Kenntnis dieser Formeln kann sowohl in der Ausbildung als auch in der Projektierung interessant sein, da sich das Verhalten des Reglers mit der Simulation überprüfen und vorausberechnen lässt. Mit der integrierten Aufzeichnungsfunktion in der Simulation, lassen sich zahlreiche Untersuchungen durchführen.

Kanal 1: IA 1 = Sollwert

Kanal 2: IA2 = Istwert

Kanal 3: QV = Ausgangswert – Stellgröße

Kanal 4: DC01EI = Aktivierung des I-Anteils des Reglers

In dem Regler wurde folgende Regelcharakteristik verwendet:

- P-Regler: Phase 1: 18 s bis ca. 8,8 s vor Aufzeichnungspunkt
- PI-Regler: Phase 2: 8,8 s bis 0 s vor Aufzeichnungspunkt

Phase 1: Zunächst eine große Abweichung (IA1 - IA2), ab 17,5 Sekunden steigt IA2 an, ab ca. 16,5 Sekunden wird QV kleiner. Bei ca. 15,8 Sekunden ist IA2 unwesentlich kleiner als IA1 und QV = minimal.

Bei ca. 9,9 Sekunden wird der I-Anteil eingeschaltet, obwohl IA - IA2 minimal ist, steigt QV ständig an (der I-Anteil wirkt) und erreicht bei ca. 4,8 Sekunden den Maximal-Wert.

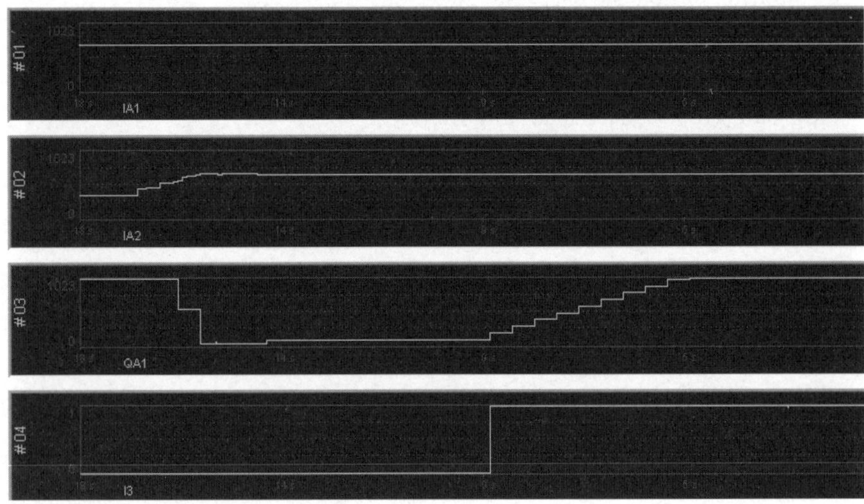

Abb. 7.27: Aufzeichnung der Stellgröße in Abhängigkeit von der Regelabweichung und der Regelcharakteristik (hier P- oder PI-Verhalten)

Die Stellgröße Y = QV wird berechnet nach der Formel:

$Y = Y_P + Y_I + Y_D$

Proportionalanteil $Y_P = K_P * (x_s(n) - x_i(n))$

x_s: Sollwert, x_i: Istwert, $(x_s(n) - x_i(n))$: Regelabweichung

Integralanteil $Y_I := K_P * T_C/T_N * (x_s(n) - x_i(n)) + Y_I(n-1)$

Anmerkung:

Wie zu sehen ist, wirkt K_P auch auf den I-Anteil. Daher sollte erst K_P festgelegt werden und anschließend möglichst konstant bleiben.

Weiterhin wirkt sich der Integralanteil nach folgendem Verhältnis aus: T_C/T_N (T_C: Abtastzeit, T_N: Nachstellzeit). Je länger die Abtastzeit ist und je kürzer die Nachstellzeit, desto stärker ist der Einfluss des I-Anteils, desto stärker wirkt er.

Differentialanteil Y_D := K_P * T_V/T_C * ($x_i(n\text{-}1)$ – $x_i(n)$)

Anmerkung:

Wie zu sehen ist, wirkt K_P auch auf den D-Anteil. Daher sollte erst K_P festgelegt werden und anschließend möglichst konstant bleiben.

Weiterhin wird der Betrag von Y_D von dem Verhältnis T_V/T_C beeinflusst. Dabei sollte ein Vergleich zu Y_I gemacht werden (je größer die Abtastzeit, desto größer der Wert, umgekehrt proportional beim D-Anteil).

Der Handbetrieb:

Sobald SE = „1" gesetzt wird, wird der Wert von MV an den Ausgang QV übertragen und nicht mehr die Daten, die der Regler errechnet hat. Das geschieht solange wie SE = 1 ist. Der Wert selber wird mit der positiven Flanke übertragen.

7.6.4 Regelung mit PWM (PW-Baustein)

Die Baustein-Puls-Weiten-Modulation dient häufig zu Ansteuerungszwecken in der Regelungstechnik. Sie ist eine sehr wirtschaftliche Methode, um Aktoren anzusteuern, ggf. mit Halbleiter-Relais.

Die Bausteine belegen Q1 = PW1 und Q2 = PW2. Diese Bindung ist fest (ähnlich wie bei schnellen Zählern, Frequenzmessungen oder integrierten Analogeingängen).

Der hier vorgestellte Baustein erlaubt es, die Mindesteinschalt- und -ausschaltzeit einzustellen und somit den externen, anzusteuernden Aktor (das Schütz) zu schonen. Werden diese Zeiten unterschritten (errechnete Zeit kürzer als die Ein- oder Ausschaltzeit), reagiert der Ausgang nicht und der Meldeausgang E1 wird gesetzt.

Der Baustein hat folgende Eingänge:

- EN: x_Freigabe
- SV: w_Sollwert
- PD: w_Periodendauer
- ME: w_MindestEinAusZeit

Ausgänge:

- E1: x_MinMaxZeitErr (* Mindesteinschaltzeit oder Auszeit unter-/überschritten *)
- Q1 oder Q2 implizit

Periodendauer: min. 5 ms, entsprechend 200 Hz

Damit wird die Frequenz zur Ansteuerung eines Aktors festgelegt. Bei einem konventionellen Schütz sollte diese Zeit eher im Sekundenbereich liegen, Frequenzen höher als 1 Hz wird der Anwender in der Regel mit Halbleiterschützen verwirklichen. Eine Angabe 0 ms führt dazu, dass keine Impulse ausgegeben werden.

Mindesteinschaltdauer: min. 0 ms

Wenn die Mindesteinschaltzeit unterschritten wird, wird der Ausgang nicht geschaltet. Bei der Angabe 0 ms beträgt diese Mindestzeit 0,1 ms.

Da die Einschaltzeiten sehr kurz sein können, sind die Ausgänge „implizit“, d. h. sie werden nicht besonders zugewiesen, sondern werden beim Aufruf des Bausteins automatisch belegt.

So kann easyE4 zwei Kanäle (Q1 und Q2) als PWM ansteuern.

7.7 Daten- und Registerbausteine

Um gezielt auf einzelne Variablen und Variablengruppen Zugriff nehmen zu können, stehen spezielle Bausteine zur Verfügung. Diese Bausteine können in KOP, FUP oder ST angewendet werden.

Mit den Möglichkeiten des ST und den Möglichkeiten der „gezeigerten“ Zugriffe auf die unterschiedlichen Variablen ergeben sich noch weit mehr Möglichkeiten.

7.7.1 DB-Bausteine

Neben den 512 Merkern, 512 Merker-Byte, 512 Merker-Worten und 256 Merker-Doppelworten stehen 32 DB-Bausteine zur Verfügung, in denen Werte im Doppelwort-Format gespeichert werden können. Diese gespeicherten Werte können „remanent“ eingestellt werden.

Mit dem Datenbaustein, bzw. Datentransferbaustein ist es jederzeit möglich, Parameter umzuschalten bzw. mit verschiedenen Werten zu belegen. Es ist zu beachten, dass die Ausführung flankengesteuert ist, d. h. der Befehl (die Datenübergabe) wird mit jeder positiven Flanke an dem Enable-Eingang des Bausteins ausgeführt. Die Funktion des Bausteins wird mit dem folgenden Diagramm aufgezeigt. Die Flankensteuerung kann auch deaktiviert werden.

Bei jeder positiven Flanke von I1 soll ein Wert von IA1 (I7) auf das Merkerbyte 20 (MB20) übertragen werden.

Wichtig!

Bei T_ ist die Kennung durch das „_“-Zeichen für eine Flankensteuerung integriert.

Da der DB-Baustein auf „remanent“ eingestellt werden kann, hat der Anwender die Möglichkeit, weitere Byte-, Wort- oder Doppelwortspeicher zu realisieren, ohne die Merker-Ebene zu nutzen.

Aufzeichnungs-Kanäle:

- Kanal 1: I1 – Steuerung des DB1-Übertragungsbaustein,
- Kanal 2: IA1 – aktueller Wert (Quelle),
- Kanal 3: QA-Speicher (Ziel) – analoger Ausgang,
- Kanal 4: MW 20: = IA 1* 60.

In dem unteren Diagramm ist sehr gut die Flankensteuerung für den DB*xx*-Baustein erkennbar. Nur wenn I1 mit einer positiven Flanke schaltet, wird der Wert von IA1 an QA1 weitergegeben.

Kanal 4 zeigt eine dynamische Übertragung des Werts von IA1 an das Merkerwort MW 20 mittels eines Arithmetik-Bausteins. Gleichzeitig wurde IA1 noch mit 60 multipliziert (zur besseren Ablesbarkeit). Damit hat der Anwender eine Alternative zur ereignisgesteuerten Übertragung von Werten durch die Arithmetik-Bausteine.

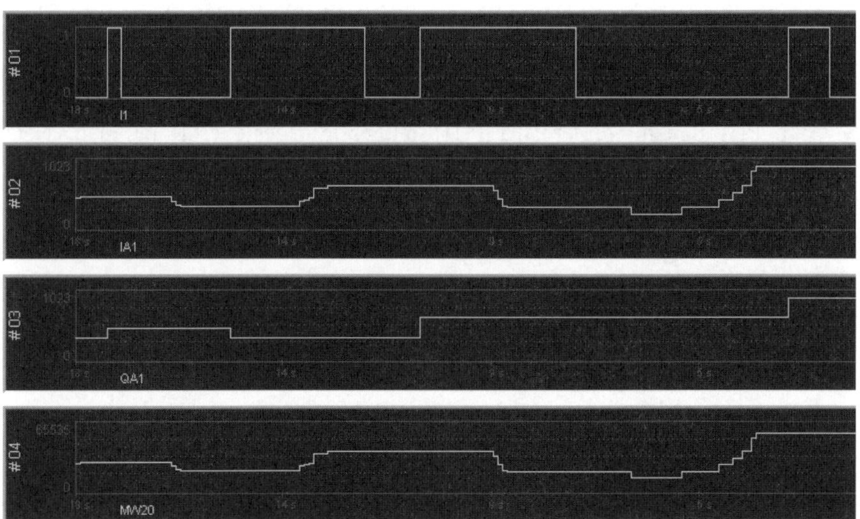

Abb. 7.28: Diagramm einer Datenübertragung des Kanal 3 DB1 (IA1 ⟶ QA1), gesteuert von I1 (Kanal1) und IA1 * 60⟶ MW20 in Kanal 4

Beispiel für den Aufruf eines DB-Bausteins im ST

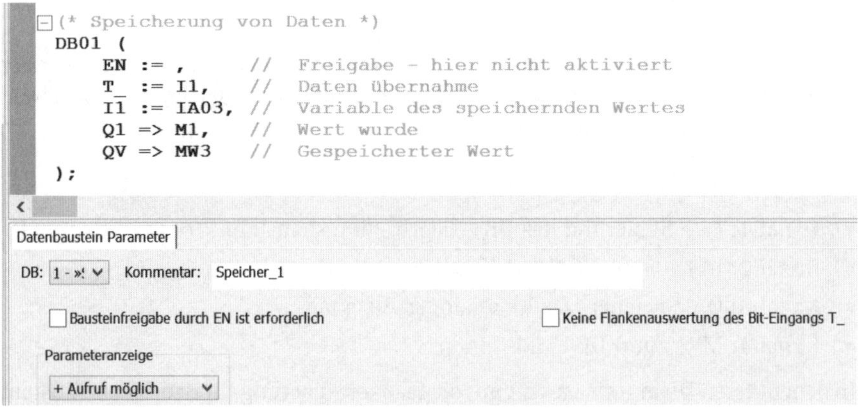

```
(* Speicherung von Daten *)
DB01 (
    EN := ,      //  Freigabe - hier nicht aktiviert
    T_  := I1,   //  Daten übernahme
    I1  := IA03, //  Variable des speichernden Wertes
    Q1 => M1,    //  Wert wurde
    QV => MW3    //  Gespeicherter Wert
);
```

Datenbaustein Parameter

DB: 1 - »! Kommentar: Speicher_1

☐ Bausteinfreigabe durch EN ist erforderlich ☐ Keine Flankenauswertung des Bit-Eingangs T_

Parameteranzeige

+ Aufruf möglich

Der Baustein kann ebenso im KOP, FUP, ST und EDP angewendet werden.

7.8 NET-Bausteine

Neben den Bit-Variablen SN und RN, sowie den NET-Variablen, dienen die GT*xx*- und PT*xx*-Bausteine zur Informationsübertragung zwischen den easyNET-Teilnehmern. Weitere Details und Beispiele befinden sich im Kapitel 9 „Vernetzung".

- PT*xx* PUT-Bausteine: Der PT*xx* (PUT) stellt ereignisgesteuert Daten in das Netz.
- GT*xx* GET-Bausteine: Der GT*xx* (GET) liest die Daten des PUT aus dem Netz.
- SC01-Bausteine: Um die Zeit bzw. Uhrsysteme aller easyNET-Teilnehmer innerhalb eines Netzes zu synchronisieren, steht der SC01-Baustein zur Verfügung

7.9 Sonstige Bausteine

7.9.1 Datenlogging DL1

Eine wichtige Erweiterung ist die Möglichkeit, Daten auf eine microSD-Karte zu schreiben. Jeder geschriebene Datensatz enthält:

- Zähler (Ordnungsnummer)
- Datumsstempel
- Zeitstempel hh:mm:ss
- Zeitstempel ms
- Zustände der Triggereingänge des Funktionsbausteins T1...T4
- Werte an den analogen Baustein-Eingängen I1...I4

DL01-Baustein im ST

```
DL01 (
    EN := , // Freigabe - Optional
    T1 := I1, // x_Trigger 1
    T2 := I2, // x_Trigger 2
    T3 := I3, // x_Trigger 3
    T4 := P1, // x_Trigger 4
    I1 := MD100,  // di_Var1
    I2 := MD101,  // di_Var2
    I3 := MD103,  // di_Var3
    I4 := MD104,  // di_Var4
    RY => , // = True --> Bereit
    BY => , // = True --> Keine Aufz. möglich
    E1 => // Fehler TRUE --> Keine Karte
);
```

Abb. 7.29: Der Baustein DL01 im „ST"

Baustein-Parameter

Unter „Datenlogger Parameter" sind einzustellen:

- Enable erforderlich?
- Verzeichnisname der Logdatei
- Speichermodus bzw. Art des Logging
  - Ringpuffer
  - bis Anzahl Log-Dateien erreicht
- Anzahl Dateien je Log-Session
- Anzahl Datensätze je Log-Datei
- das Delta jedes Analogwerts, das zur Aufzeichnung führt

Datenlogger Parameter

DL: 1 Kommentar:

☐ Bausteinfreigabe durch EN ist erforderlich

Log-Session

Verzeichnisname der Log-Session:

Speichermodus: Bis Anzahl Log-Dateien erreicht

Anzahl Dateien je Log-Session: 1000

Anzahl Datensätze je Log-Datei: 10000

Aufzeichnen bei Änderung der Eingangswerte um

Δ I1 00000 Δ I2 00000 Δ I3 00000 Δ I4 00000

Abb. 7.30: Parameter des Bausteins „DL01 – Datenlogger"

Datenformat – Datenlogger

Die Daten können mit einem einfachen Texteditor geöffnet werden. Als Trenner zwischen 2 Daten wird das Semikolon verwendet.

TEST_1_000 - Editor

Datei Bearbeiten Format Ansicht ?

```
Counter;Date;Time;Time (ms);DL01T1;DL01T2;DL01T3;DL01T4;DL01I1;DL01I2;DL01I3;DL01I4
00000000;03.01.2019;17:01:13;013;0;0;0;0;1993;0;0;0
00000001;03.01.2019;17:01:26;806;1;0;0;0;1993;0;0;0
00000002;03.01.2019;17:01:31;714;0;1;0;0;1993;0;0;0
00000003;03.01.2019;17:01:35;718;1;0;0;0;1992;0;0;0
00000004;03.01.2019;17:01:39;984;1;0;0;0;1992;0;0;0
00000005;03.01.2019;17:01:42;519;0;1;0;0;1993;0;0;0
00000006;03.01.2019;17:02:20;425;0;1;0;0;1993;0;0;0
00000007;03.01.2019;17:02:22;306;0;1;0;0;1993;0;0;0
00000008;03.01.2019;17:02:26;661;1;0;0;0;1993;0;0;0
00000009;03.01.2019;17:02:30;022;1;0;0;0;1993;0;0;0
00000010;03.01.2019;17:02:32;446;1;0;0;0;1993;0;0;0
```

	A	B	C	D	E	F	G	H	I	J	K	L
1	Counter	Date	Time	Time (ms)	DL01T1	DL01T2	DL01T3	DL01T4	DL01I1	DL01I2	DL01I3	DL01I4
2	0	03.01.2019	17:01:13	13	0	0	0	0	1993	0	0	0
3	1	03.01.2019	17:01:26	806	1	0	0	0	1993	0	0	0
4	2	03.01.2019	17:01:31	714	0	1	0	0	1993	0	0	0
5	3	03.01.2019	17:01:35	718	1	0	0	0	1992	0	0	0
6	4	03.01.2019	17:01:39	984	1	0	0	0	1992	0	0	0
7	5	03.01.2019	17:01:42	519	0	1	0	0	1993	0	0	0
8	6	03.01.2019	17:02:20	425	0	1	0	0	1993	0	0	0
9	7	03.01.2019	17:02:22	306	0	1	0	0	1993	0	0	0
10	8	03.01.2019	17:02:26	661	1	0	0	0	1993	0	0	0
11	9	03.01.2019	17:02:30	22	1	0	0	0	1993	0	0	0
12	10	03.01.2019	17:02:32	446	1	0	0	0	1993	0	0	0

Abb. 7.31: Gespeicherte Daten in einem einfachen Texteditor und in EXCEL

Auswertung der geschriebenen Daten

Jede Software, die mit dem Format arbeiten kann, ist auch in der Lage, die Daten weiter zu verarbeiten und grafisch darzustellen. Zu diesen gehören u. v. a. Excel, OpenOffice, Access, ...

> **Hinweis:**
>
> Der Baustein zum Datenlogging gehört zu den Herstellerbausteinen, die nur im Hauptprogramm anwendbar sind. Es gibt nur einen Baustein, wenn mehrere Schreibfunktionen nacheinander auszuführen sind, so ist ein entsprechender Algorithmus ggf. in einem Anwenderbaustein zu erstellen.

7.9.2 Alarmierung AL01...32

Der Alarmierungsbaustein bietet die Möglichkeit, E-Mail-Nachrichten zur Benachrichtigung und Alarmierung zu verschicken.

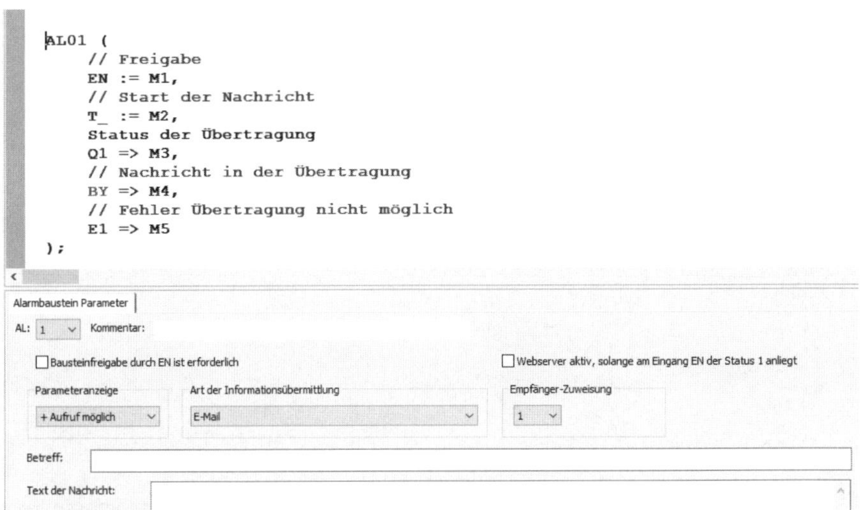

Abb. 7.32: Eine E-Mail-Nachricht wird als Informationsmittel verwendet.

Um diese Möglichkeiten anwenden zu können, müssen unter [Projekt] → [E-Mail] die entsprechenden Einstellungen vorgenommen werden.

Geräteinformationen | Systemeinstellungen | Sicherheit | Uhr | NET | Ethernet | Webserver | Modbus | E-Mail | Zugeordnete Operanden | Geräteeigenschaften
E-Mail Empfänger
Empfängergruppe 1:
Empfängergruppe 2:
Empfängergruppe 3:
Systemmeldungen
easyNet-Fehler aufgetreten
Betriebszustand verändert
Programm gelöscht
Senden an Empfängergruppe:
Mailserver Einstellungen
IP-Adresse:
DNS-Name:
Mailserver Domäne:
E-Mail Service-Port: 25
Verbindungssicherheit: unverschlüsselt
Login-Name:
Login-Passwort:

Abb. 7.33: Unter Projekt sind zuvor die entsprechenden E-Mail-Einstellungen vorzunehmen.

> **Hinweis:**
>
> Der Baustein zur Alarmierung gehört zu den Herstellerbausteinen, die nur im Hauptprogramm anwendbar sind. Es werden 32 Bausteine angeboten, wenn mehrere Sendefunktionen nacheinander auszuführen sind, so ist ein entsprechender Algorithmus zur Überwachung und Steuerung ggf. in einem Anwenderbaustein zu erstellen.

7.9.3 Interrupt-Bausteine

Das Konzept easyE4 umfasst auch eine umfangreiche Interrupt-Verarbeitung. Die Interrupt-Routine wird stets in der Sprache programmiert, aus der sie aufgerufen wurde bzw. in der das Hauptprogramm programmiert ist.

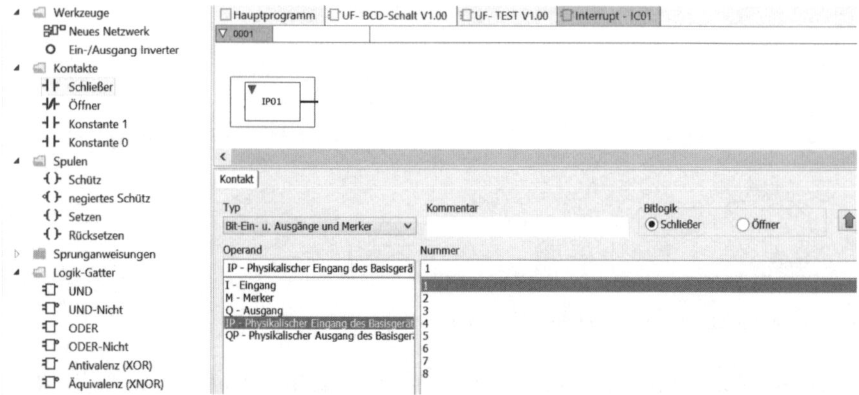

Abb. 7.34: Beispiel zur Erstellung einer Interrupt-Routine – aufgerufen aus einem Funktionsplan

Diese Möglichkeiten machen dieses Steuerungssystem auch für den Maschinenbau hochinteressant. Die Zykluszeit des Steuerungssystems ist bereits sehr günstig und für eine Kleinsteuerung außergewöhnlich kurz.

IC – Zählergesteuerter Interrupt

Interrupt-Bausteine erlauben zahlreiche unterschiedliche Funktionalitäten, die als Parametrierung eingestellt werden können. Ebenso können die Eingänge der Bausteine mit ihren Funktionen frei ausgewählt werden.

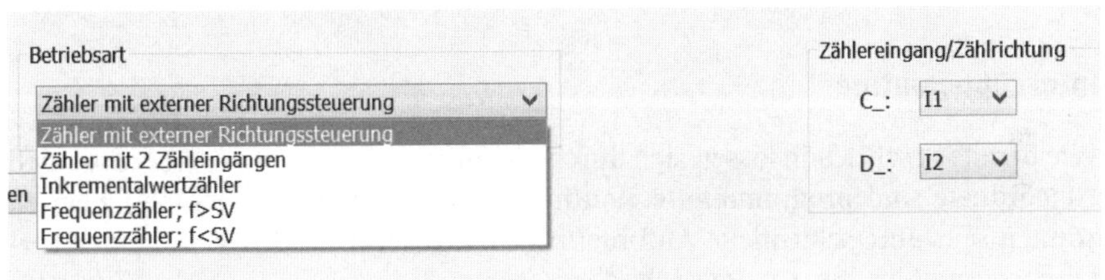

Abb. 7.35: Die Möglichkeiten der Funktionen des Bausteins IC

IE – Flankengesteuerter Interrupt

Die physikalischen Eingänge I1...I8 des Grundgeräts können mit positiver, negativer oder beiden Flankenarten einen Interrupt auslösen.

Abb. 7.36: Auswahl des Eingangs und die Art des Ereignis, der einen Interrupt auslösen soll

Dieser Interrupt kann zeitlich über TD verzögert werden. QV gibt an, wie weit die Zeit abgelaufen ist, der Eingang RE des Bausteins löst einen RESET der Interrupt-Zeit aus.

IT – Zeitgesteuerter Interrupt

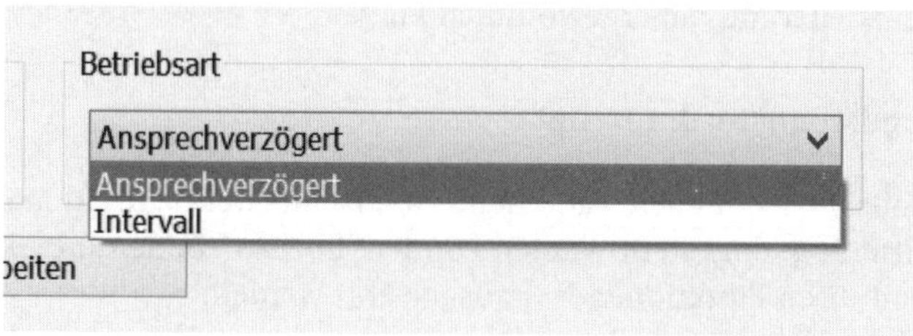

Interrupt-Routine

Wie bereits beschrieben lassen sich durch die unterschiedlichen Interrupte speziell zugeordnete und programmierte Routinen aufrufen. Mit diesen Möglichkeiten können sehr unterschiedliche Anforderungen abgedeckt werden – von einer Verfahrsteuerung bis hin zu einer schnellen Task.

7.9.4 ST01 – Sollzykluszeit

Die Zykluszeit ist normalerweise schwankend, da die abzuarbeitenden Anweisungen in jedem Zyklus in der Anzahl schwanken und auch die Abarbeitungszeiten der einzelnen Befehle unterschiedlich sind. Sehr stark werden diese Schwankungen, wenn Schleifen-Konstrukte (For...Next, Repeat ..., WHILE...DO) verwendet werden.

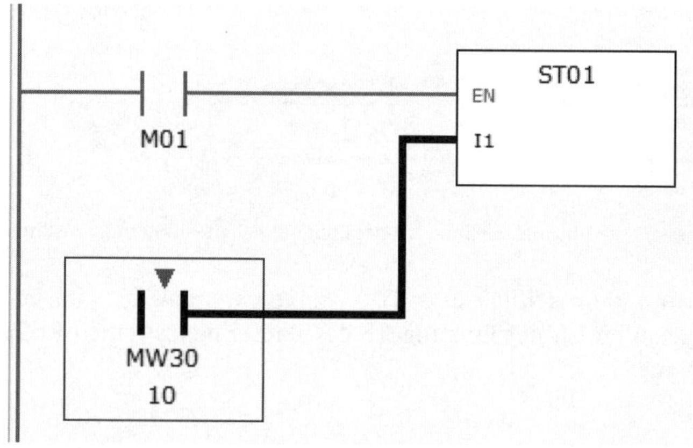

Abb. 7.37: Steuerung einer festen Zykluszeit (hier 10 ms)

ST01 – Anwendung Bewegungssteuerungen

Wenn Antriebe gesteuert werden, besteht stets ein Zielkonflikt zwischen der Leistungsfähigkeit einer Einrichtung und der Schonung von Antrieben, Bremsen und beeinflussten Produkten (transportierte Lebensmittel usw.). Daher ist es sehr interessant, bei notwendigen Geschwindigkeitsänderungen optimierte bzw. angepasste Rampen zu verwenden.

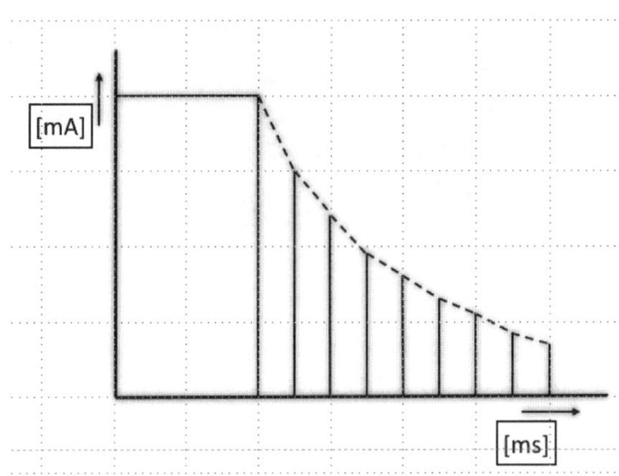

Abb. 7.38: Eine Rampe, erzeugt durch konstante Zykluszeit und indirekte Adressierung

Um Beschleunigungs- und Bremsrampen zu erzeugen, sind konstante Zykluszeiten eine Grundvoraussetzung. Das zweite Werkzeug zur Realisierung ist die Möglichkeit der indirekten Adressierung.

> **Beispiel:**
>
> Zur Anpassung und Korrektur der Bremsfunktion könnten die einzelnen Stützpunkte mit einem Off-Set oder einem Korrekt-Faktor überlagert werden. Aber auch das Verkürzen/Verlängern der Zykluszeit verändert die Eigenschaften der Beschleunigung (a- oder a+).

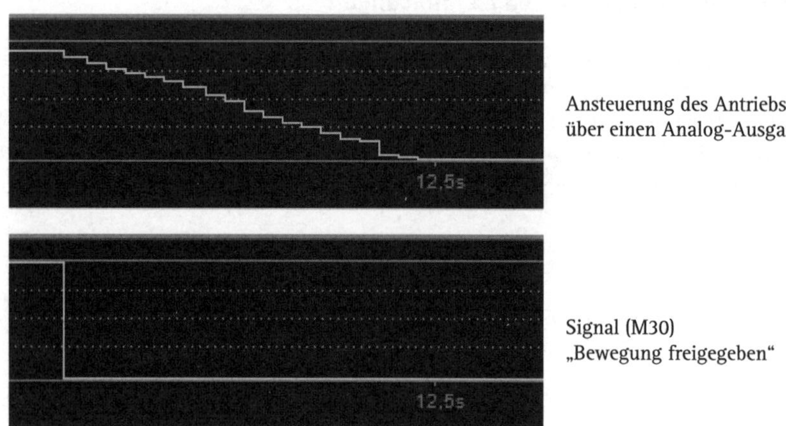

Abb. 7.39: Aufzeichnung einer Bremsrampe

Die Stützpunkte der Bremsrampe können vorgegeben oder in einem Schleifen-Konstrukt nach einer Formel berechnet werden.

```
// Initialisierung der Stützpunkte
MW60 := 1900 ;
MW61 := 1800 ;
MW62 := 1700 ;
MW63 := 1600 ;
MW64 := 1550 ;
MW65 := 1470 ;
MW66 := 1340 ;
MW67 := 1200 ;
MW68 := 1080 ;
MW69 :=  900 ;
MW70 :=  800 ;
MW71 :=  700 ;
MW72 :=  600 ;
MW73 :=  500 ;
MW74 :=  400 ;
MW75 :=  350 ;
MW76 :=  100 ;
MW77 :=   50 ;
MW78 :=   30 ;
MW79 :=   0 ;
```

```
// Initialisierung bei Kaltstart
IF MB58 = 0 THEN MB58 := 5 ; MB59 := 60;
END_IF ;

// Antrieb verfahren
IF M30   THEN   MW100 := 2000 ;
                      MB59 := 60 ;
                ELSE   MW100 := MW[MB59];
                      MB59 := MB59 + 1 ;
END_IF ;

// Begrenzen des Zeigers
IF MB59 > 79 THEN MB59 := 79;
END_IF;

// Steuerung der Zykluszeit
ST01 (EN := NOT M30,
       I1 := MB58 );

// Zur Visualisierung wird der Wert mit 30 multipliziert
MW101 := MW100 * 30;
```

8 Anwender-Funktionsbausteine

Die Gründe einen eigenen Funktionsbau zu generieren, mögen unterschiedlich sein. Dennoch bilden sich 4 Kategorien heraus, die zu einem eigenen Funktionsbaustein führen:

- Standardisierte Ansteuerungen und Überwachungen einer Aktorgruppe (Pumpen, Förderantriebe/Gruppen uvm.)
- Eine Anforderung benötigt Möglichkeiten, die im Kontakt oder Funktionsplan nicht zu realisieren sind.
- Ein vorhandener Hersteller-Funktionsbaustein benötigt unnötig Ressourcen.
- Die vorhandenen Hersteller-Funktionsbausteine entsprechen nicht den Anforderungen.

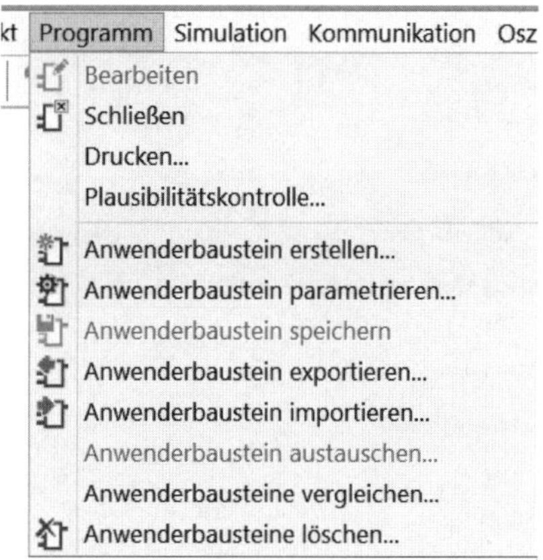

Abb. 8.1: Werkzeuge zum Erstellen, verwalten und exportieren/importieren

> **Hinweis zur Namensgebung:**
>
> Es wird teilweise von Funktionen gesprochen, tatsächlich handelt es sich um Funktionsbausteine. Funktionen haben kein „Gedächtnis" bzw. keinen eigenen Speicher. UFs haben jedoch eigene Merker, Merker-Byte usw., die sogar remanent eingestellt werden können.

8.1 UF – Basis – Systemgrenzen

- UFs (User Funktionsbausteine) können nur im Hauptprogramm aufgerufen werden – nicht in einer UF!
- Es können gemischt max. 12 Eingänge und 12 Ausgänge digital und/oder analog für einen Funktionsbaustein definiert werden.
- Wenn eine UF im Hauptprogramm angewendet wurde, erscheint sie beim Parametrieren als „fixiert", d. h. zum Beispiel dass die Anzahl der Ein-/Ausgänge nicht mehr geändert werden kann. Sind nachträglich Änderungen nötig, wird der angewendete Baustein „auskommentiert" – die Änderungen vorgenommen – anschließend die „Auskommentierung" aufgehoben. Eine „fixierte" Baustein-Schnittstelle ist auch ein Hinweis für eine Verwendung des Bausteins im Programm.

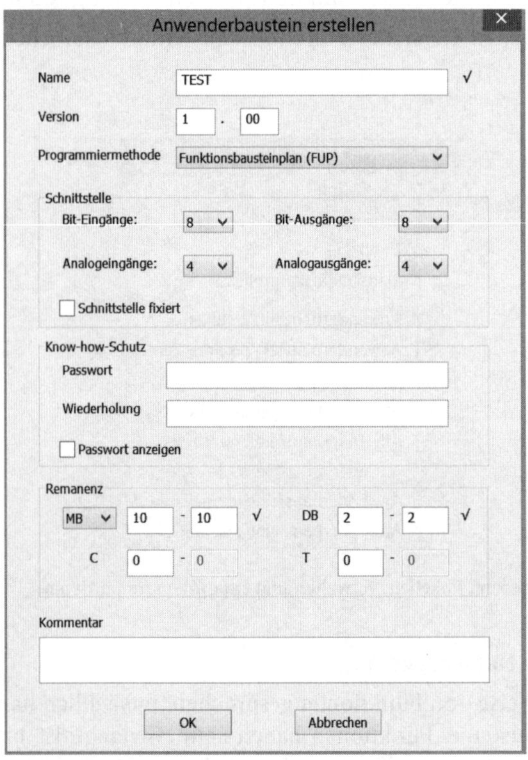

Abb. 8.2: Zu Beginn der Erstellung wird die Basis festgelegt.

- Remanente Daten: Eine UF kann auch eigene „remanente Daten“ besetzen. Es ist jedoch zu berücksichtigen, dass jedes Gerät in Summe nur 400 remanente Merker-Byte besitzt! Es ist daher zu beachten, dass mit jeder Anwendung einer UF, die darin festgelegten, remanenten Merker-Byte von der Gesamtsumme abzuziehen sind!

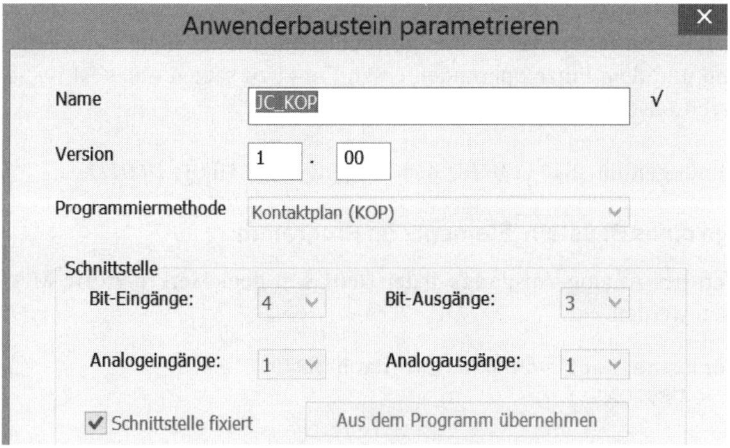

Abb. 8.3: UF wurde angewendet, der Schnittstellenbereich ist „fixiert“

8.1.1 Einschränkungen

Nicht alle Hersteller-Bausteine sind in den UFs verwendbar, hier erfolgt ein Überblick. Prinzipiell kann gesagt werden, dass es sich um Bausteine handelt, die direkt auf die Hardware einwirken.

Zu den nicht anwendbaren Herstellerbausteinen gehören:

- D – Textrelais
- ST – Sollzykluszeit
- DL – Datenlogger
- AL – Alarmbaustein
- PW – Pulsweitenmodulation
- PO – Impuls
- CF – Frequenzzähler
- CH – Hochgeschwindigkeitszähler
- CI – Inkrementalzähler
- sämtliche NET-Bausteine
- sämtliche Interrupt-Bausteine
- innerhalb einer UF ist keine UF aufrufbar

8.1.2 Bezeichnungen der Bausteine

Die UFs werden vom System nummeriert und unter dieser Nummerierung angesprochen. Im Kopf des Bausteins wird die vergebene Bezeichnung angegeben, die der Anwender festgelegt hat, ebenso die Versionsnummer, die vom Anwender verwaltet wurde.

> Hinweis für IEC-Programmierer:
>
> Der IEC-Programmierer wird es gewohnt sein, zwischen der Bausteinbezeichnung und dem Einzeloperanden einen Punkt zu setzen – das ist im „ST“ der easyE4 falsch!

Bezeichnungen im „ST“ z. B. für den Eingang 1 der UF01: *UF01I1*

Abfrage eines Baustein-Elements im Programm

Der Wert des Analog-Ausgangs 1 der UF01 soll dem Merker-Worte MW40 zugewiesen werden.

```
// Übertrage Wert von UF01QA1 nach MW40
MW40 := UF01QA1 ;
```

Zuweisung eines Baustein-Elements im Programm

```
// Dem Eingang 1 der UF01 wird der Status („TRUE“ oder „FALSE“) übergeben
UF01I1 := M20 ;
```

8.2 Operanden und Variablen in einer „UF“

Sobald ein neuer Anwendungsbaustein generiert wird, muss dieser „parametriert“ werden. Dabei werden auch die Anzahl und die Art der Ein- und Ausgänge festgelegt. Maximal kann eine UF in Summe (digital und analog) 12 Ein- und 12 Ausgänge besitzen. Sobald eine UF im Hauptprogramm angewendet wurde, ist die Einstellung der Schnittstelle fixiert. Die Fixierung kann aber auch bereits durch die Kontrollbox in der Parametrierung ausgelöst werden.

> Beispiele:
>
> - 7 digitale und 5 analoge Eingänge sowie 9 digitale und 3 analoge Ausgänge
> - Programmierung im „ST“
> - Vergabe des Namens
> - Festlegung einer Versionsnummer
> - MB1...MB10 remanent

- DB 5 remanent
- C1 remanent
- T1 remanent

Hinweis:

Die Anzahl der Ein-/Ausgänge einer UF kann auch durch den Schalter [Aus dem Programm übernehmen] übernommen werden.

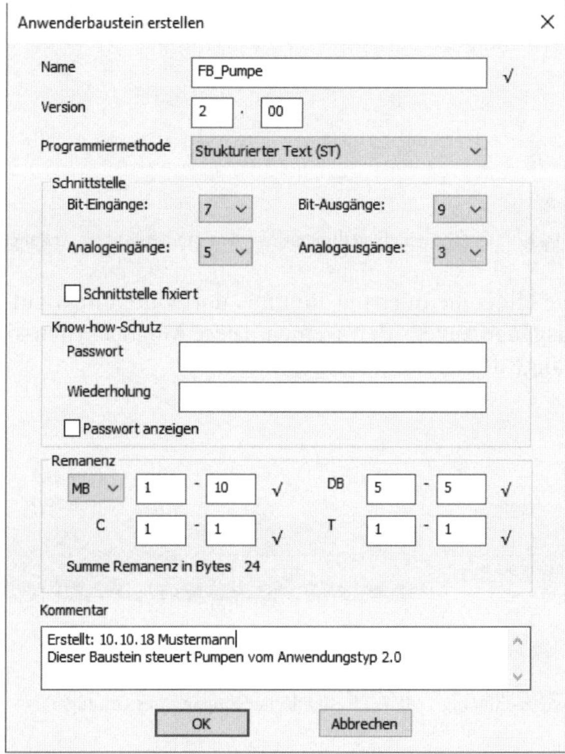

Abb. 8.4: Beispiel – Festlegung der Eigenschaften einer UF

Ebenso besitzt eine UF eigene Merker, Merker-Byte und Merker-Worte sowie Merker-Doppelworte. Diese sind unabhängig von den Variablen des Hauptprogramms. Globale Variable sind nicht vorgesehen.

Ein Daten-Austausch mit dem Hauptprogramm ist nur über die E-A-Schnittstelle der UF möglich. Damit ist eine hohe „Integrität“ jeder UF gegeben, die auch nicht überwunden werden kann.

Zur Parametrierung gehört auch die Festlegung der Programmiermethode zur Realisierung der „UF", sie kann nicht mehr geändert werden.

> **Hinweis:**
>
> Die Verwendung der remanenten Speicherbereiche sollte gut geplant werden! Es stehen 400 Merker-Byte innerhalb eines Geräts zur Verfügung und jede Anwendung in einer „UF" bzw. die Anwendung der UF im Hauptprogramm reduziert die Anzahl der verfügbaren remanenten Merker-Byte.

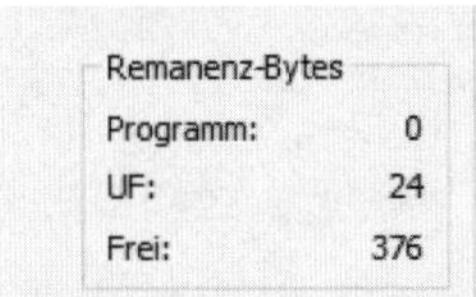

Abb. 8.5: Im [Projekt] unter [Systemeinstellungen] werden die benötigten Angaben gemacht.

Eine Ausnahme bildet die Interrupt-Routine, dort kann direkt auf die physikalischen Ein-/Ausgänge zugegriffen werden. Diese Möglichkeiten sind jedoch auf die Ein-/Ausgänge des Grundgeräts beschränkt.

Beispiel:

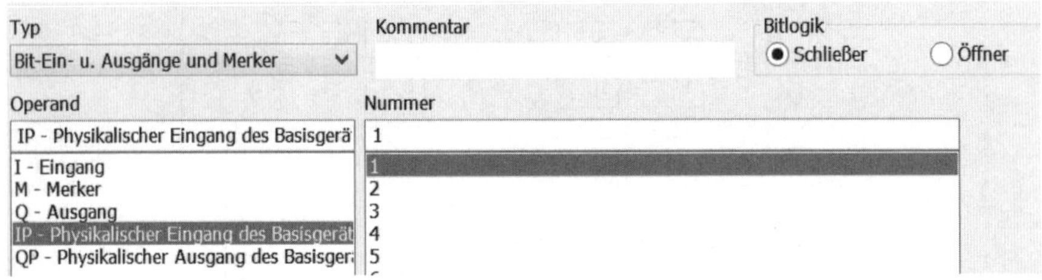

Abb. 8.6: I = Baustein-Eingang IP = Physikalischer Eingang des Grundgeräts

8.2.1 Arbeit mit den Ein-/Ausgängen in der UF

Die UF bieten ebenso I1...I*x* (*x* max. 12) an, es handelt sich dabei jedoch nicht um die Eingänge der Hardware, sondern um die Eingänge der UF! Entsprechend die Ausgänge!

Ebenso ist z. B. M1 nicht der Merker des Hauptprogramms, sondern der Merker innerhalb dieser UF. Dieser Merker kann nur innerhalb der UF gelesen oder zugewiesen werden.

8.3 Return-Anweisung – Vorzeitiges Beenden einer UF

Die Return-Anweisung bricht die Abarbeitung einer UF ab, die Programmabarbeitung wird im Hauptprogramm nach dem Aufruf der UF fortgesetzt.

Die Anwendung des Return ist vielfältig und richtet sich nach dem Programmierstil des Anwenders.

Eine Anwendung ist aus Sicherheitsgründen immer sinnvoll: zur Überprüfung der Eingangsparameter auf Plausibilität und Fehlerfreiheit. Wenn ein Fehler vorhanden ist, sollten die entsprechenden Fehler-Bit gesetzt und die Abarbeitung der UF-Routine abgebrochen werden.

8.4 Aufruf von Funktionsbausteinen (UFs)

Die Anwendung bzw. der Aufruf einer UF (Anwender-Funktionsbaustein) entspricht der Anwendung eines Herstellerbausteins. Die zur Verfügung stehenden Bausteine befinden sich unter der seitlichen Registerkarte „Anwenderbausteine".

8.4.1 Aufruf im ST

Die Übergabe von Parametern und die Abfrage von Zuständen einer UF kann an jeder beliebigen Stelle eines Hauptprogramms realisiert werden. Der Baustein wird mit den Zuständen abgearbeitet, die die Eingangsparameter beim Aufruf der UF haben.

```
// Aufruf eines eigenen Funktionsbausteins
//
 Baustein
UF02 (
     NAME := "LOGIK_1", // Baustein-Name
     VERSION := "V1.04", // Aktuelle Version
     I1 := I5, // Automatik
     I2 := I6, // Service
     IA1 := IA3,   // Istwert
     Q1 => Q1,    // Vergleich Aktiv
     Q2 => Q2     // Status IW = SW
);

(* Setzen des Sollwertes *)
UF02IA2 := MW80 ; // MW80 wird als Wert Übergeben
```

Abb. 8.7: Aufruf einer UF im ST mit abgesetzter Parameter-Übergabe

8.5 Interrupt-Routinen

Interrupt-Routinen sind eine besondere Form der Bausteintechnik. Diese Routinen werden in der Programmiersprache erstellt, in der das Hauptprogramm erstellt wurde. Zur Erstellung wird der auslösende Baustein angewählt und in der Parametierungsebene „Interruptroutine bearbeiten“ angewählt.

Es sind folgende Interrupt-Steuerungen möglich:

- IC – zählergesteuerter Interrupt
  - Zähler mit 2 Zähleingängen
  - Zähler mit externer Richtungssteuerung
  - Inkrementalwertzähler
  - Frequenzzähler; f > SV
  - Frequenzzähler; f < SV
- IE – flankengesteuerter Interrupt
  - steigende Flanke
  - fallende Flanke
  - steigende und fallende Flanke
- IT – zeitgesteuerter Interrupt
  - ansprechverzögert
  - Interfall

Abb. 8.8: Verfügbare Interrupt-Bausteine

Zeitkritische Vorgänge – die Zykluszeit

Da an dieser Stelle zeitkritische Vorgänge betrachtet werden, sollen auch allgemeine Zusammenhänge beschrieben werden, die bei der Steuerung schneller Messungen oder Steuerungen eine Rolle spielen.

Grundzykluszeit – Überwachung

Wie bereits beschrieben wird die Grundzykluszeit im Projekt unter [Systemeinstellungen] vorgegeben. Wenn hier 0 vorgegeben ist, besteht keine Überwachung, es wird die kürzeste Zeit verwendet. Wenn diese Einstellung aktiviert wird, sollte diese Zeit nicht kürzer als 15 ms vorgegeben werden, da die Steuerung einmalig beim Start für den 1. Zyklus mehr als ca. 10 ms benötigt. Danach ist die Zykluszeit wesentlich kürzer.

Angezeigte Zykluszeit in der Online-Funktion

In der Online-Funktion wird die typische, sowie die minimale und maximale Zykluszeit angezeigt.

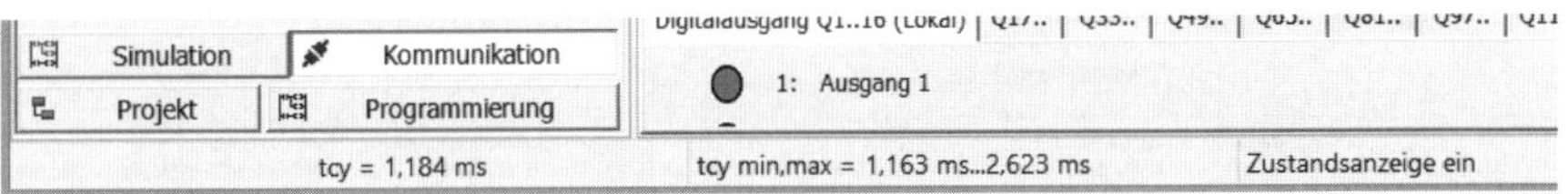

Gesteuerte Zykluszeit

Die Zykluszeit kann über den Baustein „ST01" gesteuert werden. Dabei handelt es sich jedoch nicht um eine garantierte Zykluszeit. Wenn der Prozessor das Programm nicht in der eingestellten Zeit abarbeiten kann, wird der nächste Zyklusstart entsprechend verspätet erfolgen. Insgesamt wird das System den einzelnen Verzug ausgleichen.

8.5.1 ICxx – Zählergesteuerter Interrupt

Beispiel im ST:

Es soll die Zykluszeit auf einen Min/Max-Wert beobachtet werden. Wenn die Zykluszeit zu lang wird, soll ein Bit (M10) gesetzt werden, ebenso wenn die Zykluszeit zu kurz wird (M11). I1...I3 sollen bereits belegt sein.

Anmerkung:

- Natürlich wird die gemessene Zykluszeit bereits durch den Mess-Baustein verlängert! (Verfälschung der Messung durch die Messung!)
- Für diesen oder ähnliche Tests kommen nur die Ein-/Ausgänge des Grundgeräts in Frage, da die Ein-/Ausgänge der Erweiterungen durch die easyConnect-Zeiten verfälscht würden.

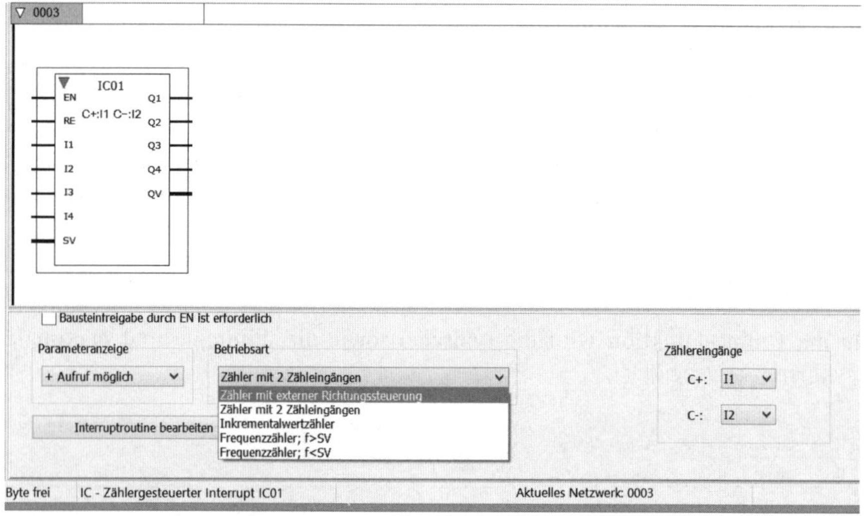

Abb. 8.9: Parametrierung der Interrupt-Funktion „Zähler“

Steuerung der Zykluszeit – ST01

Mit dem Baustein ST01 kann die Zykluszeit im Programm dynamisch verändert werden.

> Hinweis:
>
> Das Handbuch spricht möglicherweise von 32 ST-Bausteinen. Hier handelt es sich um einen Druckfehler! Es ist auch nicht sinnvoll, 32 verschiedene Zykluszeiten zu aktivieren! Die Zykluszeit wird durch I1 bestimmt [ms] und kann dynamisch im laufenden Programm geändert werden.

8.5.2 IExx – Flankengesteuerter Interrupt

> Wichtiger Hinweis:
>
> Insbesondere bei den flankengesteuerten Interrupten ist die Beobachtung und Auswertung des Diagnose-Bit ID 19 wichtig.

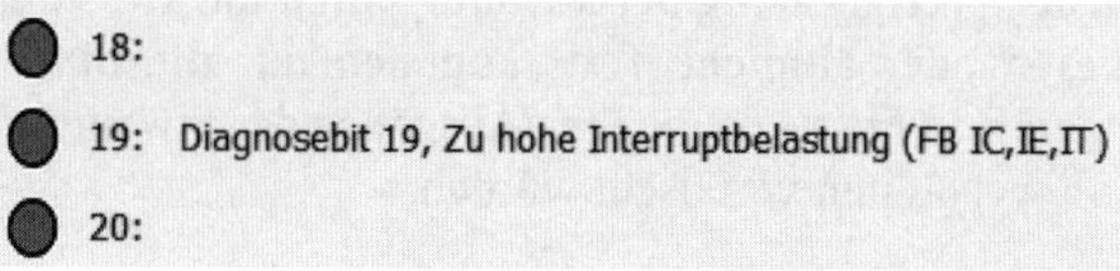

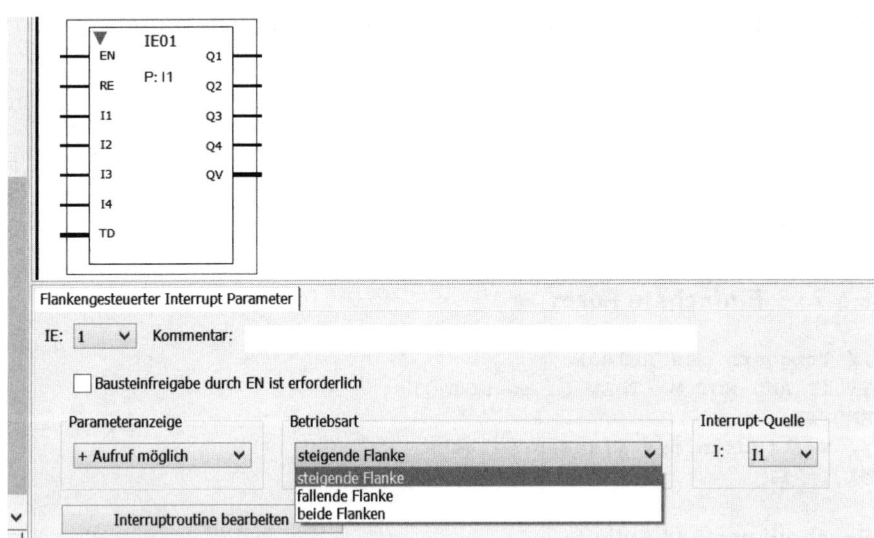

8.5.3 ITxx – Zeitgesteuerter Interrupt

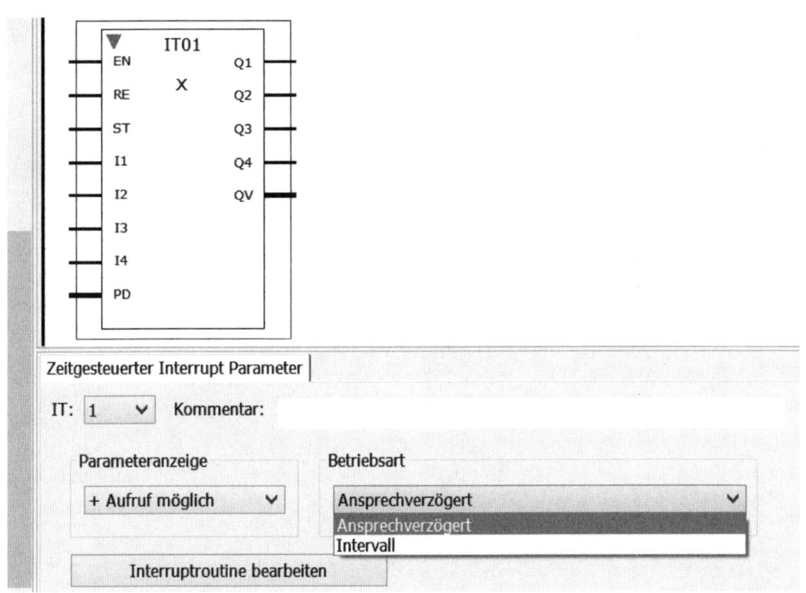

8.6 Übungen – Erstellung eigener Funktionsbausteine

8.6.1 Stromstoßrelais (SSR)

Stromstoßrelais sind ein wichtiges Installationsschaltgerät in der Gebäudetechnik und einzelne Hersteller werden unmittelbar mit diesen Geräten in Verbindung gebracht.

8.6.2 Einfachste Form

```
// Triggern des Relais
IF I1 AND NOT M1 THEN Q1 := NOT Q1
END_IF ;
// Nachführen des Flanken-Merkers
M1 := I1 ;
```

Beschreibung und Abläufe

In anspruchsvolleren Anlagen möchte man diese Geräte auch übergeordnet ein- und ausschalten können, sie mit Zeitrelais überlagern und durch Schaltuhren steuern.

Anwendung SSR im ST

```
(* StromStossRelais mit Anwender-
Funktionalität *)
UF02 (
    NAME := "SSR_Var1", // Name der UF
    VERSION := "V1.00", // Version der UF
    I1 := I1, // Trigger-Eingang
    I2 := I2, // Unbedingtes SET
    I3 := I3, // Unbedingtes RESET
    I4 := I4, // Zeit stoppen
    IA1 := 40 , // Übergabe des Zeitwertes
    Q1 => Q4,  // Gesteuerter Ausgang
    QA1 => MW2 // Abgelaufene Zeit
);
```

Anwendung SSR im KOP

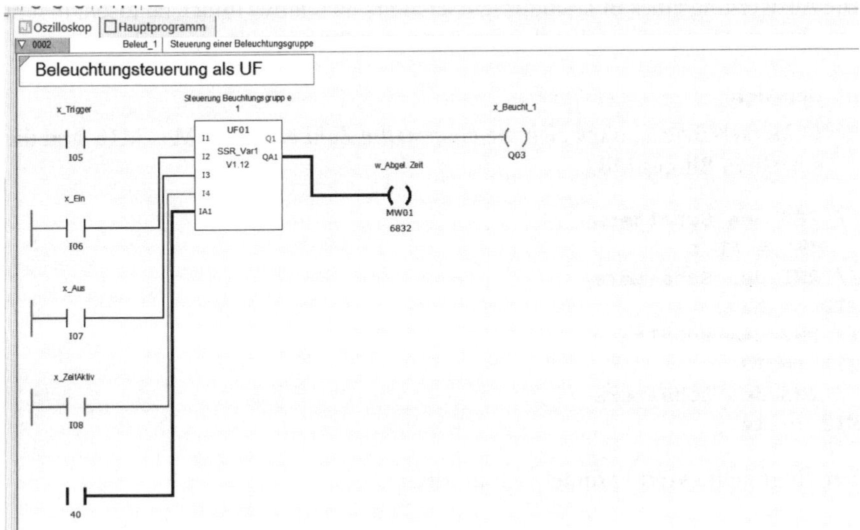

Abb. 8.10: Anwendung des eigenen SSR-Bausteins im Kontaktplan

8.7 Übungen zum Eingeben von Daten und Werten

Auch wenn in vielen Maschinen und Anlagen Touch-Panels und Displays vorhanden sind, werden für viele Einstellungen und Anzeigen Wege gesucht, um ohne PCs und tiefere Menü-Strukturen die Werte sicher anzeigen und ändern zu können. Dabei haben sich Verfahren herausgebildet, die seit Jahrzenten bekannt und erprobt sind.

Es gibt sehr unterschiedliche Möglichkeiten Daten in einer Steuerung vorzugeben und zu verändern. Mögliche Verfahren:

- Möglichkeit des integrierten Displays und P1 bis P8
- externe Tastatur
- Handräder / Inkrementalgeber
- BCD-codierte Schalter
- Externe Potentiometer (über analoge Eingänge einzulesen)
- über Netzwerke (Modbus, easyNET)

8.7.1 BCD-codierte Schalter

Die Auswertung eines BCD-codierten Schalters ist relativ einfach zu lösen, indem vom einem Merker-Byte die überschneidenden Bit zugewiesen werden.

> **Beispiel:**
>
> *In Merker-Byte 2 sollen sich die eingestellte Zahl befinden:* M9...M16 sind die einzelnen Bit des MB2

```
// 2H0 des Schalters
   M9 := I1 ;
// 2H1 des Schalters
M10 := I2 ;
// 2H2 des Schalters
M11 := I3 ;
// 2H3 des Schalters
M12 := I4 ;
```

Der eingestellte Wert befindet sich in MB2.

BCD-Schalter als UF

Beim Einstellen eines BCD-Wahlschalters werden unterschiedliche Zahlen „überfahren“, teilweise entstehen auch unsinnige Werte. Daher ist es sinnvoll, beim Erkennen einer Änderung erst nach einer definierten Zeit den Wert als gültig anzusehen. Zusätzlich kann eine „Gültig-Taste“ (z. B. [OK]) zur Übernahme führen.

BCD – Die Parametrierung des Bausteins

Bezeichnung: „BCD_TYP1“

Version: 1.00

Remanenz: keine

Der Baustein erhält:

- 4 digitale Eingänge
- 1 analogen Eingang
- 1 analogen Ausgang

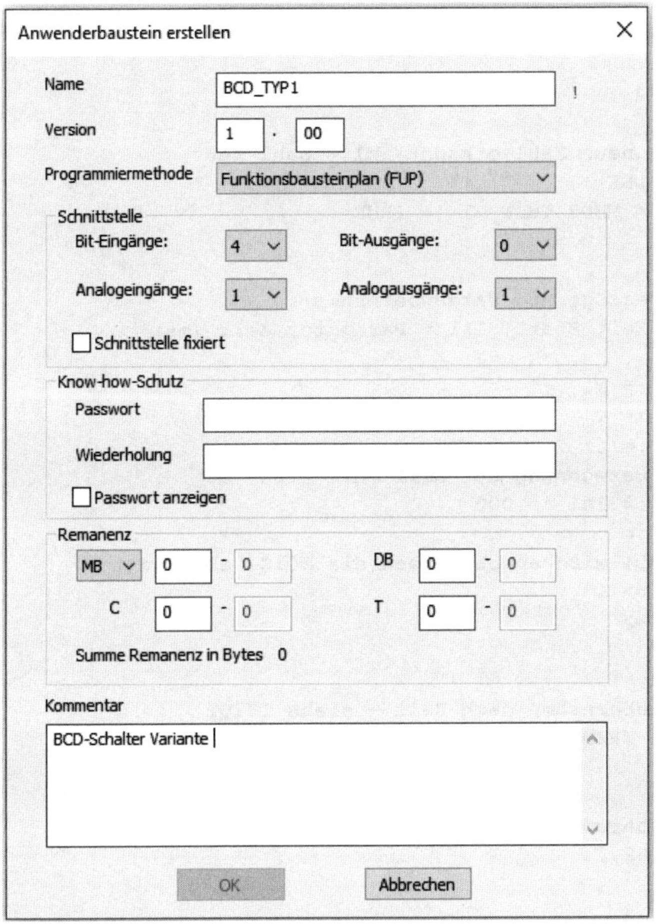

Anwenderbaustein erstellen

Name: BCD_TYP1
Version: 1 . 00
Programmiermethode: Funktionsbausteinplan (FUP)

Schnittstelle
Bit-Eingänge: 4 Bit-Ausgänge: 0
Analogeingänge: 1 Analogausgänge: 1
Schnittstelle fixiert

Know-how-Schutz
Passwort
Wiederholung
Passwort anzeigen

Remanenz
MB 0 - 0 DB 0 - 0
C 0 - 0 T 0 - 0
Summe Remanenz in Bytes 0

Kommentar
BCD-Schalter Variante

OK Abbrechen

Abb. 8.11: Parametrierung der UF – „BCD-Schalter“

Programm im „ST“

```
// PW: Nicht vergeben
// Übernahme der BCD-Bit
// 2^0
M9 := I1 ;
// 2^1
M10 := I2 ;
```

```
// 2^2
M11 := I3 ;
// 2^3
M12 := I4 ;

// Wurde neue Zahl erkannt  M1 = Zahl neu
M1 := FALSE ;
IF MB02 = MB03 THEN M1 := TRUE ;
END_IF ;

// Zeitverzögerung Datenübernahme
// M1 = Zeit Start, IA1 = Parameter Zeit (ms)
T01 (
     EN := M1,
     RE := ,
     ST := ,
     // Berechnung der Zeit IA1 * 1000 ms
     I1 := IA1 * 1000,
     I2 := ,
     // Q1 wird anschließend als T01Q1 abgefragt
     Q1 => ,
     QV =>
);

// Datenübernahme nach Zeit - siehe T01Q1
IF T01Q1 THEN QA1 := MB2;
END_IF;

// Nachführung Impulsbildung
MB3 := MB2 ;
```

BCD – Anwendung im FUP

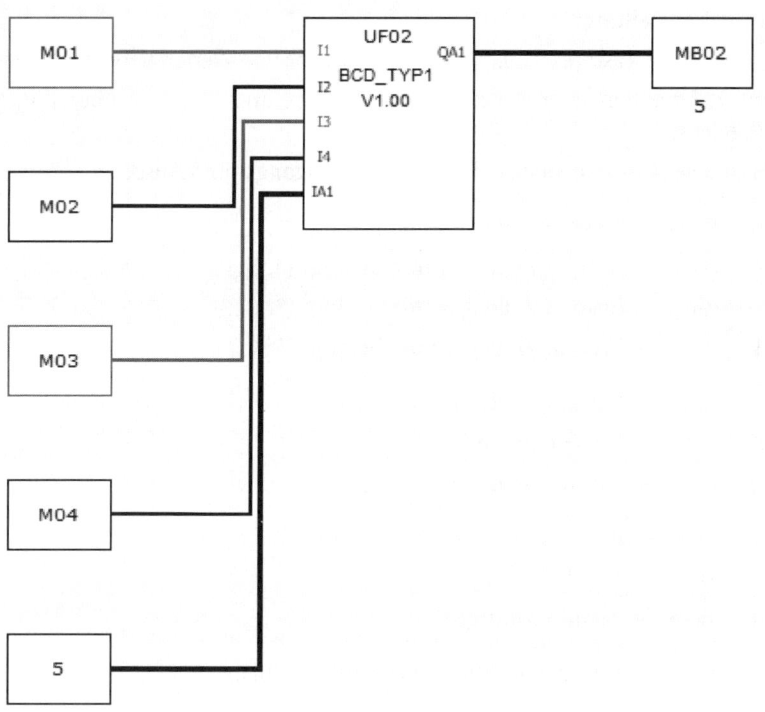

Abb. 8.12: BCD-Codierer mit Zeitverzögerung (5 s)

8.7.2 Übung Abfrage einer codierten Tastatur

Die Verwendung mechanischer Tastaturen hat auch im Zeitalter der Touch-Panel seine Bedeutung und wird von den Anlagennutzern oft als angenehm empfunden. Bisher waren diese Möglichkeiten durch die sehr beschränkte Anzahl der Ein-/Ausgänge der Kleinsteuerungen oft ausgeschlossen. Die Auswertung der codierten oder „gemultiplexten“ Systeme waren mit den eingeschränkten Möglichkeiten der Programmiersprachen der bisherigen Geräte sehr schwierig.

Mit der easyE4 stehen nun ausreichend Ein-/Ausgänge zur Verfügung, der „ST“ bietet einen ausreichenden Sprachvorrat und die UF-Bausteine bieten die entsprechende Möglichkeit zur Kapselung einer Lösung.

Aufgabenstellung:

Eine codierte Tastatur 0...9, *, # soll zur Eingabe von Werten verwendet werden.

Pin 1..3 werden über Ausgänge angesteuert und Pin 4...7 über Eingänge eingelesen.

Es ist eine „UF“ zu erstellen mit folgenden Eingangs- und Ausgangsparametern:

I1 Pin 4 Taste in Zeile 1 wurde betätigt (1, 2, 3)

I2 Pin 5 Taste in Zeile 2 wurde betätigt (4, 5, 6)

I3 Pin 6 Taste in Zeile 3 wurde betätigt (7, 8, 9)

I4 Pin 7 Taste in Zeile 4 wurde betätigt (*, 0, #)

Q1 Pin1 → Abfrage Spalte 1

Q2 Pin2 → Abfrage Spalte 2

Q3 Pin3 → Abfrage Spalte 3

Q4 Impuls für Zykluszeit: Betätigung einer Taste

Q5 Taste „*“ wurde betätigt

Q6 Taste „#“ wurde betätigt

QA zuletzt eingegebener Wert bzw. betätigte Taste

Aufbau und Beschreibung der Tastatur

Wie die Tasten der folgenden Tastatur ausgewertet werden, ist dem Anwender freigestellt. Ob die „#“ das Löschen einer Zahl oder die Übergabe eines Werts auslöst, entscheidet die Aufgabenstellung und kann auch im Kontext eines Textrelais festgelegt werden.

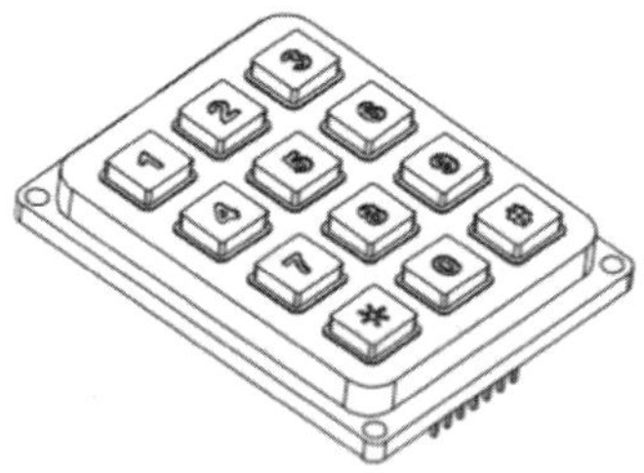

Abb. 8.13: Matrix-codierte Tastatur

	Pin1	Pin2	Pin3
Pin4	1	2	3
Pin5	4	5	6
Pin6	7	8	9
Pin7	*	0	#

Abb. 8.14: Matrix der Tastatur-Ansteuerung und -Abfrage

Lösung – Tastatur – Lesen

Die Lösung soll in einem Anwender-Funktions-Baustein realisiert werden. Belegung folgender Hilfs-Byte:

- MB5 = Arbeitsvariable für den Tastatur-Wert
- MB6 = Steuervariable zum Abfragen der Tastatur

MB6	Q1	Q2	Q3	Spalte	Übern.
0				--	
1	1			1	
2	1			1	SP1
3				-	
4		1		2	
5		1		2	SP2
6				-	
7			1	3	
8			1	3	SP3

Die obere Matrix wird durch eine „CASE“-Anweisung abgebildet

Parametrierung

Die Parametrierung ist der 1. Schritt einer UF-Erstellung. Hier wird der Name der UF festgelegt, das Passwort erstellt, die Anzahl der Ein-/Ausgänge und Remanenzen definiert.

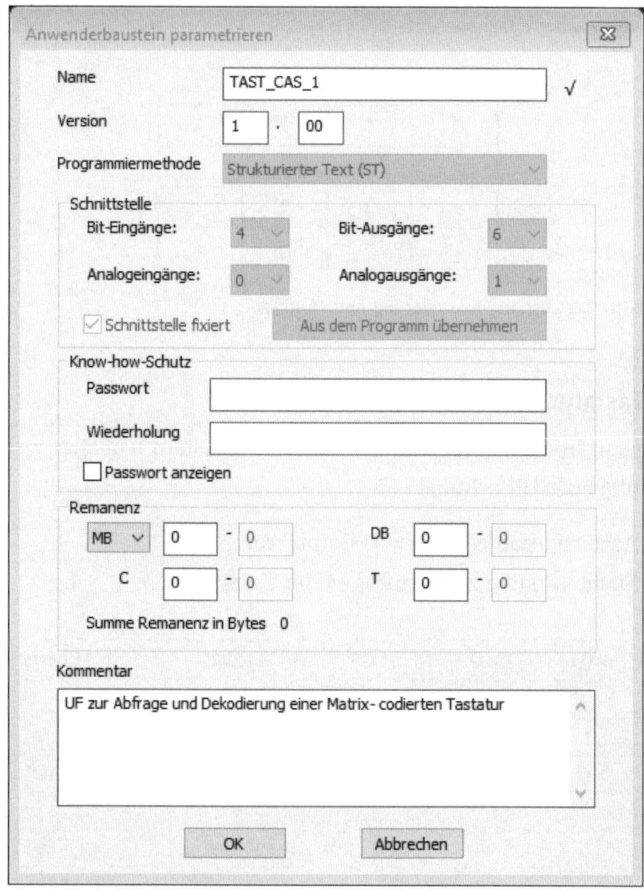

Abb. 8.15: Die Parametrierung der UF „TAST_CAS_1“

Das Programm im „ST"

```
// PW: Kein PW

// Eingang erkannt
// Zeile 1
IF I1 THEN MB5 := 1;
END_IF ;
// Zeile 2
IF I2 THEN MB5 := 4;
END_IF ;
// Zeile 3
IF I3 THEN MB5 := 7;
END_IF ;
// Zeile 4
IF I4 THEN MB5 := 10;
END_IF ;
// Wurde eine Zeile erkannt?
M1 := I1 OR I2 OR I3 OR I4 ;

IF NOT M1 THEN MB5 := 0;
END_IF ;


// -- Steuerung Übernahme --
CASE MB6 OF
     // Spalte 1 - Abfrage
     1:    Q1 := TRUE ;
     2:    Q1 := TRUE ; M2 := FALSE ;
           IF MB5 > 0 THEN  QA1 := MB5 ; M2 := TRUE ;
           END_IF ;
     3:  Q1 := FALSE ;
     // Spalte 2 - Abfrage
     4:   Q2 := TRUE ;
     5:   Q2 := TRUE ; M3 := FALSE ;
          IF MB5 > 0 THEN MB5 := MB5 + 1 ; QA1 := MB5 ;M3 :=
TRUE ;
          END_IF ;
     6:  Q2 := FALSE ;
     // Spalte 3 - Abfrage
     7:   Q3 := TRUE ;
     8:   Q3 := TRUE ; M4 := FALSE ;
          IF MB5 > 0 THEN MB5 := MB5 + 2 ; QA1 := MB5 ; M4 :=
```

```
TRUE ;
          END_IF ;
     9:  Q3 := FALSE   ;

      ELSE ;
END_CASE;

// Erkennung - neue Taste gedrückt
M5 := M2 OR M3 OR M4 ;
Q4 := M5 AND NOT M6 ; // Flankenbildung
M6 := M5 ; // HM zur Flankenbildung

// Sonder-Tasten
Q5 := FALSE ; Q6 := FALSE ;

// Erkennung Taste „*" betätigt
IF QA1 = 10 THEN Q5 := TRUE ;
END_IF ;

// Erkennung Taste „#" betätigt
IF QA1 = 12 THEN Q6 := TRUE ;
END_IF ;

// Erkennung Taste „0" betätigt
IF QA1 = 11 THEN QA1 := 0 ;
END_IF ;
```

Anwendung im Funktionsplan

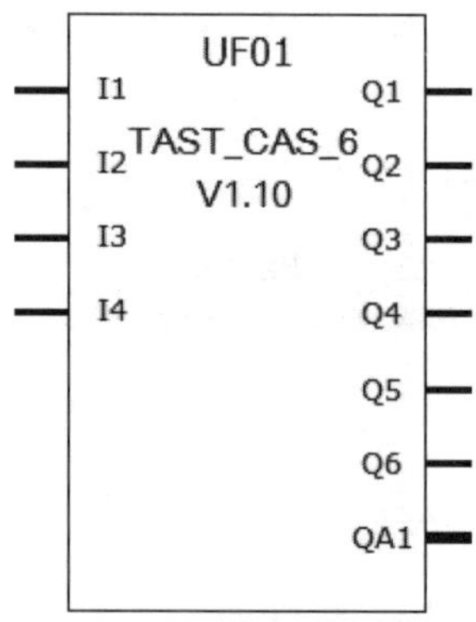

Abb. 8.16: UF-Tastatur im FUP

Anwendung im ST

Die fertige UF kann ebenso im „ST“ angewendet werden wie die Hersteller-Bausteine.

```
      UF03 (
            NAME := "TAST_CAS_6",
            VERSION := "V1.10",
FALSE       I1 := I8, // Zeile 1 betätigt
FALSE       I2 := I7, // Zeile 2 betätigt
FALSE       I3 := I6, // Zeile 3 betätigt
FALSE       I4 := I5, // Zeile 4 betätigt
FALSE       Q1 => Q1, // Spalte 1 Abfrage
FALSE       Q2 => Q2, // Spalte 1 Abfrage
FALSE       Q3 => Q3, // Spalte 1 Abfrage,
FALSE       Q4 => M1, // Taste Neu betätigt
 TRUE       Q5 => M2, // Taste * betätigt
FALSE       Q6 => M3, // Taste # betätigt
   10       QA1 => MB20 // Tastatur-Wert
      );
```

Abb. 8.17: UF-Tastatur – Auswertung (hier im ST)

8.7.3 Inkremental-Geber / Handräder

Das Einstellen von Werten und die Anwahl von Funktionen findet man auch häufig im Consumer-Bereich. Sie wird aber auch traditionell im Maschinenbau verwendet, um Wege vorzugeben, insbesondere wenn der Antrieb analog die gleiche Bewegung synchron mit durchführen soll.

8.8 Das Modell „Ampel“

Die „Ampel“ ist ein sehr bekanntes Ausbildungsmodell und gibt die Möglichkeit, die Realisierung einfacher Schrittketten zu erläutern und in unterschiedlichen Lösungsansätzen zu realisieren. In diesen Ausführungen soll ein Lösungskonzept auf der Basis eines CASE-Konstrukts im Mittelpunkt stehen, das in einer „UF“ realisiert ist.

8.8.1 Ein-/Ausgangsbelegung der „UF“

```
// Programm Ampel_TYP3

// I1 = Initialisierung
// I2 = Freigabe
// I3 = Anforderung FG

// Q1 - FW - ROT
// Q2 - FW - GELB
// Q3 - FW - GRÜN
// Q4 - FG - ROT
// Q5 - FG - GELB
// Q6 - FG - GRÜN

// MW 11 --> TR 2  Timer 1
// MW 12 --> TR 3  Timer 2
// MW 13 --> TR 4  Timer 3
// MW 14 --> TR 6  Timer 4
// MW 15 --> TR 7  Timer 5
// MW 16 --> TR 8  Timer 7
// MW 17 --> TR 9  Timer 8
```

8.8.2 Schrittketten – Allgemeines

Schrittketten teilen sich in einen Struktur-Teil und in einen Aktions-Teil auf. Im Struktur-Teil wird der eigentliche Schritt-Ablauf programmiert und im Aktions-Teil wird die Zuweisung der Ausgänge der Steuerung verwirklicht.

In dem hier gezeigten Lösungsansatz werden beide Teile vermischt, da damit die Vorteile einer „CASE-Lösung“ für Schrittketten genutzt werden können.

8.8.3 Schrittkettendarstellung der Ampel

Die im Folgenden beschriebene Ampel ist ein typisches Bespiel für eine lineare Schrittfolge, ohne „parallele Verzweigung“ und erst bei komplexerer Ausfügung können „alternative Verzweigungen“ eingefügt werden.

Zur Lösung kommen verschiedene Konzepte in Frage:

- lineares Schieberegister
- CASE-Anweisung
- Zähler
- uvm.

Struktur-Teil und Aktions-Teil trennen?

Die Zuweisungsebene der Aktoren (Ausgänge) kann im Struktur-Teil eingefügt werden oder sie werden getrennt in einer „Aktionsebene“ zusammengefasst. In diesem Beispiel werden der Struktur-Teil und der Aktions-Teil miteinander „verschmolzen“.

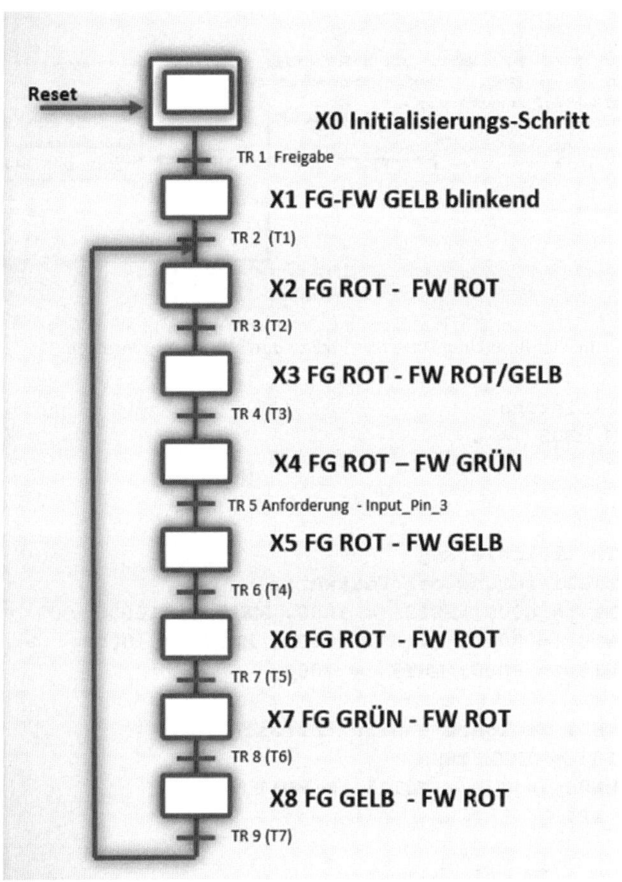

Abb. 8.18: Funktionsablauf „Ampel“

8.8.4 UF „AMPEL_TYP1"

8.8.5 Umsetzung in einer CASE-Anweisung

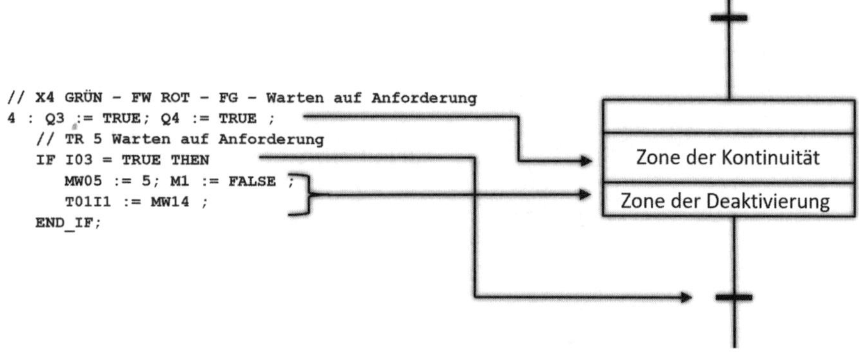

Abb. 8.19: Prinzipielle Umsetzung einer Schrittkette durch Case-Anweisungen

```
// Initialisierung
IF I1 THEN MW05 := 0 ;
END_IF ;

CASE MW05 OF
   // X0 Initialisierung
   // Initialisierung der Zeitwerte
   0 : MW11 := 8000; MW12 := 7000; MW13 := 10000 ;
        MW14 := 8000; MW16 := 7000; MW17 := 10000 ;
        MW18 := 8000; MW19 := 7000;

      // TR 1 Freigabe - Strukturteil
      IF I02 = TRUE THEN
         MW05 := 1;    T01I1 := MW11 ;
      END_IF;

   // X1 FG - FW gelb blinkend
   1 : Q2 := T2Q1; Q5 := T2Q1;
      // TR 2 Ablauf T2
      IF T01Q1 = TRUE THEN
         MW05 := 2; Q2 := FALSE ; Q5 := FALSE ;
         T01I1 := MW12 ;
      END_IF;
```

```
// X2 Start FG ROT / FW ROT Start normales Programm
2 : Q1 := TRUE; Q4 := TRUE; M1 := FALSE ;
   // TR 3 Ablauf T3
   IF T01Q1 = TRUE THEN
      MW05 := 3; Q1 := FALSE; Q4 := FALSE;
      T01I1 := MW13 ;
   END_IF;

// X3 GELB - FW ROT - FG
3 : Q2 := TRUE; Q4 := TRUE ;
   // TR 4 Ablauf T4
   IF T01Q1 = TRUE THEN
      MW05 := 4; M1 := FALSE ;
   END_IF;

// X4 GRÜN - FW ROT - FG - Warten auf Anforderung
4 : Q3 := TRUE; Q4 := TRUE ;
   // TR 5 Warten auf Anforderung
   IF I03 = TRUE THEN
      MW05 := 5; M1 := FALSE ;
      T01I1 := MW14 ;
   END_IF;

// X5 GELB - FW - GELB FG
5 : Q2 := TRUE; Q5 := TRUE ;
   // TR 6 Anforderung erfolgt FW = GELB
   IF T01Q1 = TRUE THEN
      MW05 := 6; T01I1 := MW15 ;
   END_IF;

// X6 ROT - FW / ROT FG
6 : Q1 := TRUE; Q4 := TRUE ;
   // TR 7 FW ROT
   IF T01Q1 = TRUE THEN
      MW05 := 7;
      T01I1 := MW16 ;
   END_IF;

// X7 ROT - FW / GRUEN FG
7 : Q1 := TRUE; Q6 := TRUE ;
   // TR 8
   IF T01Q1 = TRUE THEN
      MW05 := 8; T01I1 := MW17 ;
   END_IF;
```

```
   // X8    ROT - FW / GELB - FG
   8 : Q1 := TRUE; Q5 := TRUE ;
      // TR 9
      IF T01Q1 = TRUE THEN
         MW05 := 2;    T01I1 := MW11 ;
      END_IF;

   END_CASE ;

// Bei Schrittweiterschaltung - Lösche Ausgänge und Zeit-
Steuerung
IF MW5 = MW6 THEN M1 := TRUE ;
          ELSE M1 := FALSE ;
          Q1 := FALSE ; Q2 := FALSE ;Q3 := FALSE ;
          Q4 := FALSE ; Q5 := FALSE ;Q6 := FALSE ;
END_IF ;

// Zeit-Steuerung
T01 (
   EN := M1,
   RE := ,
   ST := ,
   I2 := ,
   Q1 => ,
   QV =>
);

// Blinktakt
T02 (
   EN := TRUE,
   RE := ,
   ST := ,
   I1 := T#1000ms,
   I2 := ,
   Q1 => ,
   QV =>
);

// Starte Zeit
M1 := TRUE ;

// Nachführung Impuls Schrittschaltung
MW6 := MW5 ;
```

```
// Übergabe von Schrittnummer MW5 und aktueller Zeit T01QV
QA1 := MW5 ;
QA2 := T01QV ;

; // ENDE UF
```

Anwendung der UF „Ampel“ im Programm

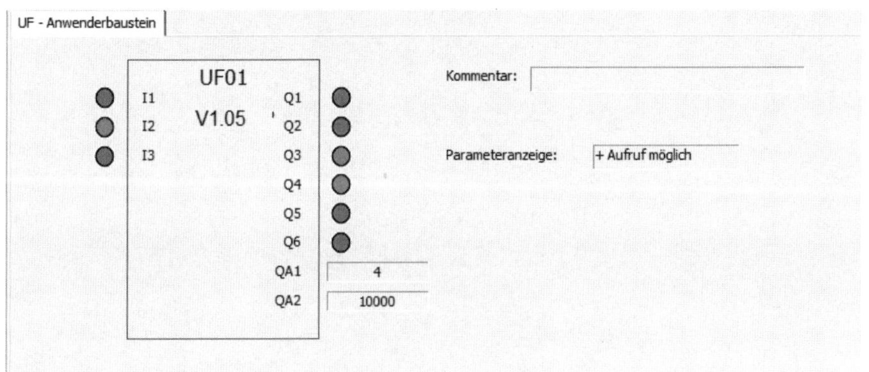

Abb. 8.20: UF „Ampel“ in der Online-Diagnose

Anwendung im „ST“

Hauptprogramm | UF - AMPEL_TYP1 V1.05

```
// Anwendung der UF "Ampel_Typ1" im ST
UF01 (
    NAME := "AMPEL_TYP1",
    VERSION := "V1.05",
    I1 := I1, // Initialisierung
    I2 := I2, // Start  - Freigabe der Ampel
    I3 := I3, // Anforderung FG für Grün
    Q1 => Q3, // FW - ROT
    Q2 => Q2, // FW - GELB
    Q3 => Q1, // FW - GRUEN
    Q4 => Q4, // FG - ROT
    Q5 => Q18, // FG - GELB
    Q6 => Q17, // FG - GRÜN
    QA1 => MW20, // Aktuelle Schrittnummer
    QA2 => MW21  // Abgelaufene Zeit im Schritt
);
```

Abb. 8.21: Anwendung der UF „Ampel“ im „ST“

9 Vernetzung

Mit der Anwendung des Ethernets für das easyNET bleibt es zwar bei 8 Teilnehmern (wie zuvor bei dem CAN-basierten easyNET der easy800), es werden die früheren Einschränkungen hinsichtlich der Anzahl der Teilnehmer aufgehoben, in dem bis zu 10 NET-Gruppen zur Verfügung stehen.

Zur Datenübertragung stehen dem Anwender verschiedene Methoden zur Verfügung:

- Die NET-Variablen (N, NB, NW, ND)
- Die PUT→GET-Kommunikation
- Send-Read-Variablen (SN → RN)

9.1 Modell der Kommunikation des easyNET

Die Kommunikationsbeziehungen von Netzwerkteilnehmern am easyNET können sein:

- one to one,
- one to all.

9.2 One to All (Broadcast-Telegramm)

Auch dieser Nachrichtentyp wird im easyNET angewendet. Die Nachricht wird ereignisorientiert verschickt und dient zur Übertragung ganzer Doppelworte. Zur Realisierung werden die GT/PT-Bausteine angewendet.

9.2.1 Auslösen von Nachrichten

Die Nachrichtenübertragung läuft prinzipiell ereignisorientiert. Durch zyklische Ereignisse ist es aber auch möglich, ein pollendes System zu realisieren. Zum Beispiel können Ein-/Ausgänge aufgrund einer Änderung (Ereignis) oder aber zyklisch/pollend übertragen werden.

Zyklische Nachrichtenübertragung

Ein zyklischer Dienst sind die SN-RN-Bitübertragungen der easy-Relay-Welt. Sie dienen dem bitweisen Austausch von Informationen (z. B. Merker) oder dem Zuweisen von Ausgängen. Wenn eine Station „aktiv" ist bzw. eine Station 2...8 einer anderen Station eine Bit-Variable beeinflussen soll, so werden dazu die SN-RN-Operanden verwendet.

9.3 Die NET-Adressen

Netzwerk-Teilnehmer sind durch verschiedene Adressen anzusprechen bzw. zu identifizieren:

- MAC-ID
- Ethernet-IP-Adresse
- NET-ID (1...8)
- NET-Verbund bzw. NET-Group(1...10)

Innerhalb eines NET-Netzwerks können bis zu 8 Teilnehmer miteinander verbunden werden.

9.4 Zugriffe auf die Ein-/Ausgangsebene anderer NET-Teilnehmer

Sobald eine easyE4 einen eigenen, aktiven Schaltplan besitzt, haben andere Teilnehmer zwar noch einen lesenden Zugriff auf die Ein-/Ausgänge, es kann aber nur noch die „lokale Steuerung" schreibenden Zugriff auf die Ausgänge nehmen!

9.5 Die Kommunikationsbit von easyNET – SN, RN

Übersicht zur Bit-Kommunikation:

- Jede Station kann mit jeder anderen Station über die SN/RN-Bit kommunizieren.
- Der SN-Operator sendet an eine Station ein Bit mit Stationsnummer (Ziel!) und Bitnummer.

- Der RN-Operator liest von einer Station ein Bit mit Stationsnummer (Quelle!) und Bitnummer.

Beispiel:

Station 1 (NT1) sendet der Station 2 (NT2) auf dem Bit 1 eine Information.

Spule in Station 1 (2SN01): Hier (beim Sender) wird die Ziel-Adresse angegeben.

Kontakt in Station 2 (1RN1): Hier (beim Empfänger) wird die Quell-Adresse angegeben.

Über diesen Mechanismus können sich alle aktiven Steuerungen gegenseitig Bit-Informationen schicken. Dieser Austausch ist jedoch exklusiv – keine kann diese Information lesen!

Das Beispiel soll in allen 4 Sprachen gezeigt werden.

Die gesendete Information kann nur von der spezifizierten Empfänger-Adresse gelesen werden.

Diese Operanden stehen nicht in einer UF zur Verfügung!

9.5.1 Beispiel in KOP

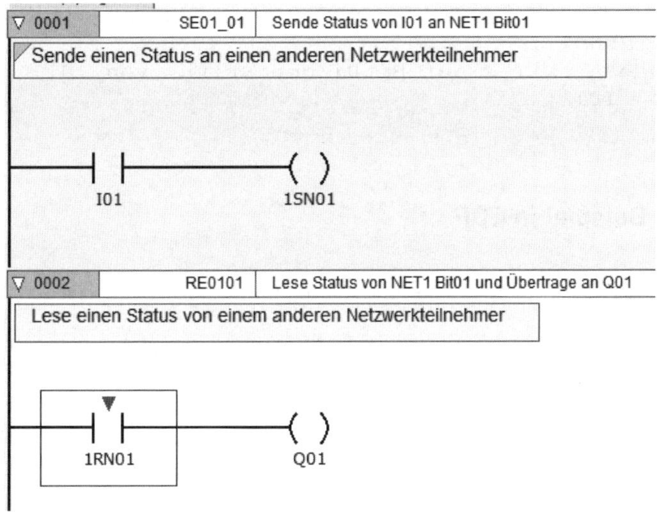

9.5.2 Beispiel in FUP

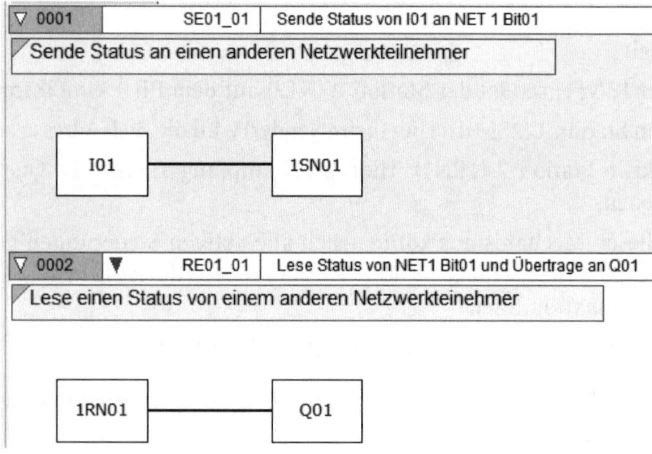

9.5.3 Beispiel in ST

```
// Lese den Status von NET02 Bit01 und schreibe an M15
M15 := 2RN01 ;
// Sende an NET 2 auf Bit01 den Status von I01
2SN01:= I01 ;
```

9.5.4 Beispiel in EDP

```
    Status von I1 wird über 1SN01 (Bit01) an das Gerät mit der NET 1 gesendet
010 I01 ------------------------------------------------------------[1SN01
    Vom Bit 1 der Station NET1 wird der Status übernommen und an Q1 weitergegeben
011 1RN01 ----------------------------------------------------------[Q01
```

9.6 Datenaustausch von Doppelworten zwischen den Steuerungen via PT/GT

In allen Steuerungen, die über einen easyNET-Anschluss verfügen, kann auch ein Datenaustausch erfolgen. In diesem Teil geht es zunächst um den Datenaustausch zwischen den easyE4.

Sobald Analogwerte ausgetauscht werden sollen, muss die betreffende Steuerung aktiv gestellt werden, was bedeutet, dass die erste Steuerung keinen direkten Zugriff mehr auf die digitalen Ausgänge dieser Steuerung hat. Damit ist es notwendig, die Bit-Kommunikation auf den SN/RN-Mechanismus umzustellen oder die N-Merker zu verwenden.

Modell des Datenaustauschs:

- Jeder der Teilnehmer verfügt über eine eigene Tabelle von 32 Datenworten.
- Kommt ein Broadcasting-Befehl (z. B. PT 5), so tragen alle empfangsfähigen Steuerungen am Netz in das Register 5 des sendenden Teilnehmers mit der entsprechenden ID den übertragenen Wert ein.
- Dieser Wert befindet sich nun in jeder Steuerung und kann ohne neue Busbelastung zu jeder Zeit von jeder Steuerung durch einen GT ausgelesen werden.
- Somit verfügt jede der aktiven Steuerungen für jeden angeschlossenen Partner über 32 Register mit 32 Bit Breite, insgesamt besitzt jede Steuerung also (*n*-1)*32 Doppelworte, um Daten von den Kommunikationspartnern zu speichern und bei Bedarf über den GT-Baustein abzurufen.
- Diese Beschreibung erklärt folgende Eigenschaften:
  - Der GT-Befehl belastet den Bus nicht.
  - Der GT-Befehl kann jederzeit und beliebig oft ausgeführt werden.
  - Der PT-Befehl belastet den Bus.
  - Der PT-Befehl ist ereignisgesteuert und sollte so wenig wie möglich ausgeführt werden.
  - Die Daten eines Teilnehmers, der per PT-Befehl Daten gesendet hat, sind auch dann noch in allen Steuerungen vorhanden bzw. zu lesen, wenn der Quell-Teilnehmer ausgeschaltet wurde oder im STOP steht.
  - Beim PT-Befehl wird keine Zieladresse angegeben, sondern lediglich das Register (die PT-Nummer) unter der der zu übertragende Wert abgelegt und gelesen werden kann.

Wichtig:

PT-, GT- und SC-Bausteine können nur im Hauptprogramm, nicht in UFs verwendet werden!

9.6.1 Der PT-Befehl

Dieser Baustein hat einen Trigger-Eingang, mit dem bei positiver Flanke das Versenden gestartet werden kann. Der Q-Ausgang spiegelt den Status der T_-Spule wieder. Die korrekte Abarbeitung des Befehls meldet ein E1-Kontakt, der einen Fehler bei der Übertragung anzeigen würde (ein Fehler im Netzwerk).

Mögliches Handshake: Der AC-Kontakt des Senders und der Q1-Kontakt (GT*xx*Q1) eines Empfängers können in Kombination mit einer SN/RN-Kommunikation ein sauberes Handshake eines Datenaustauschs realisieren.

Die Trigger-Funktion ist im Parameterbereich deaktivierbar und die Übertragung nach n-Zyklen einstellbar.

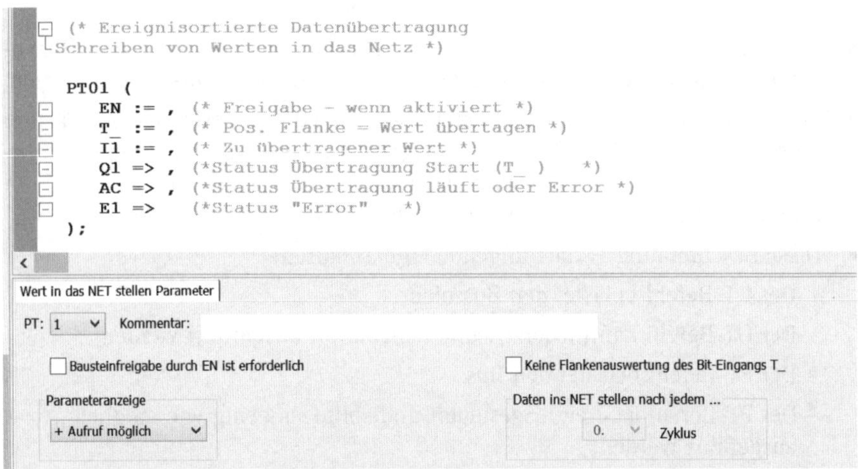

Abb. 9.1: Mit dem PTxx-Befehl werden Daten in das Netz gestellt (T_ = Triggerung)

9.6.2 Der GT-Befehl

Der GT-Baustein verfügt über einen Bit-Ausgang, mit dem angezeigt wird, dass neue Daten in dem abzufragenden Speicher eingetragen sind. Der entsprechende Wert wird an „QV“ ausgegeben.

Beispiel:

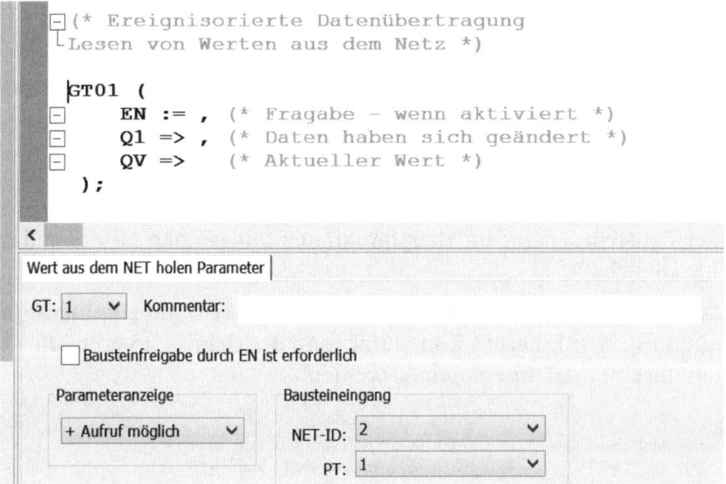

Abb. 9.2: Mit dem GTxx-Befehl werden Daten aus dem Netz gelesen – keine aktive Triggerung

Im Registerblatt wird angegeben, von welchem NET-Teilnehmer und welches Register ausgelesen wird.

9.6.3 Anwendungsbeispiel PUT/GET

Von einer Steuerung ID3 soll der Analogwert zur Steuerung ID2 übertragen werden. Es sollen verschiedene Wege für die Auslösung einer Datenübertragung gefunden werden.

1. Die schlechteste Lösung: Mit jedem zweiten Zyklus wird über einen „toggelnden" Merker der PT-Baustein gestartet.

> **Achtung!**
>
> Diese Lösung ist einfach, aber der Anwender blockiert sehr schnell den Bus und die Steuerungen erkennen den Datentransfer möglicherweise nicht mehr exakt. Insbesondere wenn zahlreiche PT-Befehle in dieser Art von mehreren NET-Teilnehmern verwendet werden.

2. Handshake über SN, RN und GT-Bit.
3. Zeitgesteuert: Über einen Timer kann vorgegeben werden, dass z. B. alle 1,5 s die Daten gesendet werden sollen.

Achtung!

Wenn mehrere derartige PUT-Befehle durch den gleichen Takt ausgelöst werden, kommt es wiederum zu einer möglichen Überlastung des Bus-Systems.

4. Durch einen Wertevergleich (hat sich der zu übertragende Wert geändert?).
5. T_ deaktivieren und n-Zyklen einstellen.

Hinweis:

Dieser Baustein ist nur im Hauptprogramm anwendbar, eine Simulation ist nicht möglich.

Zur Sicherheit ist der Enable-Eingang zu aktivieren und zumindest mit dem Diagnose-Bit zur Ethernet-Kommunikation des Geräts zu verknüpfen, dessen Daten über PT→GT übernommen werden.

```
// Abfrage ob die Ethernet-Kommunikation aktiv ist
Q1 := ID02 ; // Abfrage Diagnose-Bit von NET 2

GT01 ( // Übernehme Daten von NET2 Register 01
    EN :=  NOT ID02, // Ist die Kommunikation zu NET2 OK?
    Q1 => ,
    QV => MB6 // Daten werden in MB6 übertragen
);
```

Abb. 9.3: Datenübernahme durch PT → GT von NET 2

9.7 NET-Variablen

Zum Datenaustausch zwischen verschiedenen Geräten über das Netz stehen weitere Variablen zur Verfügung. Diese werden verfügbar, sobald unter Projekten Netzwerkteilnehmer konfiguriert wurden, also mindestens zwei easyE4 unter Projekte eingetragen sind. Bei einem Gerät innerhalb eines Projekts stehen diese Variablen nicht zur Verfügung.

Hinweis:

Diese Variablen sind wiederum überschneidend und die Anzahl der N-Worte ist ebenso begrenzt wie die Anzahl der N-Doppel-Worte. Die Verwendung sollte gut geplant sein und es sollte ggf. auf PT → GT zurückgegriffen werden.

9.7.1 NET-Merker Nxx (x = 01...512)

Jede Steuerung verfügt über 512 eigene Netzwerk-Merker, die von dieser Steuerung gesteuert werden und durch die verbundenen NET-Geräte abgefragt werden können.

9.7.2 NET-Byte NBxx (x = 01...64)

Jede Steuerung verfügt über 64 Netz-Merker-Byte, in die das Gerät Daten schreiben und lesen kann, alle anderen Teilnehmer können diese Daten-Byte lesen aber den Inhalt nicht ändern.

```
// Übernehme Daten von NET2
MB5 := 2NB1; // In 2NB1 liegen N1, N2, N3, N4 ... von NET 2
```

9.7.3 NET-Word NWxx (x = 01...32)

Sobald eine NET-Kommunikation besteht, verfügt jede dieser Steuerungen über 32 Netzwerk-Merker-Worte.

> **Beispiel:**
>
> Der Wert eines Analogeingangs einer easyE4 ohne Display mit der NET-Nummer 2 soll an eine easyE4 mit Display übertragen und dort angezeigt werden.

Projektaufbau:

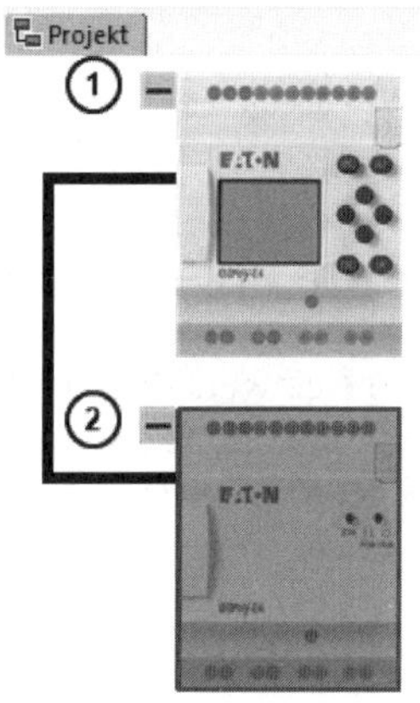

Abb. 9.4: Projektaufbau: NET 1 ⟶ Anzeige / NET 2 ⟶ Anschluss des Analog-Eingangs

easyE4 NET 1 – mit Display

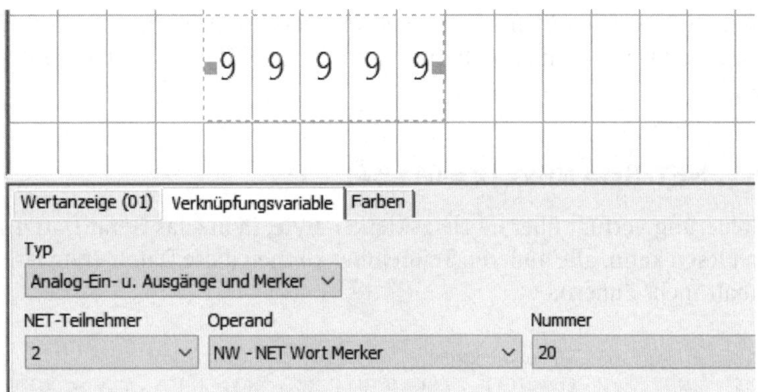

Abb. 9.5: Einträge in NET 1 Textanzeige D01

easyE4 NET 2 – ohne Display – programmiert in KOP

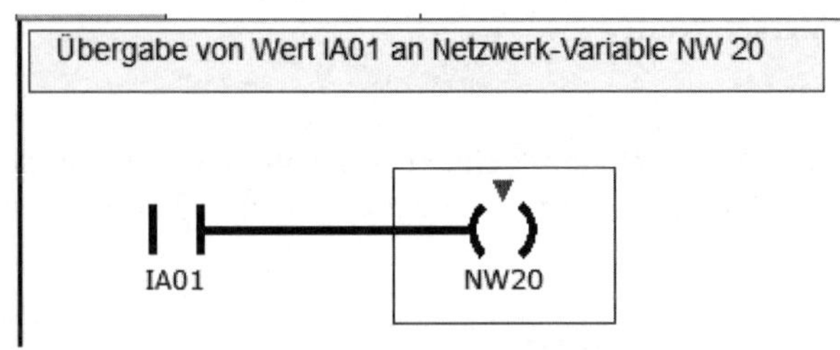

Abb. 9.6: Der Wert von IA01 wird NW20 übergeben.

9.7.4 NET-Doppelword NDxx (x = 01...16)

Jede Steuerung verfügt über 16 Netzwerk-Merker-Doppelworte, die jedoch wiederum überschneidend mit den anderen NET-Variablen ist. Daher sollte die Verwendung gut geplant sein und geprüft werden, ob eine Informationsübermittlung durch PT → GT sinnvoller ist.

9.8 Beispiele zur Kommunikation

Zu den verschiedenen Möglichkeiten der Kommunikation und dem Datenaustausch über

- SN - RN
- N, NB, NW, ND
- PT → GT

werden einige Beispiele im Folgenden beschrieben.

> **Beispiel BCD-Schalter:**
>
> An eine Steuerung ohne Display (NET 2) werden die 4 Anschlüsse eines BCD-Schalters (I1...I4) angeschlossen. Der Wert soll an das Gerät NT 1 übertragen werden und steht dort im MB5 zur weiteren Auswertung zur Verfügung.
>
> **Hinweis:**
>
> In diesem Beispiel wird wiederum die Überschneidung von BIT/BYTE deutlich.

Projektaufbau

NET 1:

- Transistor-Ausgänge
- mit Display
- programmiert in „ST“

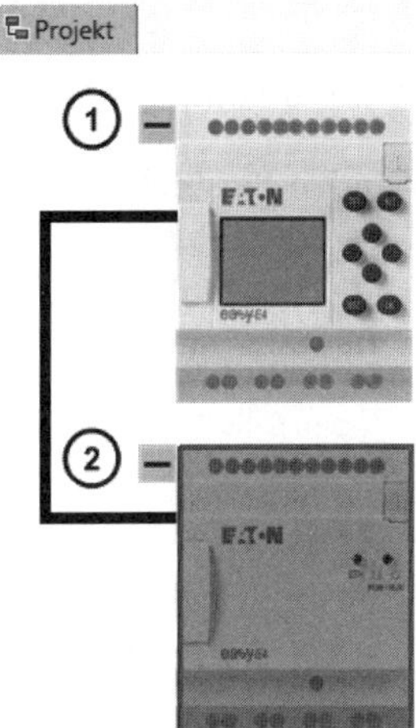

NET 2

- Transistor-Ausgänge
- ohne Display
- programmiert in „EDP“

Abb. 9.7: Projektaufbau des Beispiels

NET 2 – NET-Merker – Übernahme in „EDP"

In der EDP-Programmiermethode werden im NET 2 der Status der Eingänge I1... I4 den Netz-Merkern N01...N04 übergeben. → In allen aktiven NT-Teilnehmern (max. 8) können die Zustände übernommen werden.

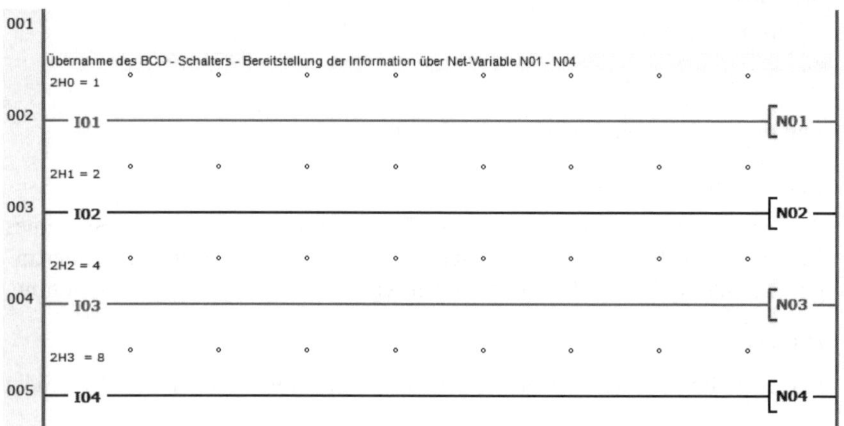

Abb. 9.8: Die Zustände von I01...I04 werden an N01...04 übertragen – Programmiermethode: EDP

NET 1 – Datenübernahme in „ST"

Im vorhergehenden Beispiel wurden in der NET-Station 2 die Eingänge I1 bis I4 auf die NET-Merker N01 bis N04 übertragen. Diese Merker befinden im NET-Byte 1 der Station 2 und der Status von 2NB1 kann in der Station 1 im Strukturierten Text auf MB5 übernommen werden.

```
Hauptprogramm
// Übernehme Daten von NET 2
MB5 := 2NB1; // In 2NB1 liegen N1,N2,N3,N4 ... von NET 2
```

Abb. 9.9: In NET 1 wird 2NB1 ausgewertet und auf MB5 übertragen.

Ethernet-Kommunikation geht verloren

Sollte die Verbindung zwischen NET 1 und NET unterbrochen werden, springt der Wert für MB05 auf „0".

Programm:

```
// Übernehme Daten von NET 2
// In 2NB1 liegen N1, N2, N3, N4 ... von NET 2
MB5 := 2NB1;

// Abfrage, ob die Ethernet-Kommunikation aktiv ist
// Abfrage Diagnose-Bit von NET 2
Q1 := ID02 ;
```

10 Visualisierung

Momentan ist der Aufbau einer Visualisierung über das integrierte Display möglich, das über die Webserver-Funktion auf den Browser eines Internet-Explorers gespiegelt werden kann, oder unter [Kommunikation] → [Display + Tasten] genutzt werden kann.

10.1 Visualisierung über TD – Text-Display (D1...32)

Jedes Textrelais bzw. Maske besteht aus 6 Zeilen mit jeweils max. 16 Zeichen.

Zurzeit werden die Geräte monochrom ausgeliefert. Es stehen 3 verschiedene Farben zur Hintergrundbeleuchtung zur Verfügung, die mit dem jeweiligen Textrelais verbunden sind.

10.1.1 Anzeigeelemente

Anzeigeelemente besitzen nur „Lese-Verhalten“, ein aktives Umsteuern ist nicht möglich. Zu diesen Elementen gehören:

- Wertanzeige
- Bargraph
- Bitanzeige
- statischer Text
- Laufschrift
- rollierender Text
- Meldungstext
- Datum- und Zeitanzeige
- Zeitrelaiswertanzeige

10.1.2 Eingabeelemente

- Werteingabe
- rastender Taster
- Meldungstextauswahl
- Datum- und Zeiteingabe
- Zeitrelaiswerteingabe

Die einzelnen Elemente werden in dem Beispiel Ampel in diesem Kapitel erläutert.

Die Elemente erhalten bei der Erstellung eine Ordnungsnummer, mit der sie sich im Projekt sehr gut identifizieren lassen.

Abb. 10.1: In der oberen, linken Ecke der Parametrierung findet der Anwender den Typ eines Elements und die Ordnungsnummer, mit der das Element im Textaufbau zu erkennen ist.

10.1.3 Sprachumschaltung – Sprachverwaltung

Die Sprache (Deutsch, Englisch, ...) kann zur Laufzeit umgeschaltet werden. Dazu muss eine Variable (Merker-Byte) festgelegt werden, deren Wert die aktive Sprache festlegt.

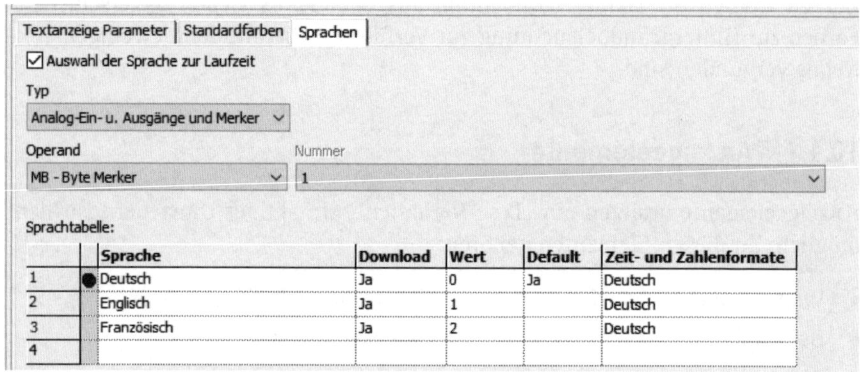

Abb. 10.2: Festlegung der Sprache

Sprache: Bezeichnung der Sprache

Download: Legt fest, ob eine Sprache auf das Gerät heruntergeladen wird

Wert: Wert, des Operanden, damit die Sprache verwendet wird

Default: Sprache, die im Fehlerfall (z. B. Wert) angezeigt wird

Zeit- und Zahlenformate: Format der Darstellung von Zahlen und Zeiten

Diese Texte müssen natürlich mehrsprachig angelegt werden. Sind sie nicht vorhanden, oder nicht geladen worden und trotzdem angewählt, wird der „Default" bzw. „Start-Text" verwendet.

10.1.4 Farben / Farbverwaltung

Die zurzeit verfügbaren Geräte sind monochrom und die Helligkeit ist über die Operanden „LE1, LE2, LE3“ steuerbar. Zusätzlich kann für das Monochrom-Display eine Hintergrundbeleuchtungsfarbe ausgewählt werden.

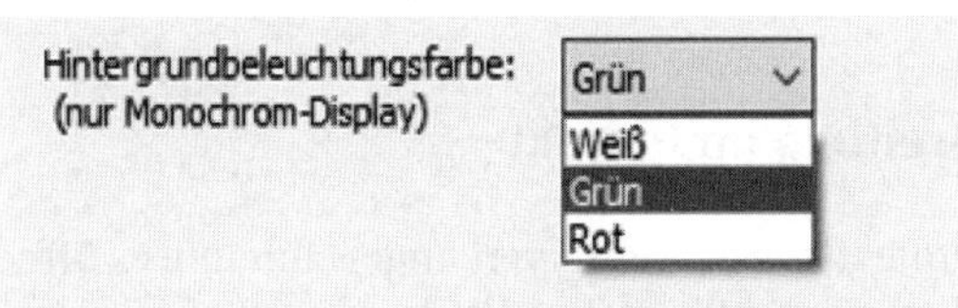

Unabhängig von den Geräte-Anzeigemöglichkeiten kann die Anzeige für Internet-Browser, Touch-Panel, und Smartphones sowie in der Online-Anzeige mehrfarbig gestaltet werden. Das gilt für die Farbe des Hintergrunds einer Textanzeige als auch das eingefügte Objekt, den Inhalt des Objekts (Schriftfarbe) und den Hintergrund des Inhalts.

Dabei gilt:

- Die Position der Maus über der Farbskala wählt die Farbe aus.
- Die linke Maus-Taste legt die Schrift-Farbe fest.
- Die rechte Maus Taste legt die Hintergrund-Farbe fest.

10.1.5 Prioritäten

Wenn mehrere Textrelais/Textanzeigen freigegeben sind, wird die Textanzeige mit der höheren Priorität zur Anzeige gebracht.

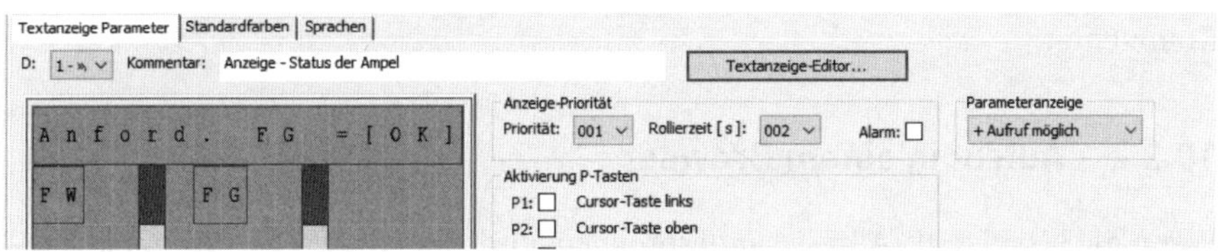

Abb. 10.3: Sobald eine Textanzeige angewählt wird, werden zahlreiche Einstellungen zugänglich.

10.2 Visualisierung über WEB-Technik

Das integrierte Display kann über die WEB-Funktion in den unterschiedlichen Funktionalitäten in einem Web-Browser „gespiegelt" werden. Dazu ist die Freigabe unter [Projekt] → [Webserver] notwendig. Diese Freigabe ist zwingend mit der Festlegung und Eingabe eines Passworts verbunden!

10.2.1 Vorbereitung im Projekt

Im Unterpunkt [Projekt] wird [Webserver] angewählt und es öffnet sich das untere Formular. Sobald im Kontrollkästchen [Webserver aktiv] der Haken gesetzt wird, erscheint die Aufforderung zur Festlegung eines Passworts.

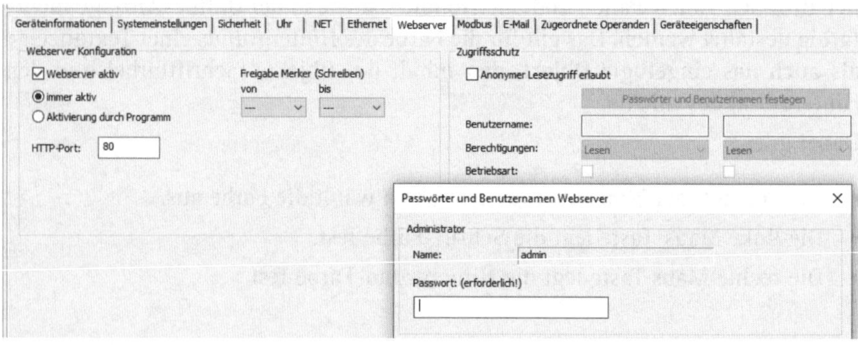

Abb. 10.4: Notwendige Einstellungen im Projekt

Dieses einheitliche Passwort sollte nur für Tests und Schulungen verwendet werden!

Eine zweite Methode wäre die Bekanntgabe des Passworts im Programmkopf als Kommentar.

10.2.2 Aufruf in einem Browser

Wenn die korrekte IP-Adresse angesprochen wird, aber der Webserver nicht aktiviert wurde, reagiert der Webserver nicht – auch nicht mit einer entsprechenden Fehlermeldung!

Nachdem die Einstellungen unter [Projekt] korrekt vorgenommen wurden und an das Gerät übertragen wurden, meldet sich das Gerät bei einem Aufruf unter der gültigen IP-Adresse:

Abb. 10.5: Eine gültige IP-Adresse einer easyE4 mit aktivierten Webserver wurde gefunden.

Der Standard-User : admin

Password: Muss unter [Projekt] zwingend vorgegeben werden.

10.2.3 Grundmaske

Wenn sich der Anwender im „User Login" korrekt angemeldet hat, erscheint die Geräte-Ansicht und er kann die „Remote display"-Ansicht anwählen.

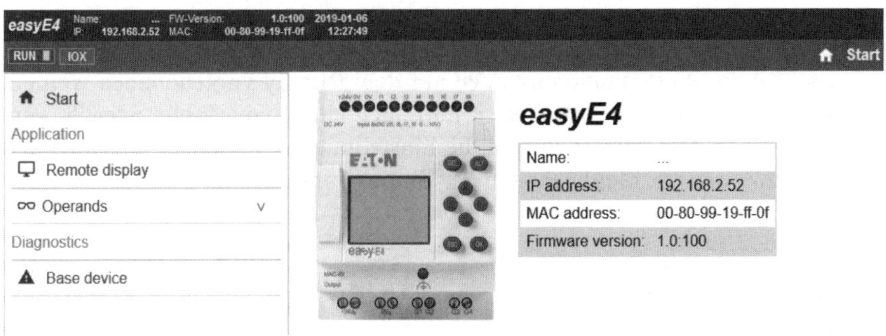

Abb. 10.6: Ein gültiger „User" hat sich mit dem korrekten Passwort angemeldet.

Wenn der Anwender im „User Login" korrekt angemeldet ist, beginnt die Visualisierung, es erscheint die Geräte-Ansicht und die Zugriffsmöglichkeiten beginnen, die Operanden werden angezeigt und sind einstellbar, zusätzlich kann easyE4 sowohl in den RUN oder in den STOP gestellt werden.

Abb. 10.7: Das „Remote display“ wurde angewählt“.

10.2.4 Besondere Möglichkeiten unter der „EDP-Programmierung

Wie schon unter der „EDP-Programmierung“/ Kapitel 3 beschrieben wurde, kann mittels EDP die Programmierung auch auf dem Display vorgenommen werden. Entsprechend kann zu diesem Zweck nun auch ein Handy, Tablet oder PC verwendet werden. Das betrifft sowohl die Einstellung der Parameter als auch den „PowerFlow“ und die Möglichkeiten der Umprogrammierung.

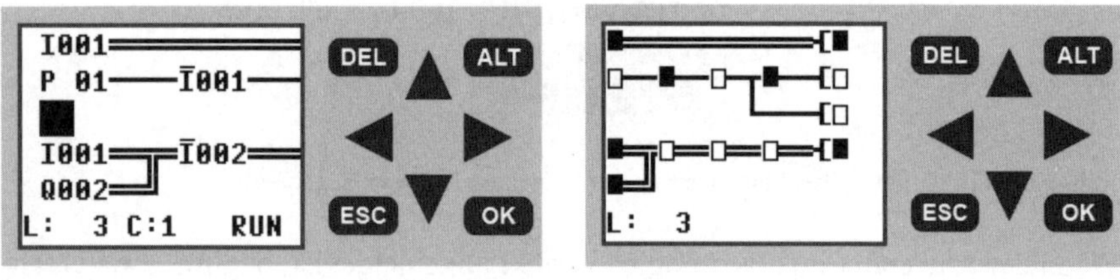

Abb. 10.8: Statusverfolgung einer „EDP“-programmierten easyE4 über einen Browser [ALT]-Taste als Zoom Ein/Aus

Umprogrammierung über einen Browser

Durch die Möglichkeit die Funktionen des Geräts über einen Webbrowser „durchzuspiegeln“, eröffnet sich die Möglichkeit, auch eine Umprogrammierung vorzunehmen.

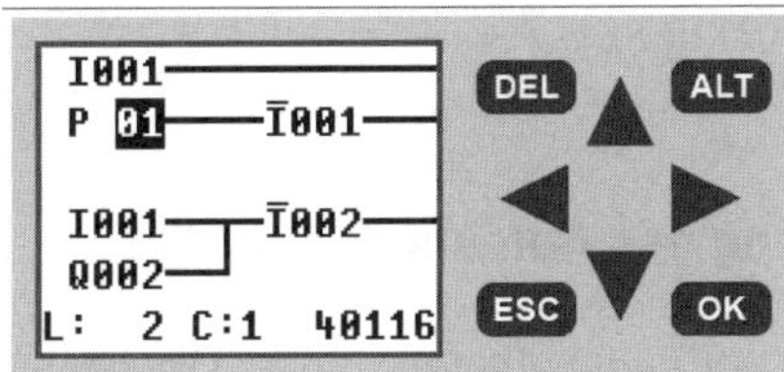

Abb. 10.9: Wenn eine easyE4 im EDP programmiert wurde, kann sie mittels eines Browsers umprogrammiert werden.

10.3 Visualisierung mittels externen Display – Industriepanels

Neben der Anwendung der beschriebenen Möglichkeiten durch ein Handy, Tablet oder PC kommt auch ein Industrie-Panel infrage, wenn auf dem Gerät ein Webbrowser vorhanden ist.

10.4 Übung – Erweiterung der Ampel

Die Übung „Ampel“ aus Kapitel 8 ist um eine Anzeige zu erweitern und die Anforderung „Fußgänger – Grün“ soll durch eine der P-Tasten der easyE4 ermöglicht werden.

10.4.1 Programm im ST

Das Ampel-Programm wurde bereits im Kapitel 8 beschrieben. Daher soll an dieser Stelle lediglich auf den entsprechenden Textbaustein (Text-Relais) eingegangen werden.

```
              // Textmaske Ampel
               D01 (
TRUE              EN := TRUE, // Aktivierung
FALSE             AI := , //  Quittierung Alarmmeldung
TRUE              Q1 => , //  Zustand EN
FALSE             AO =>   //  Impuls-->Bestätigung-Quittierung
              );
```

Abb. 10.10: Das Textrelais D01 im ST angewendet

10.4.2 Erweiterung des Aufrufs der „UF"

Um die „Ampel-Steuerung" auch über [P5] bzw. [OK] bedienbar zu machen, muss UF01I3 um das „OR P5" erweitert werden. Dabei ist zu beachten, dass [P5] auch unter [Projekte] freigegeben sein muss!

```
UF01 (
    NAME := "AMPEL_TYP2",
    VERSION := "V1.07",
    I1 := I1, // Initialisierung
    I2 := I2, // Start - Freigabe der Ampel
    I3 := I3 OR P5, // Anforderung FG für Grün
    Q1 => Q3,     // FW - ROT
    Q2 => Q2,     // FW - GELB
    Q3 => Q1,     // FW - GRÜN
    Q4 => Q4,     // FG - ROT
    Q5 => Q18,    // FG - GELB
    Q6 => Q17,    // FG - GRÜN
    QA1 => MW20,      // Aktueller Schritt
    QA2 => MW21       // Aktuelle Zeit
);
```

Abb. 10.11: Die Parametrierung wird erweitert um P5 → [OK]-aste

In der Anwendung werden MW 20 (aktueller Schritt) und MW21 (aktuelle Zeit) verwendet, ebenso Q1, Q2, Q3, Q4, Q18, Q17.

10.4.3 Freigabe der P-Taste unter Projekt

Um eine P-Taste anwenden zu können, müssen die Tasten unter [Projekt] → [Systemeinstellungen] freigegeben werden, ebenso sind sie innerhalb des Textrelais zu aktivieren.

Definition der Maske (Textrelais)

Die 6 Zeilcn sollen wie folgt angewendet werden:

Zeile 1: Hinweis auf die Taste [OK] (Element 04)

Zeile 2: Visualisierung „ROT“ für beide Ampeln (Elemente 02, 09, 03, 11)

Zeile 3: Visualisierung „GELB“ für beide Ampeln (Elemente 08, 10)

Zeile 4: Visualisierung „GRÜN“ für beide Ampeln (Elemente 07, 12)

Zeile 5: Schrittanzeige als Meldetext (Element 05)

Zeile 6: Anzeige der abgelaufenen Zeit im Schritt (Elemente 01, 06)

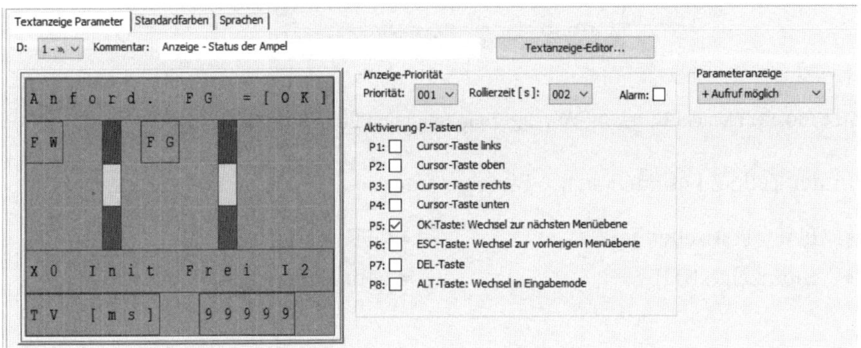

Zeile 1 – „Statischer Text“ – Element 04

Abb. 10.12: Element Nr 04: Eingaben und Einstellungen für die 1. Zeile

Zeile 2 – „Statischer Text" und „Bitanzeige" Element Nr. 02, 09, 03 und 11

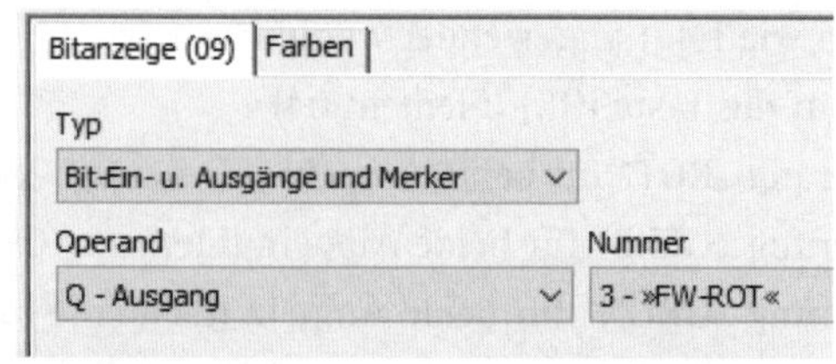

Abb. 10.13: Element Nr 09: Bit-Anzeige Zuordnung und Einstellung der Farben

In der Zeile 2 befinden sich 4 Bildelemente

- FW = statischer Text
- Bitanzeige (Q3)
- FG = statischer Text
- Bitanzeige (Q4)

Zeile 3 „Bitanzeige" Element Nr. 08 und 10

In der Zeile 3 befinden sich 2 Bit-Anzeigen: Element Nr. 08 und 10.

Zeile 4 „Bitanzeige" Element Nr. 07 und 12

In der Zeile 4 befinden sich 2 Bit-Anzeigen.

Zeile 5 „ Meldetext" Element Nr. 05

In der Zeile 5 befindet sich ein Meldetext, der von dem Merkerwort MW20. Meldetext bedeutet, dass jeweils abhängig von dem Wert von MW20 ein anderer Text angezeigt wird.

Einstellungen für den Meldetext:

- Variablentyp Bit oder Wert
- Sprachauswahl (Es kann mehrsprachig eingegeben werden.)

- Darstellungsart:
  normal, invers, blinkend, invers blinkend
- Wert oder Wertebereich für den Meldetext
- Text der ausgegeben wird, wenn für Meldevariablen-Inhalt kein gültiger Text hinterlegt ist
- Eingabe der Werte und Zuordnung des Texts
- Für jeden Test ist eine eigene Text- und Hintergrundfarbe einstellbar.

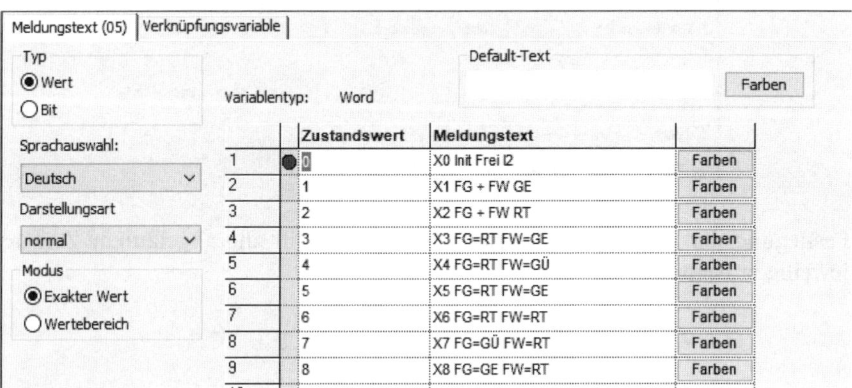

Einstellungen für den Meldetext

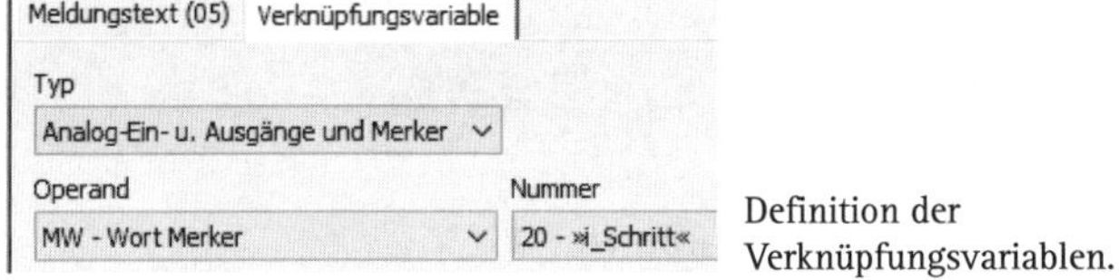

Definition der Verknüpfungsvariablen.

Abb. 10.14: Einstellungen für 05 „Meldetext“

Zeile 6 „Statischer Text“ und „Wertanzeige“ Element Nr. 01 und 06

In der Zeile 6 befindet sich ein statischer Text Element 01 und eine „Wertanzeige“ Element 06.

Für die Wertanzeige (06) sind einzustellen:

- Wertebereich
- Abbildungsbereich

- Vorzeichen anzeigen?
- Führende Nullen anzeigen?
- Nachkommastellen – Anzahl
- Darstellungsart:
  normal, invers, blinkend, invers blinkend

Einstellungen zur Anzeige des Werts:

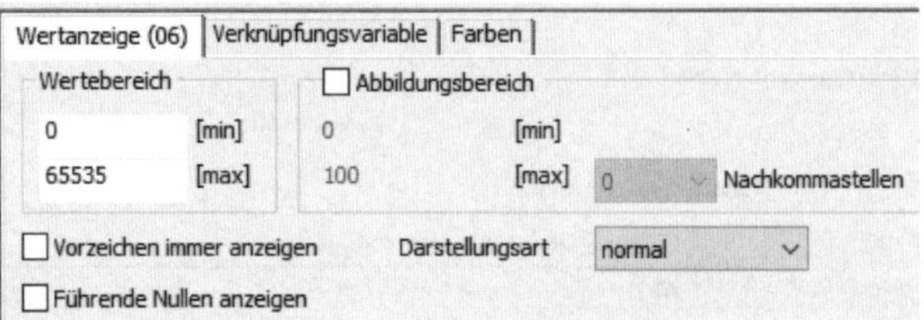

Festlegung der Verknüpfungsvariable MW21 übergibt die abgelaufene Zeit der jeweiligen Ampelphase:

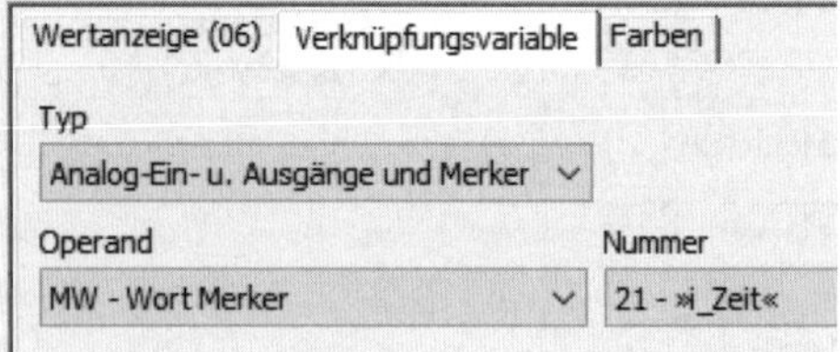

- Einstellung der Hintergrund- und Textfarbe von 06
  - linke Maustaste = Textfarbe
  - rechte Maustaste = Hintergrundfarbe

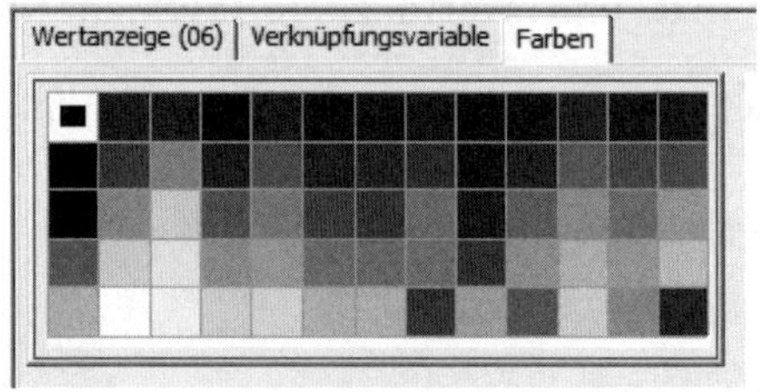

10.5 Anwendung der Visualisierung

Nachdem mit einem Textrelais D01 die Visualisierung der Aufgabenstellung „Ampel" realisiert wurde, kann diese auf dem Gerät, auf einem PC, Handy oder Tablet angewendet werden.

10.5.1 Ampel – Anzeige auf dem Gerät

Auf dem Display des Geräts erscheint der Text monochrom. Der Hintergrund wird nach den getroffenen Einstellungen dargestellt. Diese Einstellungen gelten nur für das monochrome Gerät. Systeme, die in der Lage sind, farbige Inhalte wiederzugeben, stellen diese Inhalte nach den programmierten Farben dar.

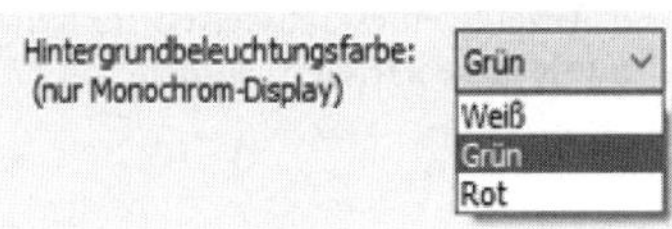

Abb. 10.15: Auswahl der Hintergrundfarbe für das monochrome Display

10.5.2 Ampel – Kommunikation bzw. Diagnose

Unter dem Menü-Punkt [Kommunikation] der easySoft 7 befindet sich unter [Anzeige] die Auswahl [Display + Tasten].

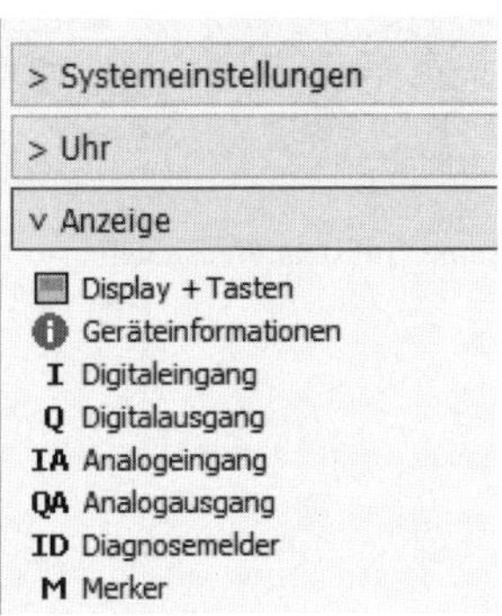

Abb. 10.16: Wenn die Online-Verbindung aktiviert wurde, können zahlreiche Funktionen aufgerufen werden.

Nach der Anwahl von [Display + Tasten] öffnet sich das folgende Fenster:

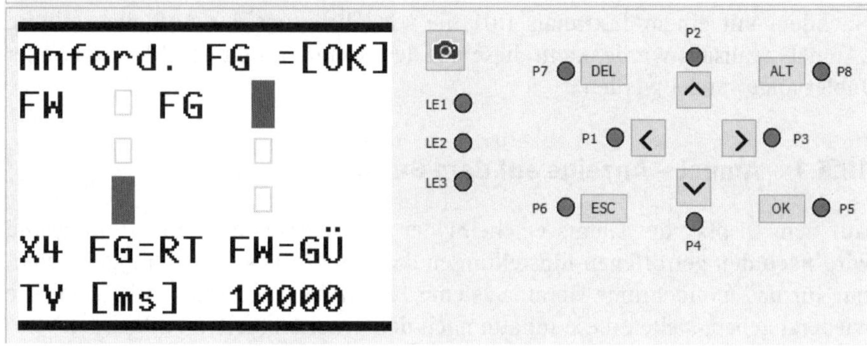

Abb. 10.17: [Display + Tasten] → Anzeige eines aktivierten Textrelais, der „LEx“ und die Möglichkeit der Bedienung von P1...P7, soweit diese aktiviert wurden.

10.5.3 Anzeige auf dem Webserver

Im Webserver wird das Beispiel „Ampel“ mit farbigen Elementen dargestellt, die P-Tasten können betätigt werden, soweit sie freigegeben sind.

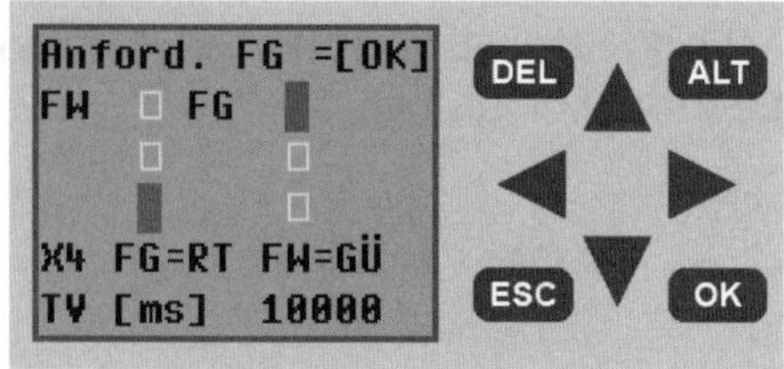

Abb. 10.18: Die Anzeige für die Ampel auf dem Webserver

11 Tabellen easyE4

Im Folgenden werden die Herstellerbausteine der easyE4 tabellarisch wiedergegeben. Es wird vor allem die Anwendung des ST gezeigt, um den Einstieg bzw. Umstieg zu unterstützen.

11.1 Zeitbausteine

11.1.1 HW – Wochenschaltuhr

HW01...HW32	Wochenschaltuhr	easyE4

```
// Wochenschaltuhr
HW01 (
   EN := ,  //  x_Enable
   Q1 =>    //  x_Nocke aktiv (= 1)
);
```

HW02
EN
Q1

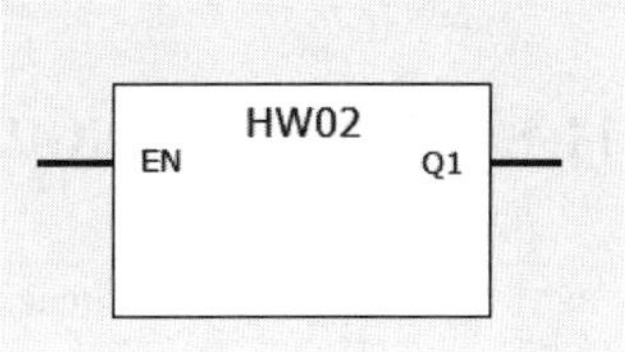

11.1.2 HY – Jahres-Zeitschaltuhr

HY1...HY32	Jahresschaltuhr	easyE4

```
// Jahresschaltuhr
HY01 (
   EN := ,  //  x_Enable
   Q1 =>    //  x_Nocke aktiv (= 1)
);
```

HY02
EN
Q1

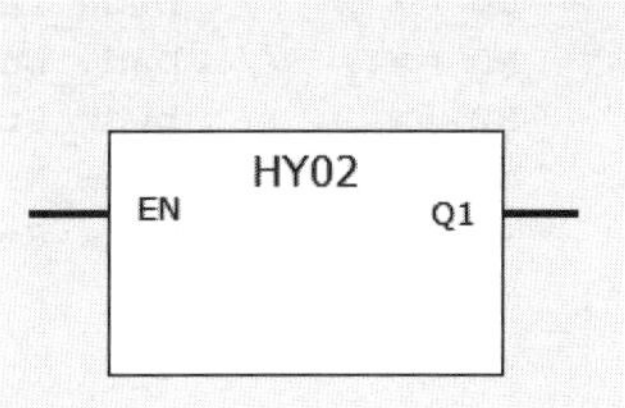

11.1.3 OT – Betriebsstundenzähler

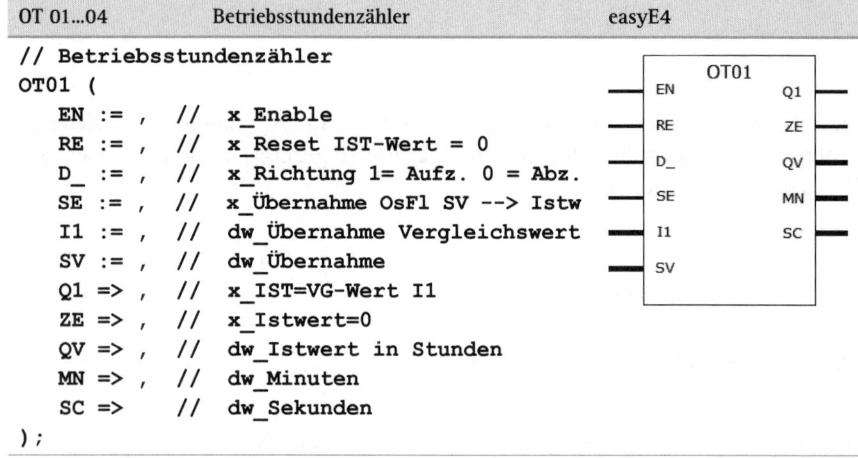

OT 01...04	Betriebsstundenzähler	easyE4

```
// Betriebsstundenzähler
OT01 (
   EN := ,  //  x_Enable
   RE := ,  //  x_Reset IST-Wert = 0
   D_ := ,  //  x_Richtung 1= Aufz. 0 = Abz.
   SE := ,  //  x_Übernahme OsFl SV --> Istw
   I1 := ,  //  dw_Übernahme Vergleichswert
   SV := ,  //  dw_Übernahme
   Q1 => ,  //  x_IST=VG-Wert I1
   ZE => ,  //  x_Istwert=0
   QV => ,  //  dw_Istwert in Stunden
   MN => ,  //  dw_Minuten
   SC =>    //  dw_Sekunden
);
```


11.1.4 RC – Echtzeit-Uhr

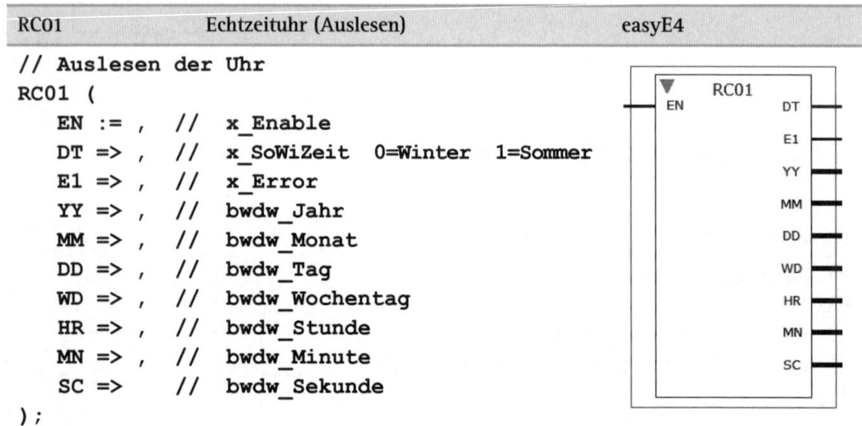

RC01	Echtzeituhr (Auslesen)	easyE4

```
// Auslesen der Uhr
RC01 (
   EN := ,  //  x_Enable
   DT => ,  //  x_SoWiZeit  0=Winter  1=Sommer
   E1 => ,  //  x_Error
   YY => ,  //  bwdw_Jahr
   MM => ,  //  bwdw_Monat
   DD => ,  //  bwdw_Tag
   WD => ,  //  bwdw_Wochentag
   HR => ,  //  bwdw_Stunde
   MN => ,  //  bwdw_Minute
   SC =>    //  bwdw_Sekunde
);
```

11.1.5 T - Zeitrelais

T01...T32	Zeitrelais	easyE4

```
// Zeitrelais
T01 (
   EN := ,          //  x_Enable
   RE := ,          //  x_Reset
   ST := ,          //  x_Stop
   I1 := T#0ms,     //  t_Zeit_1
   I2 := ,          //  t_Zeit_2
   Q1 => ,          //  Zeit abgelaufen
   QV =>            //  abgelaufene Zeit
);
```

T01
X
EN
RE
ST
I1
I2
Q1
QV

Mögliche Funktionen:

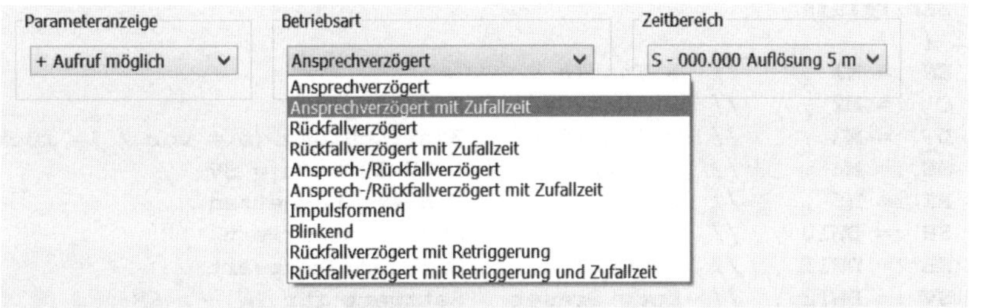

11.1.6 WT - Wochenschaltuhr (neu)

WT01...32	Wochenschaltuhr – neu	easyE4

```
// Wochschaltuhr (neu)
WT01 (
   EN := ,   //  x_Enable
   Q1 =>     //  x_Aktiv  Schaltpunkt aktiv
);
```

WT01
EN
Q1

11.1.7 YT – Jahresschaltuhr (neu)

YT01...32	Jahresschaltuhr – neu	easyE4

```
// Jahresschaltuhr (neu)
YT01 (
  EN := ,  //  x_Enable
  Q1 =>    //  x_Aktiv  Schaltpunkt aktiv
);
```

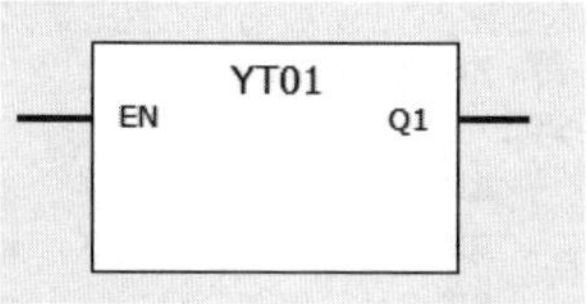

YT01: EN → Q1

11.2 Zählerbausteine

11.2.1 C – Zähler

C01...C32	Zähler

```
// Zählrelais
C01 (
   EN := M1 ,     //  x_Enable
   C_ := M2 ,     //  x_ZählPosFl    Zähleingang
   D_ := M3 ,     //  x_Zählricht    Zählrichtung (0 = vor / 1= rück)
   SE := M4 ,     //  X_ÜbernIW      Posfl Istwert = SV
   RE := M5 ,     //  x_Reset        Zähler rücksetzen
   SH := DW10 ,   //  bwdw_OBSollw   Oberer Grenzwert
   SL := DW11 ,   //  bwdw_UTSollw   Unterer Grenzwert
   SV := DW12 ,   //  bwdw_Preset    Setzwert für IW --> SE
   OF => M6 ,     //  x_IW=SH        Oberer Grenzwert erreicht
   FB => M7 ,     //  x_IW=SL        Unterer Grenzwert erreicht
   CY => M8 ,     //  x_IWError      Max. Istwert überschritten
   ZE => M9 ,     //  x_IW=0         Zählwert (IW) = 0
   QV => DW13     //  bwdw_IW        Aktueller Istwert
      );
```

easyE4

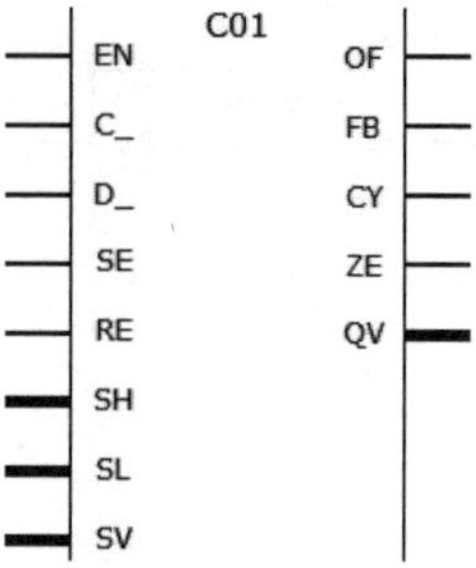

C01
Eingänge: EN, C_, D_, SE, RE, SH, SL, SV
Ausgänge: OF, FB, CY, ZE, QV

11.2.2 CF – Frequenzzähler

CF01...02	Frequenzzähler(C15...C16)

```
// Frequenzzähler
CF01 (
   EN := ,  //  x_Enable
   SH := ,  //  bwdw_Oberer Sollwert
   SL := ,  //  bwdw_Unterer Sollwert
   OF => ,  //  x_Status QV >= SH Obere Grenze überschritten
   FB => ,  //  x_Status QV <= SL Untere Grenze unterschritten
   ZE => ,  //  x_Empty  Aktualwert QV = 0
   QV => ,  //  bwdw_Impulse Anz. Impulse im Messzyklus
   QF =>    //  bwdw_Aktuelle_f Aktuelle Frequenz * 10
);
```

easyE4

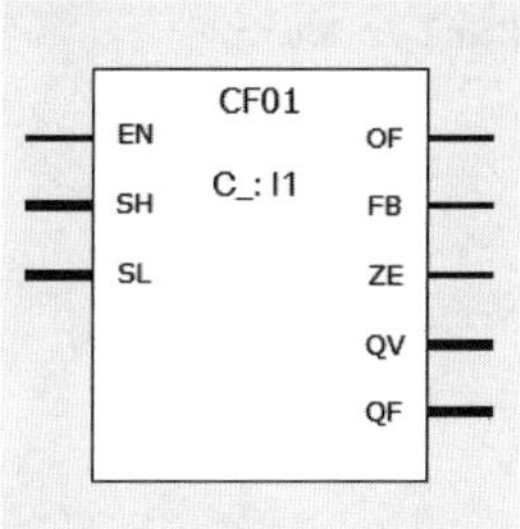

Implizite Eingänge:

- CF 1 → I1
- CF 2 → I2
- CF 3 → I3
- CF 4 → I4

11.2.3 CHxx – Hochgeschwindigkeitszähler

CHxx	Hochgeschwindigkeitszähler

```
// Hochgeschwindigkeitszähler
CH01 (
   EN := ,  //  x_Enable
   D_ := ,  //  x_Richtung D_ = 1 --> Ab D_ = 0 --> Auf
   SE := ,  //  x_QV=SV  Übernahme von SV als Aktualw. QV
   RE := ,  //  x_Reset  Löschen des Aktualwert QV = 0
   SH := ,  //  bwdw_OberGrWert
   SL := ,  //  bwdw_UnterGrWert
   SV := ,  //  bwdw_StartWert   ( Pos.Flanke SE )
   OF => ,  //  x_ErrorSH Ober   (QV > SH)
   FB => ,  //  x_ErrorSL Unter  (QV < SL)
   CY => ,  //  x_ErrorZählWertOverFlow (QV - Überlauf)
   ZE => ,  //  x_Zero  QV = 0
   QV =>    //  bwdw_Aktualwert  Aktueller Zähler Wert
);
```

easyE4

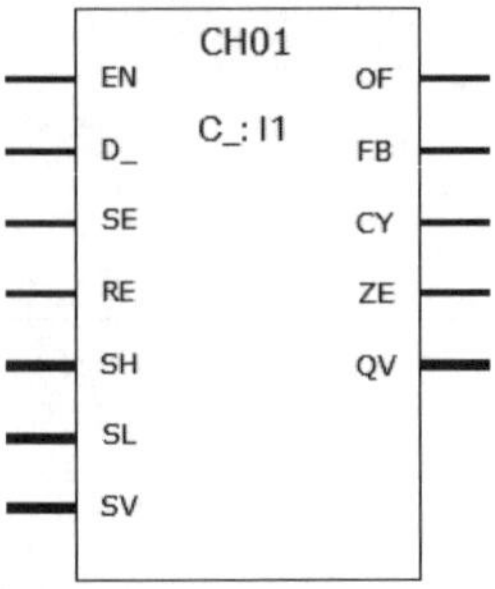

CH01

C_: I1

EN, D_, SE, RE, SH, SL, SV | OF, FB, CY, ZE, QV

Implizite Eingänge:
- CH1 → I1
- CH 2 → I2
- CH 3 → I3
- CH 4 → I4

11.2.4 CI – Inkrementalwertzähler

CI01...02	Inkrementalwertzähler

```
// Inkrementalwertzähler
CI01 (
   EN := ,  //  x_Enable
   SE := ,  //  x_QV=SV  Übernahme von SV als Aktualw. QV
   RE := ,  //  x_Reset  Löschen des Aktualwert QV = 0
   SH := ,  //  bwdw_OberGrWert
   SL := ,  //  bwdw_UnterGrWert
   SV := ,  //  bwdw_StartWert   ( Pos.Flanke SE )
   OF => ,  //  x_ErrorZählWertOverFlow (QV - Überlauf)
   FB => ,  //  x_ErrorSL Unter (QV < SL)
   CY => ,  //  x_ErrorZählWertOverFlow (QV - Überlauf)
   ZE => ,  //  x_Zero  QV = 0
   QV =>    //  bwdw_Aktualwert  Aktueller Zähler Wert
);
```

easyE4

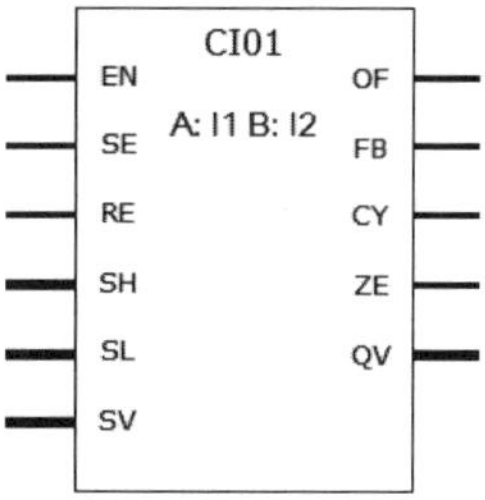

CI01
A: I1 B: I2

Eingang	Ausgang
EN	OF
SE	FB
RE	CY
SH	ZE
SL	QV
SV	

Implizite Eingänge:

- CI 1.1 ⟶ I1
- CI 1.2 ⟶ I2
- CI 2.1 ⟶ I3
- CI 2.2 ⟶ I4

11.3 Arithmetik- und Analogbausteine

11.3.1 A – Analogwertvergleicher/Schwellwertschalter

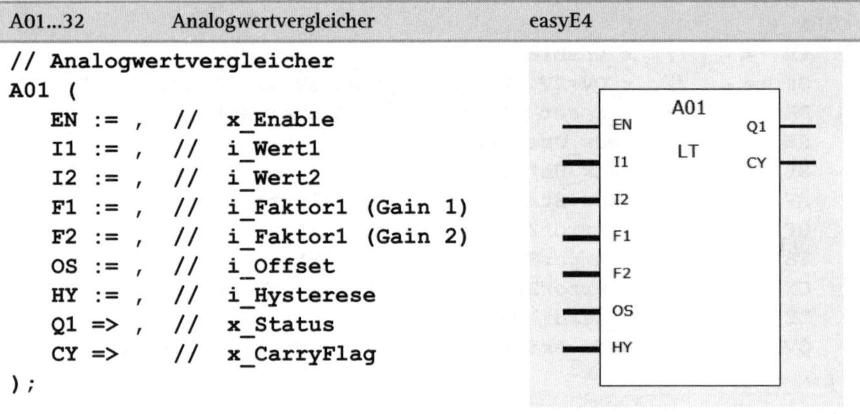

A01...32	Analogwertvergleicher	easyE4

```
// Analogwertvergleicher
A01 (
   EN := ,  //  x_Enable
   I1 := ,  //  i_Wert1
   I2 := ,  //  i_Wert2
   F1 := ,  //  i_Faktor1 (Gain 1)
   F2 := ,  //  i_Faktor1 (Gain 2)
   OS := ,  //  i_Offset
   HY := ,  //  i_Hysterese
   Q1 => ,  //  x_Status
   CY =>    //  x_CarryFlag
);
```


Dieser Baustein ermöglicht beispielsweise den Aufbau eines Zweipunktreglers.

11.3.2 AR – Arithmetik

AR01...32	AR Arithmetik	easyE4

```
//  Arithmetik
AR01 (
   EN := ,  //  x_Enable
   I1 := ,  //  bwdw_Wert1
   I2 := ,  //  bwdw_Wert2
   CY => ,  //  x_Wertüberschreitung
   ZE => ,  //  x_QVNull
   QV =>    //  bwdw_Ergebnis
);
```

AR01
ADD
EN
I1
I2
CY
ZE
QV

11.3.3 CP – Vergleicher

CP01...32	Vergleicher	easyE4

```
// Vergleicher
CP01 (
   EN := M1        //  x_Enable
   I1 := DW11 ,    //  bwdw_Wert1
   I2 := DW12 ,    //  bwdw_Wert2
   LT => M1 ,      //  x_I1 < I2
   EQ => M2 ,      //  x_I1 = I2
   GT => M3        //  x_I1 > I2
);
```


11.3.4 LS – Wertskalierung

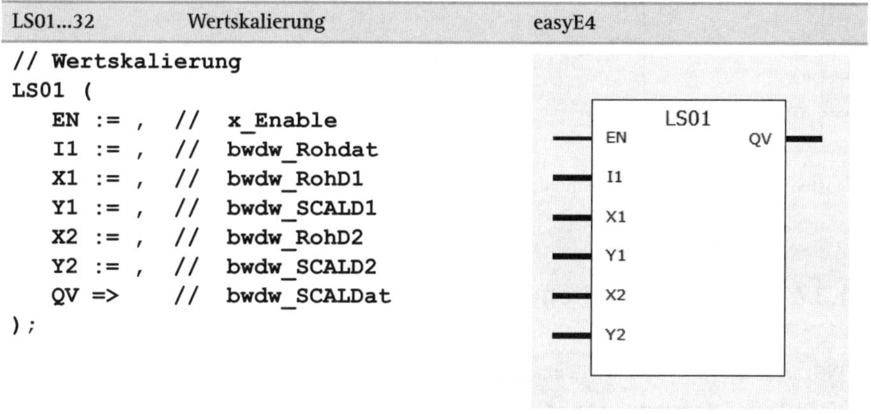

LS01...32	Wertskalierung	easyE4

```
// Wertskalierung
LS01 (
   EN := ,  //  x_Enable
   I1 := ,  //  bwdw_Rohdat
   X1 := ,  //  bwdw_RohD1
   Y1 := ,  //  bwdw_SCALD1
   X2 := ,  //  bwdw_RohD2
   Y2 := ,  //  bwdw_SCALD2
   QV =>    //  bwdw_SCALDat
);
```


Baustein zum Skalieren: Der Baustein benötigt lediglich zwei Punkte einer Geraden und rechnet dann für jeden X- (I1)-Wert den entsprechenden Y- (QV)-Wert aus. Dieses sind die Min.-Punkte und die Max.-Punkte (keine beliebigen Punkte der Geraden!). Der Baustein nimmt gleichzeitig eine Wertebegrenzung vor!

11.3.5 MM – Min-/Maxfunktion

MM01...32	Min-/Maxfunktion

```
// Min-/Maxfunktion
MM01 (
    EN := ,  //  x_Enable
    ET := ,  //  x_AutoTrigZyk    FreigabeZyklischer Trigger
    T_ := ,  //  x_Trigger        Gesteuerter Trigger
    RE := ,  //  x_Reset          Reset Min/Max
    I1 := ,  //  bwdw_Aktualw     AktuellerWert
    RY => ,  //  bwdw_NeuMMWert   Neuer Min oder MaxWert
    QM => ,  //  bwdw_MinWert     Kleinster gemessener Wert
    QX =>    //  bwdw_MaxWert     Größter gemessener Wert
);
```

easyE4

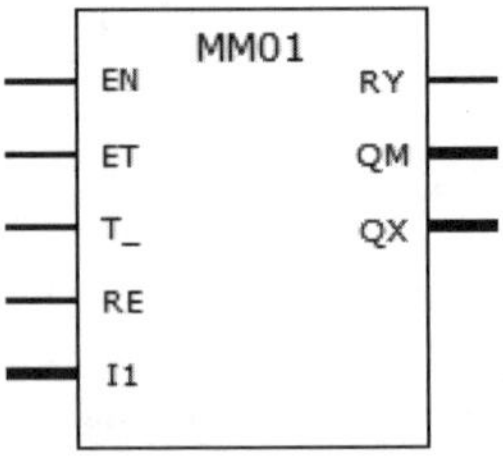

```
      MM01
 EN         RY
 ET         QM
 T_         QX
 RE
 I1
```

Baustein zur Bestimmung des Minimal- und Maximal-Werts eingelesener Werte (Trigger-gesteuert)

11.3.6 PW – Pulsweitenmodulation

PW01...02	Pulsweitenmodulation

```
// Pulsweitenmodulation
PW01 (
    EN := ,  //  x_Enable
    SV := ,  //  bwdw_Stellw   Stellgröße  0...4095 (12 Bit)
    PD := ,  //  bwdw_Period   Periodend. (Min. 5 ms = 200 Hz)
    ME := ,  //  bwdw_MinEin   Zeit Min-Ein bzw. Aus
    E1 =>    //  x_ErrEinAus   Min Ein- bzw. Ausz. unterschrit.
);
```

easyE4

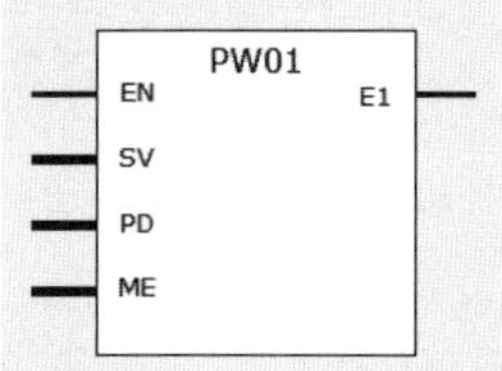

Die Pulsweitenmodulation wird bei Steuer- und Regelungsaufgaben verwendet, um über ein Puls/Pausenverhältnis einen Effektivwert einzustellen (in der Regel ohmsche Verbraucher, z. B. zum Einstellen von Licht oder Temperatur usw.).

11.4 Steuer- und Regelbausteine

11.4.1 DC – PID-Regler

DC01...32 PID-Regler

```
// PID-Regler
DC01 (
  EN := ,  //  x_Freigabe
  EP := ,  //  x_PAnteilAktiv
  EI := ,  //  x_IAnteilAktiv
  ED := ,  //  x_DAnteilAktiv
  SE := ,  //  x_HandsteuerungAktiv
  I1 := ,  //  i_Sollwert
  I2 := ,  //  i_Istwert
  KP := ,  //  i_Propotionalverstärkung KP
  TN := ,  //  i_Nachstellzeit (0,1 s)
  TV := ,  //  i_Vorhaltezeit (0,1 s)
  TC := ,  //  i_Abtastzeit (0,1 s)
  MV := ,  //  i_WertHandsteuerung
  LI => ,  //  x_OverFlowStellgröße
  QV => ,  //  w_Ausgangswert
  QP => ,  //  w_Aktual P-Anteil
  QI => ,  //  w_Aktual I-Anteil
  QD =>    //  w_Aktual D-Anteil
);
```

easyE4

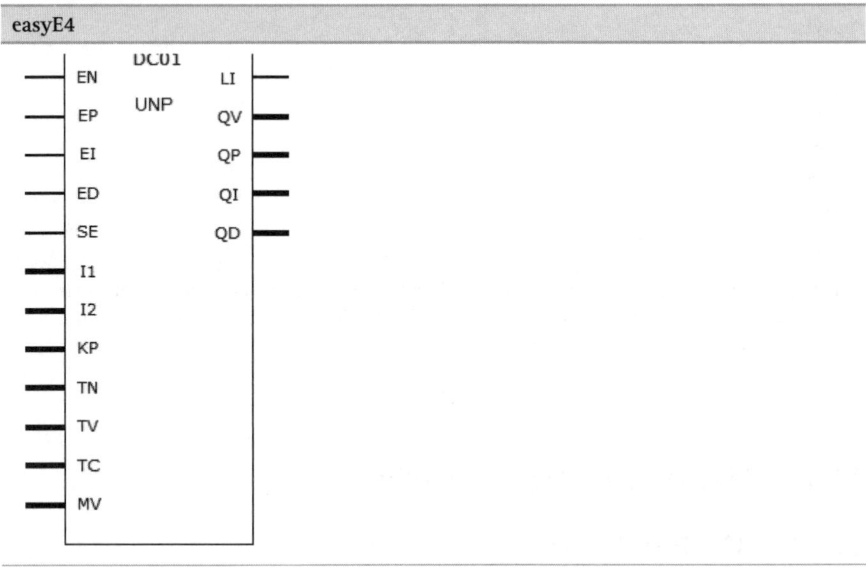

11.4.2 FT – PT1-Signalglättungsfilter

FT01...32 — FT – Signalglättungsfilter

```
FT01 (
   EN := ,  //  x_Freigabe
   I1 := ,  //  i_Eingangswert
   TG := ,  //  i_Ausgleichszeit in 0,1 s 0…65535
   KP := ,  //  i_Proportionalverstärkung 100 = 1
   CY => ,  //  x_Error Wertüberschreitung QV
   QV =>    //  i_GeglätteterWert
);
```

easyE4

FT01
EN
I1
TG
KP
CY
QV

11.4.3 PO – Impulsausgabe

PO01...02	PO – Impulsausgabe	easyE4

```
PO01 (
   EN := ,  //  x_Freigabe
   S_ := ,  //  x_Start Fahrauftrag
   BR := ,  //  x_Fahrauftrag abbrechen
   TP := ,  //  x_ Tippbetrieb
   I1 := ,  //  i_Anzahl der Impulse
   FS := ,  //  i_Starfrequenz
   FO := ,  //  i_Betriebsfrequenz
   RF := ,  //  i_Frequenzänderung Hochlauf
   BF := ,  //  i_Frequenzänderung Bremsen
   P1 := ,  //  i_Schrittzahl - Tippbetrieb
   PF := ,  //  i_Frequenz - Tippbetrieb
   AC => ,  //  x_Fahrauftrag aktiv
   E1 => ,  //  x_Fehlerhafte Parameter
   QV => ,  //  i_Aktuelle Schrittzahl
   QF =>    //  i_Aktuelle Frequenz
);
```

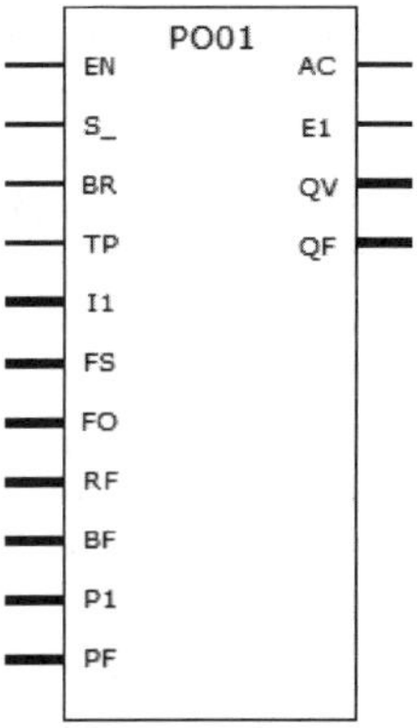

Die Ausgänge Q1 und Q2 sind implizit

- Q1 → PO01
- Q2 → PO02

11.4.4 TC – Dreipunktregler

TC01...32	PT1-Dreipunktregler	easyE4

```
TC01 (
   EN := M20,   //  x_Freigabe
   I1 := MW40,  //  w_Sollwert
   I2 := MW41,  //  w_Istwert
   H1 := MW42,  //  w_Hysterese 1
   H2 := MW43,  //  w_Hysterese 2
   XH := MW44,  //  w_Abstand zum Schaltpunkt
   TC := MW45,  //  w_Zykluszeit
   Q1 => Q1,    //  x_Ausgang 1
   Q2 => Q2     //  x_Ausgang 2
 );
```

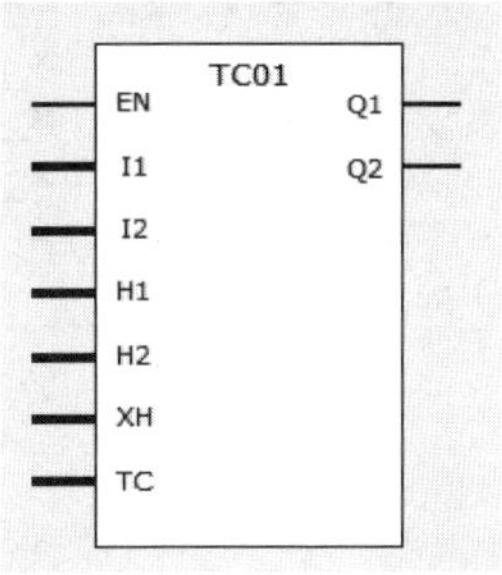

11.4.5 VC – Wertebegrenzung

VC01...32	Wertebegrenzung	easyE4

```
VC01 (
   EN := ,  //  x_Freigabe
   I1 := ,  //  i_Eingangswert
   SH := ,  //  i_Obere Grenze
   SL := ,  //  i_Untere Grenze
   QV =>    //  i_Ausgangswert
);
```

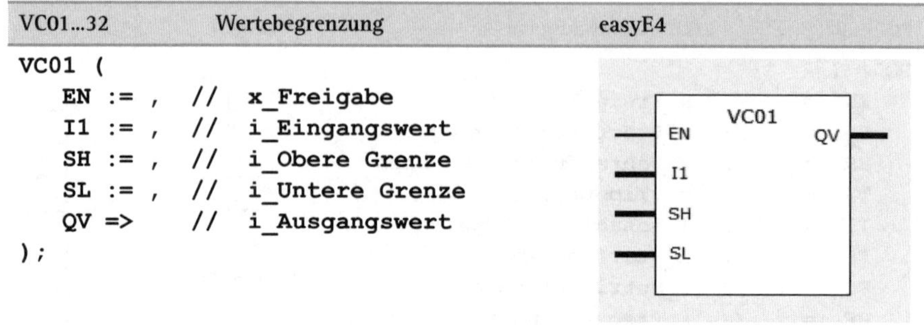

Begrenzt einen eingegebenen Wert I1 auf ein Minimum SL und auf ein Maximum SH. Dieser begrenzte Wert wird auf QV ausgegeben.

11.5 Daten- und Registerbausteine

BC – Block-Vergleich

BC01...32	Block-Vergleich

```
// Blockvergleich - Vergleich zweier unabhängiger
Speicherbereiche
BC01 (
   EN := ,  //  x_Enable
   I1 := ,  //  bwdw_BL1ANF
   I2 := ,  //  bwdw_BL2ANF
   NO := ,  //  bwdw_AnzVglElemente
   EQ => ,  //  x_DatBerGl      1 = Datenbereiche gleich
   E1 => ,  //  x_ErrAnzEle     Anz. Elem. zu groß
   E2 => ,  //  x_ErrUeberl     Überlapp. Quell- Zielber.
   E3 =>    //  x_ErrMerkber.   Variablenber. überschr.
);
```

easyE4

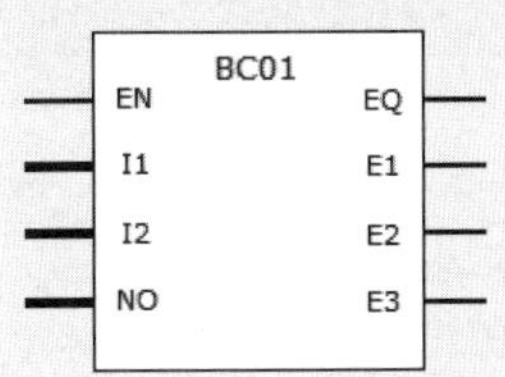

11.5.1 BT – Block-Transfer

BT01..32	Block-Transfer

```
// Baustein hat die Funktion Kopieren oder Initialisieren
BT01 (
    EN := ,  //  x_Enable
    T_ := ,  //  x_Trigger       Triggerimpuls --> Ausführung
    I1 := ,  //  bwdw_QuellAdr   Start Quellbereich
    I2 := ,  //  bwdw_ZielAdr    Start Quellbereich
    NO := ,  //  bwdw_AnzElem    Anzahl Elemente
    E1 => ,  //  x_ErrAnzElem    Anzahl Elemente zu groß
    E2 => ,  //  x_ErrÜberlapp   Überlappung Quell-/Zielbereich
    E3 =>    //  x_ErrMerkerber  Variablenbereich überschritten
 );
```

easyE4

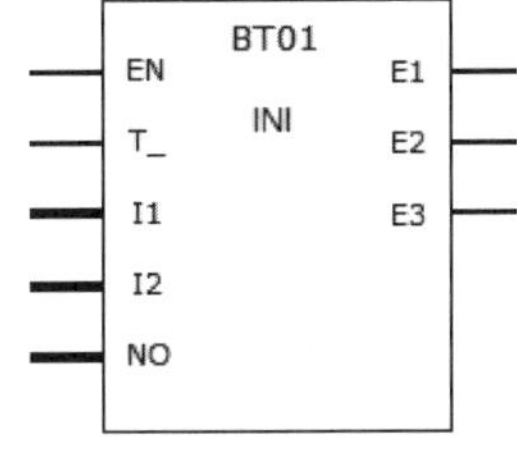

11.5.2 DB – Datenbaustein

DB01...32	Datenbaustein

```
// Datenbaustein
DB01 (
   EN := ,  //  x_Enable
   T_ := ,  //  x_Trigger     Triggerimpuls --> Ausführung
   I1 := ,  //  bwdw_Dat      Wert zur Übernahme
   Q1 => ,  //  x_Quitt       Quittierung: Wert übernommen
   QV =>    //  bwdw_DatSav   Übernommener Wert
)
```

easyE4

DB01
EN Q1
T_ QV
I1

Achtung: Die Datenübergabe ist impulsgesteuert, erfolgt nur einmalig nach einer Flanke!

11.5.3 MX – Datenmultiplexer

MX01...32	Datenmultiplexer

```
// Datenmultiplexer
MX01 (
   EN := ,  //  x_Enable
   K := ,   //  x_KanalNr       Zeiger zur Datenauswahl (0..7)
   I1 := ,  //  bwdw_Wert1
   I2 := ,  //  bwdw_Wert2
   I3 := ,  //  bwdw_Wert3
   I4 := ,  //  bwdw_Wert4
   I5 := ,  //  bwdw_Wert5
   I6 := ,  //  bwdw_Wert6
   I7 := ,  //  bwdw_Wert7
   I8 := ,  //  bwdw_Wert8
   E1 => ,  //  x_ErrParam      Prameterfehler --> QV = 0
   QV =>    //  bwdw_AusgWert   Ausgwählter Wert von I1...I8
);
```

easyE4

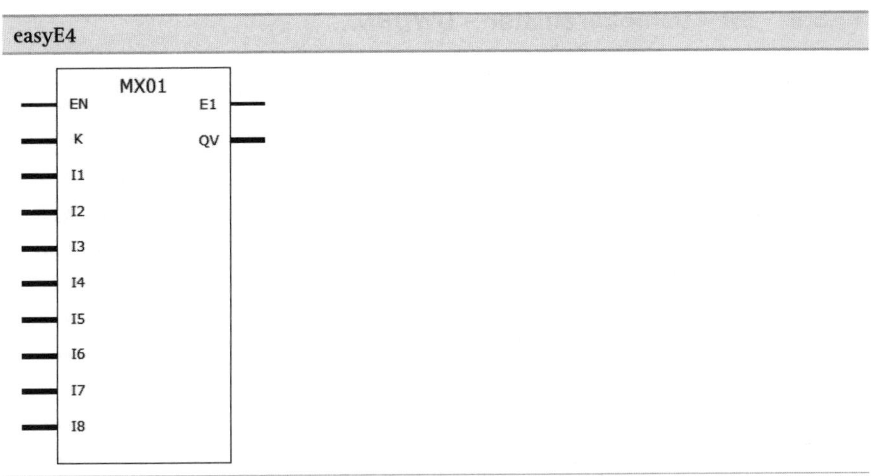

Wählt über „K“ Eingangswert von I1...I8 aus, Wert wird an QV ausgegeben.

11.5.4 SR – Schieberegister-Bit

SR01...32	Schieberegister-Bit	easyE4

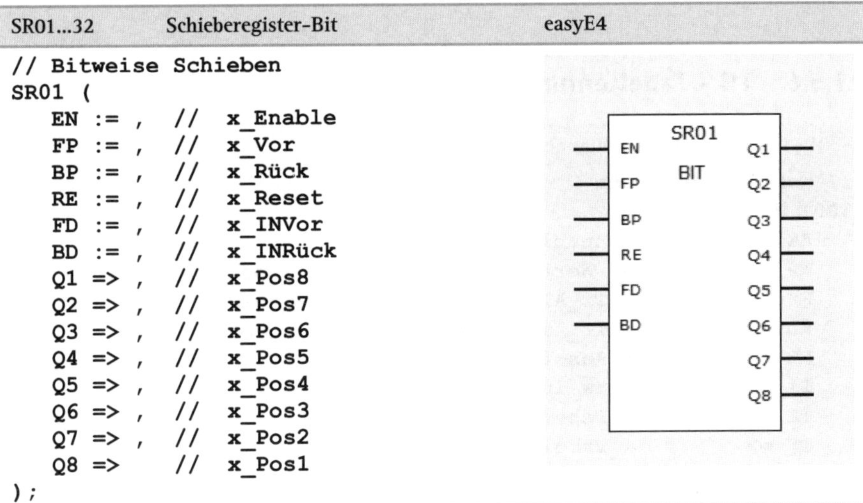

```
// Bitweise Schieben
SR01 (
   EN := ,  //  x_Enable
   FP := ,  //  x_Vor
   BP := ,  //  x_Rück
   RE := ,  //  x_Reset
   FD := ,  //  x_INVor
   BD := ,  //  x_INRück
   Q1 => ,  //  x_Pos8
   Q2 => ,  //  x_Pos7
   Q3 => ,  //  x_Pos6
   Q4 => ,  //  x_Pos5
   Q5 => ,  //  x_Pos4
   Q6 => ,  //  x_Pos3
   Q7 => ,  //  x_Pos2
   Q8 =>    //  x_Pos1
);
```

11.5.5 SR – Schieberegister – DWORD

SR01...32	Schieberegister – DWORD	easyE4

```
// Byte - Word- - DWord-weise schieben
SR01 (
   EN := , //  x_Enable
   FP := , //  x_Vor
   BP := , //  x_Rück
   RE := , //  x_Reset
   I1 := , //  x_FP → Wert I1
   I2 := , //  x_BP → Wert I2
   D1 => , //  x_Pos8
   D2 => , //  x_Pos7
   D3 => , //  x_Pos6
   D4 => , //  x_Pos5
   D5 => , //  x_Pos4
   D6 => , //  x_Pos3
   D7 => , //  x_Pos2
   D8 =>   //  x_Pos1
);
```

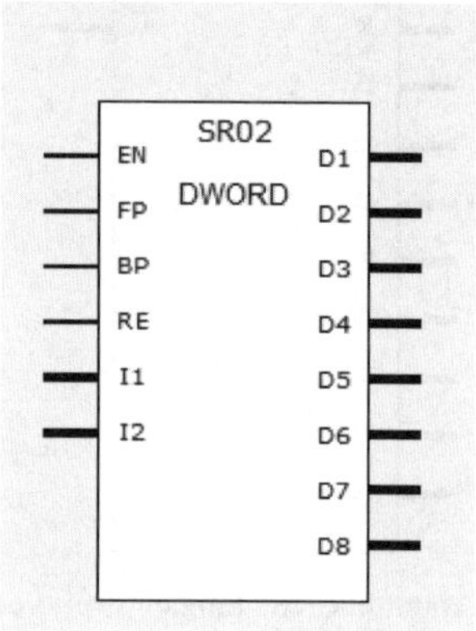

11.5.6 TB – Tabellenfunktion

TB01...32	Tabellenfunktion

```
// Tabellenfunktion
TB01 (
   EN := , //  x_Enable
   WP := , //  x_ WertInI1  Wert von in Tabelle eintragen
   RF := , //  x_Tr_ÄltesterWert an QV ausgeben
   RL := , //  x_Tr_LetzterWert an QV ausgeben
   RE := , //  x_Reset
   I1 := , //  bwdw_In-Wert
   TE => , //  x_Tabelle leer
   TF => , //  x_Tabelle voll
   QV => , //  bwdw_Letzter/Ältester_Wert
   QN =>   //  b_Anzahl gespeicherter Werte
);
```

11.6 NET-Bausteine

Diese Bausteine werden erst dann zugänglich, wenn mindestens zwei Geräte im Projekt eingefügt sind. Ist nur ein Gerät vorhanden, sind diese Bausteine ausgeblendet! Die Bausteine dienen dem Datenaustausch zwischen zwei oder mehr NET-Teilnehmern.

11.6.1 GT – Wert aus dem Netz holen

GT 01 ...32 Wert aus dem Netz holen

```
// Übernehme Daten von NET2 Register 01
GT01 (
   EN :=  NOT ID02,  //  x_Freigabe Lesen
   Q1 => ,           //  x_NeueDaten → 1 Zyklus
   QV => MB6         //  bwdw_Empfangene Daten
);
```

easyE4

GT01
EN
Q1
QV

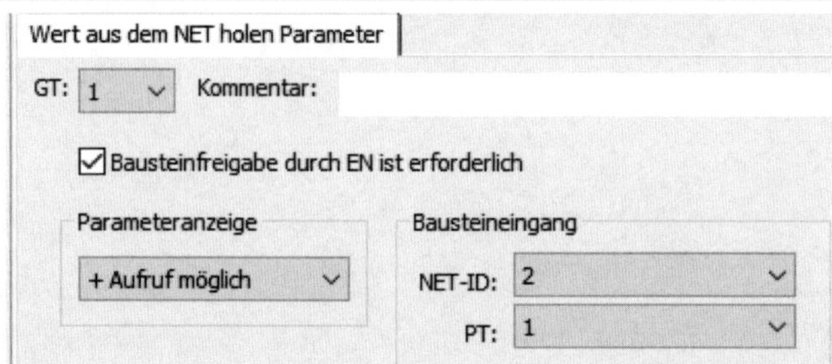

Beim GT-Baustein ist zu berücksichtigen, dass der Wert innerhalb einer Steuerung aus der entsprechenden Tabelle herausgelesen wird. Dieses Lesen belastet nicht das easyNET und kann ständig durchgeführt werden. Ein Auswerten des Q1 kann hilfreich sein, um neue Daten zu erkennen oder ein Handshake mit der Datenquelle aufzubauen.

11.6.2 PT – Wert in das NET stellen

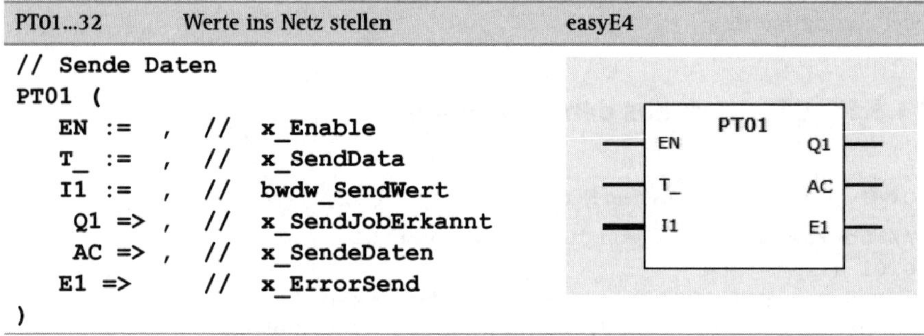

PT01...32	Werte ins Netz stellen	easyE4

```
// Sende Daten
PT01 (
   EN :=  ,  //  x_Enable
   T_ :=  ,  //  x_SendData
   I1 :=  ,  //  bwdw_SendWert
    Q1 => ,  //  x_SendJobErkannt
    AC => ,  //  x_SendeDaten
   E1 =>     //  x_ErrorSend
)
```


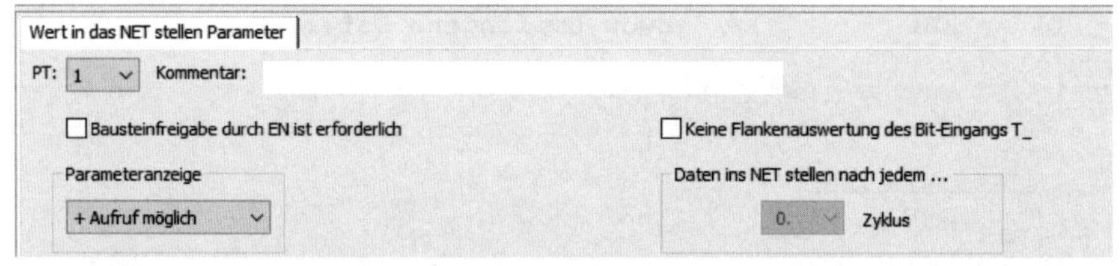

Dieser Befehl ist flankengesteuert und belastet bei der Ausführung das gesamte Netzwerk. Der Anwender sollte die Schaltung daher so definieren, dass die Daten möglichst selten gesendet werden müssen.

11.6.3 SC – Uhr über NET synchronisieren

SC01	Uhr über easyNET synchronisieren

```
// Synchronisieren der Uhrzeit
SC01 (
   EN := ,   //  x_Freigabe
   T_ := ,   //  x_PosFlUhr synchronisieren
   Q1 =>     //  x_StatusBit
);
```

easyE4

Dieser Befehl wird benutzt, um die internen Uhrzeiten mehrerer easyNET-Teilnehmer exakt zu synchronisieren.

11.7 Sonstige Bausteine

11.7.1 AL – Alarmbaustein

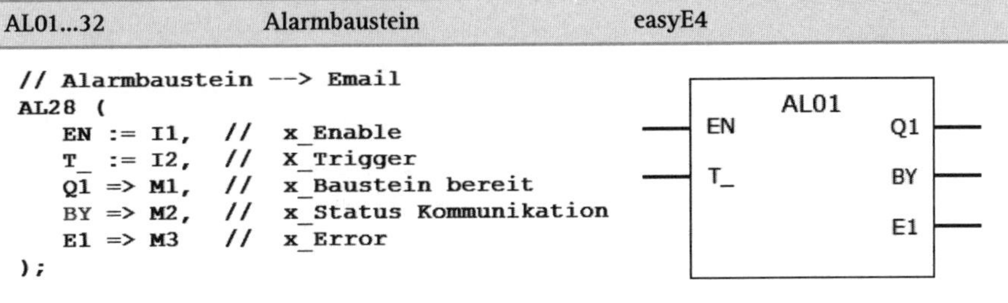

AL01...32	Alarmbaustein	easyE4

```
// Alarmbaustein --> Email
AL28 (
   EN := I1,   //  x_Enable
   T_ := I2,   //  x_Trigger
   Q1 => M1,   //  x_Baustein bereit
   BY => M2,   //  x_Status Kommunikation
   E1 => M3    //  x_Error
);
```

11.7.2 BV – Boolesche Verknüpfung – Byte – WORD-Doppelword

BV01...32	Boolesche Verknüpfung – Byte – WORD-Doppelword	easyE4

```
// Boolesche Verknüpfung über Wert
BV01 (
    EN := ,  //  X_Enable
    I1 := ,  //  bwdw_Variable_1
    I2 := ,  //  bwdw_Variable_2
    ZE => ,  //  x_VKE = 0
    QV =>    //  bwdw_Ergebnisvariable
);
```

BV01
EN
I1
I2
AND
ZE
QV

Boolsche Verknüpfung Parameter
BV: 1 Kommentar:
Bausteinfreigabe durch EN ist erforderlich
Parameteranzeige: + Aufruf möglich
Betriebsart: AND - Und-Verknüpfung
AND - Und-Verknüpfung
OR - Oder-Verknüpfung
XOR - Exklusiv-Oder-Verknüpfung
NOT - Nicht-Verknüpfung

11.7.3 D – Textanzeige

D01...32	Textanzeige	easyE4

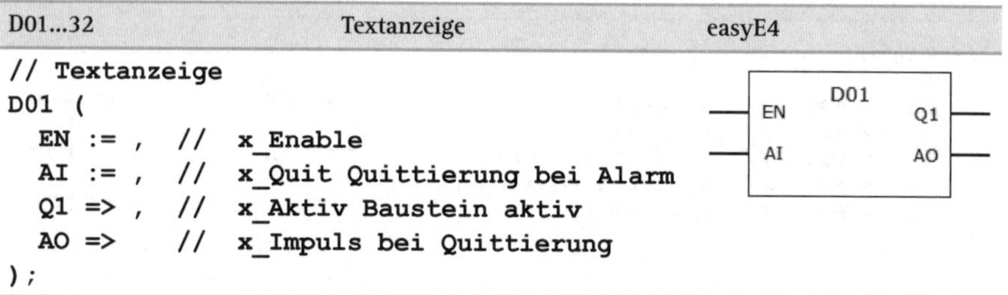


```
// Textanzeige
D01 (
  EN := ,  //  x_Enable
  AI := ,  //  x_Quit Quittierung bei Alarm
  Q1 => ,  //  x_Aktiv Baustein aktiv
  AO =>    //  x_Impuls bei Quittierung
);
```

Hinweis: Dieser Baustein unterscheidet sich von dem Textrelais der Vor-Generation. Bei einem Import von „***.e60“ wird der Baustein auf die neue Version übertragen.

11.7.4 DL – Datenlogging

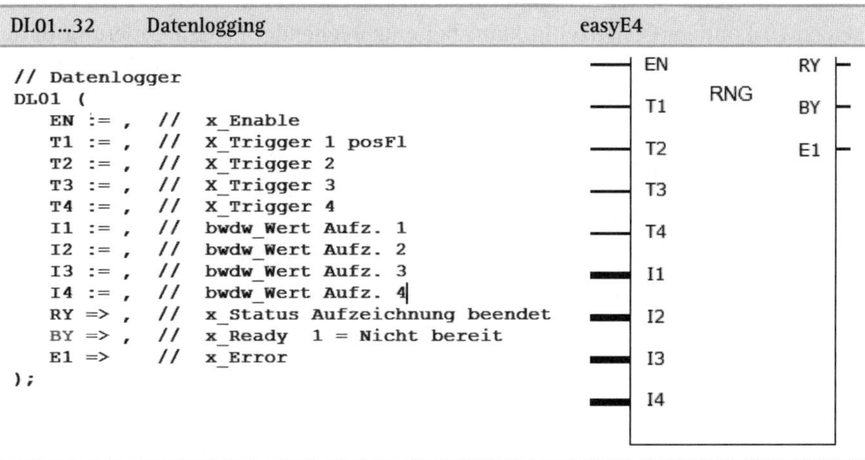

DL01...32 Datenlogging easyE4

```
// Datenlogger
DL01 (
    EN := ,  //  x_Enable
    T1 := ,  //  x_Trigger 1 posFl
    T2 := ,  //  x_Trigger 2
    T3 := ,  //  x_Trigger 3
    T4 := ,  //  x_Trigger 4
    I1 := ,  //  bwdw_Wert Aufz. 1
    I2 := ,  //  bwdw_Wert Aufz. 2
    I3 := ,  //  bwdw_Wert Aufz. 3
    I4 := ,  //  bwdw_Wert Aufz. 4
    RY => ,  //  x_Status Aufzeichnung beendet
    BY => ,  //  x_Ready  1 = Nicht bereit
    E1 =>    //  x_Error
);
```


11.7.5 MR – Masterreset

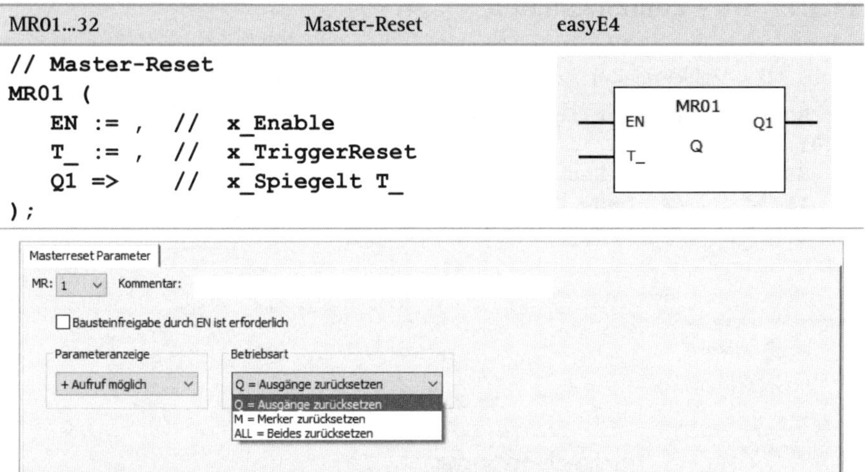

MR01...32 Master-Reset easyE4

```
// Master-Reset
MR01 (
    EN := ,  //  x_Enable
    T_ := ,  //  x_TriggerReset
    Q1 =>    //  x_Spiegelt T_
);
```


Je nach Parametrierung: Alle Q = 0, M = 0 oder ALL Q,M=0.
Dieser Baustein ist vorrangig über alle Zuweisungen und könnte für Sicherheitsfunktionen gegen Maschinenschäden bei Programmfehlern verwendet werden.

So angenehm es ist, Werte und Zustände remanent, auch bei längerem Spannungsausfall erhalten zu können, so wichtig ist es auch diese „Remanenz“ kurzzeitig wieder aufheben zu können, bzw. die Variablen wieder in ihren Urzustand versetzen zu können. Gleichzeitig kann bei entsprechender Programmierung dafür gesorgt werden, dass in bestimmten Momenten (Alarmfällen) keine Ausgänge mehr geschaltet werden.

11.7.6 ST – Sollzykluszeit

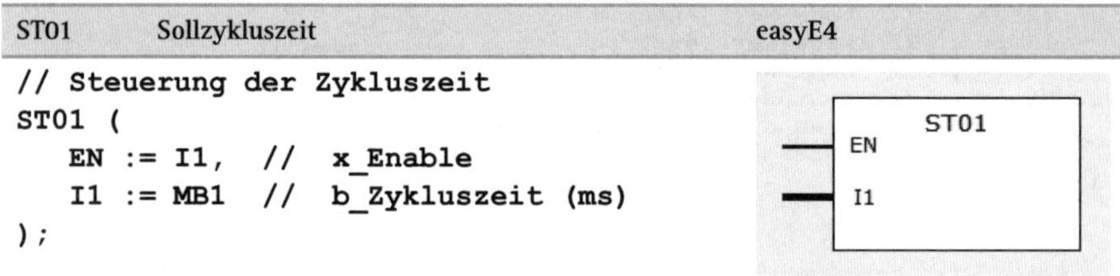

ST01	Sollzykluszeit	easyE4

```
// Steuerung der Zykluszeit
ST01 (
   EN := I1,  //  x_Enable
   I1 := MB1  //  b_Zykluszeit (ms)
);
```


Da die Zykluszeit als Variable vorgegeben werden kann, ist entsprechend auch die Zykluszeit variabel einstellbar.

11.7.7 NC – Zahlenwandler

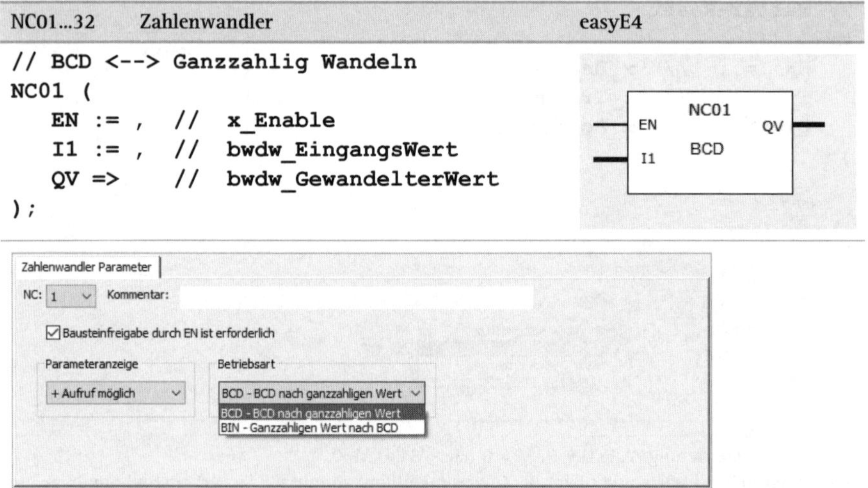

NC01...32	Zahlenwandler	easyE4

```
// BCD <--> Ganzzahlig Wandeln
NC01 (
   EN := ,  //  x_Enable
   I1 := ,  //  bwdw_EingangsWert
   QV =>    //  bwdw_GewandelterWert
);
```

11.8 Interrupt-Verarbeitung

11.8.1 IC – Zählergesteuerter Interrupt

IC01...08	IC – Zählergesteuerter Interrupt	easy 7

```
// Zähler-Interrupt
IC01 (
   EN := ,  //  x_Enable
   RE := ,  //  x_Reset Rücksetzen der Zeit
   I1 := ,  //  x_I1 der Interrupt-Routine
   I2 := ,  //  x_I2 der Interrupt-Routine
   I3 := ,  //  x_I3 der Interrupt-Routine
   I4 := ,  //  x_I4 der Interrupt-Routine
   SV := ,  //  bwdw_Sollwert des Zählers
   Q1 => ,  //  x_Q1 der Interrupt-Routine
   Q2 => ,  //  x_Q2 der Interrupt-Routine
   Q3 => ,  //  x_Q3 der Interrupt-Routine
   Q4 => ,  //  x_Q4 der Interrupt-Routine
   QV =>    //  bwdw_Istwert des Zählers
);
```

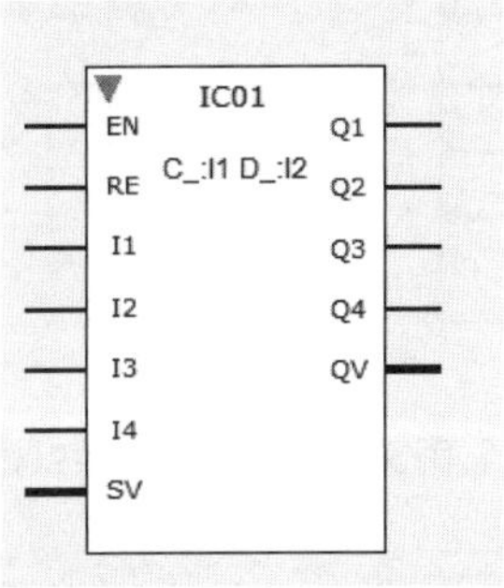

11.8.2 IE – Flankengesteuerter Interrupt

IE01...08	IE – Flankengesteuerter Interrupt

```
// Flanke von I1...I8
IE01 (
   EN := ,  //  x_Enable
   RE := ,  //  x_ResetTDQV ResetIT-Verz.
   I1 := ,  //  x_I1 der Interrupt-Routine
   I2 := ,  //  x_I2 der Interrupt-Routine
   I3 := ,  //  x_I3 der Interrupt-Routine
   I4 := ,  //  x_I4 der Interrupt-Routine
   TD := ,  //  bwdw_VzAufr Verzögerung - Aufruf
   Q1 => ,  //  x_Q1 der Interrupt-Routine
   Q2 => ,  //  x_Q2 der Interrupt-Routine
   Q3 => ,  //  x_Q3 der Interrupt-Routine
   Q4 => ,  //  x_Q4 der Interrupt-Routine
   QV => ,  //  bwdw_Tabgel. Abgel. - Verzögerung
);
```

easy 7

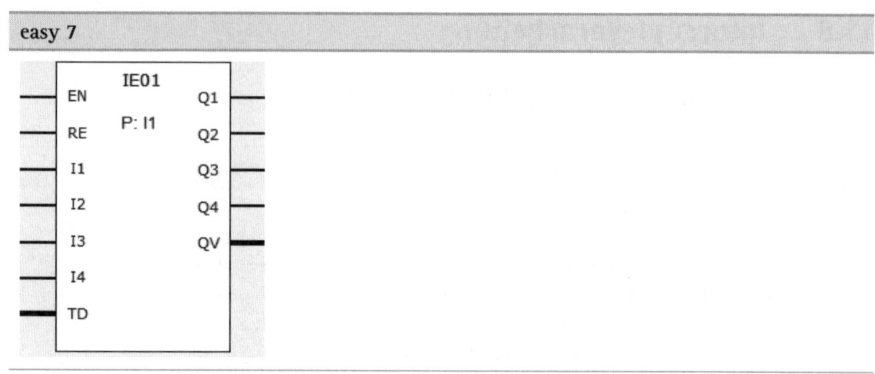

11.8.3 IT – Zeitgesteuerter Interrupt

IT01...08	IT – Zeitgesteuerter Interrupt

```
// Zeitgesteuerter Interrupt
IT01 (
   EN := ,  //  x_Enable
   RE := ,  //  x_Reset Zeit
   ST := ,  //  x_Stop - Zeit
   I1 := ,  //  x_I1 der Interrupt-Routine
   I2 := ,  //  x_I2 der Interrupt-Routine
   I3 := ,  //  x_I3 der Interrupt-Routine
   I4 := ,  //  x_I4 der Interrupt-Routine
   PD := ,  //  bwdw_Soll-Zeit Interr/Intervall
   Q1 => ,  //  x_Q1 der Interrupt-Routine
   Q2 => ,  //  x_Q2 der Interrupt-Routine
   Q3 => ,  //  x_Q3 der Interrupt-Routine
   Q4 => ,  //  x_Q4 der Interrupt-Routine
   QV =>    //  bwdw_TAbgl Abgel.-Verzögerung
);
```

easy 7

IT01
X
EN
RE
ST
I1
I2
I3
I4
PD
Q1
Q2
Q3
Q4
QV

11.9 Ergänzung Kontaktplan / Funktionsplan

easyRelay besitzt kein spezielles Stromstoßrelais. Viele Spulenarten können jedoch als Stromstoßrelais geschaltet werden.

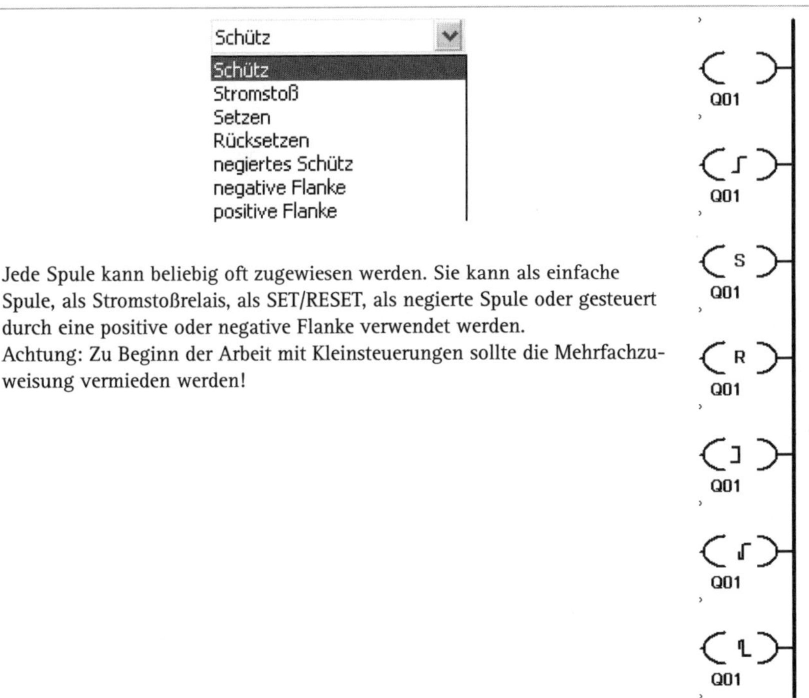

Jede Spule kann beliebig oft zugewiesen werden. Sie kann als einfache Spule, als Stromstoßrelais, als SET/RESET, als negierte Spule oder gesteuert durch eine positive oder negative Flanke verwendet werden.
Achtung: Zu Beginn der Arbeit mit Kleinsteuerungen sollte die Mehrfachzuweisung vermieden werden!

easyE4 kennt keine Stromstoßrelais, jedes Bitelement (Merker, Ausgänge, Textrelais) lässt sich auch als Stromstoßrelais verwenden.

11.10 Springe bedingt über Bausteine – nur EDP-Programmierung

Diese Bausteine/Befehle haben nur in Kombination mit der EDP-Programmierung eine Bedeutung.

11.10.1 Bedingter Absprung

JC01...32	Springe bedingt über Bausteine (siehe auch Baustein LBxx)	easyE4 nur EDP-Programm!
Eingänge	**EN := x_Enable**	
Ausgänge	**E1 := x_FehlerBit**	

Disable Mult

JC01

EN E1

Springt zu einem Baustein LBxx, dabei übersprungene Bausteine werden nicht abgearbeitet bzw. aktualisiert.

11.10.2 Sprungziel

LBxx	Sprungziel (siehe auch Baustein JCxx)	easyE4 nur EDP-Programm!
	Dieser Baustein hat weder Eingänge noch Ausgänge. Damit ist dieses Bausteinelement im Kontaktplan nicht anwählbar (es macht auch keinen Sinn)!	

Sprungz.

LB01

Sprungziel, bzw. Sprungmarke beim Überspringen der Abarbeitung von Bausteinen

Stichwortverzeichnis

VDE
VERLAG
Technik. Wissen. Weiterwissen.
DESIGN
SAFETY
SENSOR
ELEKTROTECHNIK
NEU
Ulrich Kanngießer
Programmierung mit Strukturierter Text
Steuerungs-Funktionsbausteine mit ST oder SCL einfach und schnell erstellen
2., überarbeitete und erweiterte Auflage
Für Ein- und AWL-Umsteiger
Technikwissen anwenden:
Mit diesem Buch gelingt der Einstieg in die Programmiersprache Strukturierter Text!
Das Fachbuch bietet praktische Hilfe und fundierte Unterstützung beim Einstieg in die Programmiersprache „Strukturierter Text" (ST/SCL): für Auszubildende, Studenten und Programmierer geeignet.
2., überarb. und erw. Auflage 2018
XXXIV, 418 Seiten
38,– € (Buch/E-Book)
53,20 € (Kombi)
Preisänderungen und Irrtümer vorbehalten. Sowohl das E-Book als auch das Kombiangebot (Buch + E-Book) sind ausschließlich auf www.vde-verlag.de erhältlich. Dieses Buch können Sie auch in Ihrem Onlineportal für DIN-VDE-Normen, der NormenBibliothek, erwerben.
www.
Bestellen Sie jetzt: (030) 34 80 01-222 oder www.vde-verlag.de/190445